互联网学术信息可信性研究

胡 磊 著

首都经济贸易大学出版社

·北京·

图书在版编目(CIP)数据

互联网学术信息可信性研究/胡磊著.—北京:首都经济贸易大学出版社,2013.4

ISBN 978-7-5638-2060-3

Ⅰ.①互… Ⅱ.①胡… Ⅲ.①互联网络—科技情报—信息安全—研究 Ⅳ.①G354.4

中国版本图书馆 CIP 数据核字(2012)第 302155 号

互联网学术信息可信性研究

胡 磊 著

出版发行 首都经济贸易大学出版社
地　　址 北京市朝阳区红庙(邮编 100026)
电　　话 (010)65976483 65065761 65071505(传真)
网　　址 http://www.sjmcb.com
E-mail publish@cueb.edu.cn
经　　销 全国新华书店
照　　排 首都经济贸易大学出版社激光照排服务部
印　　刷 北京永生印刷有限责任公司
开　　本 710 毫米×1000 毫米 1/16
字　　数 290 千字
印　　张 16.5
版　　次 2013 年 4 月第 1 版第 1 次印刷
书　　号 ISBN 978-7-5638-2060-3/G·320
定　　价 33.00 元

摘 要

本研究从用户角度,着力解决两个问题:一是用户在实际的互联网信息行为中,评价学术信息的可信性时使用的判据是什么?二是 Web 外观、来源等外部特征和内容因素通过怎样的作用机制影响用户对互联网学术信息的可信性评价?

针对研究问题,以威尔森信息行为模型(1997)和精细加工可能性模型(Elaboration Likelihood Model, ELM)为理论基础,构建了互联网学术信息可信性评价的"唤醒—启发—思考"模型(Arousal-Heuristics-Thinking Model, AHTM)。综合运用观察、有声思维(thinking aloud)、搜索日志、访谈和内容分析等方法,探讨了用户在互联网信息行为中评价学术信息可信性的判据;通过操纵认知投入(cognitive involvement)、Web 网页的视觉吸引力、站点权威性和内容质量,运用在线现场实验法(field experiment)分析了它们对互联网学术信息可信性的影响机制。最后,主要运用调查法对"唤醒—启发—思考"模型进行了应用检验。

本研究的结论主要有:用户在互联网信息行为中评价学术信息可信性时,主要使用信息的内容和来源这两个方面的判据。动机是用户评价互联网学术信息可信性的调节变量:当用户评价信息的动机很强时,用户将主要通过思考信息的内容对可信性作出评价,主要判据包括合理性和完整性等;当用户评价信息的动机很弱时,用户将主要通过启发来作出评价,主要判据包括来源权威性和文章的元素是否规范等。视觉吸引力、站点权威性或内容质量越高,用户对互联网学术信息的可信性评价越高。这三个因素对可信性的作用机制不同:视觉吸引力通过情感投入(affective involvement)部分中介作用于可信性,视觉吸引力越高,越能唤醒用户高的情感投入,从而正向作用于可信性。站点权威性通过启发作用于可信性,其可在有意识和意识水平以下两个层面上发生,只需花费很少的认知资源。内容质量分别通过认知反应(cognitive response)和情感投入作用于可信性。当用户的认知投入程度很高时,内容质量越高,用户对信息内容的认知反应越多,从而正向作用于可信性,这需要花费较多的认知资源。同时,内容质量越高,越能唤醒用户高的情感投入,从而正向作用于可信性。情感投入的中介作用均在意识水平以下发生。并且,这三个因素对互联网学术信息可信性的作用机制之间存在相互影响。

本研究的创新性主要体现在其较系统地分析和揭示了 Web 网页的视觉吸引力、站点权威性和内容质量这三个因素对互联网学术信息可信性的作用机制。尤其是发现了用户对互联网学术信息可信性评价中的情感作用机制,即情感投入是视觉吸引力和内容质量对可信性作用的部分中介变量。

本研究的结论对互联网环境下的信息评价研究以及互联网学术网站设计与信息服务实践具有一定的启示和参考价值。

关键词:互联网学术信息　可信性　评价　信息行为　投入

Study on Credibility of Academic Information on the Internet

Hu Lei (*Information Science*)

Directed by *Professor Chen Jianlong*

Abstract

From users' perspective, this study investigated two research questions: (1) When processing information on the Internet, what criteria people use to evaluate the credibility of the online academic information? (2) How do the external factors like web appearance, sources and internal features like content impact the credibility evaluation of the online academic information?

First of all, the design of this research is built upon the Information Behavour Model (1997) by T. D. Wilson and Elaboration Likelihood Model to propose the Arousal-Heuristics-Thinking Model (AHTM) of credibility evaluation of the online academic information. This study uses several methods including observation, thinking aloud, search logs, interview and content analysis to explore the credibility evaluation criteria of the online academic information in the process of information behaviour and used an online field experiment where cognitive involvement, visual appeal of web pages, authority of web sites and quality of content were manipulated to analyze their impacts on the online academic information credibility. Finally, a survey is conducted as the main method to test the AHTM.

The main conclusions drawn from the study are as follow: (1) Users resort to both criteria of information content and external factors such as sources to evaluate the credibility of the online academic information in the process of information behaviour. Motivation is the moderating variable affecting users' evaluation of the credibility of online academic information. Specifically, when their motivation is strong, users mainly rely on the content of information to evaluate credibility, while the rationality and completeness of the content are the main concern. When motivation is weak, heuristics, source authority and normativeness of articles are the main criteria for the evaluation. (2) The higher each of the three variables, visual appeal, authority of web sites and quality of content, is, the higher the online academic information credibility is. (3) There are differences in the impact mechanisms of the three variables. Specifically, the impacts of visual appeal on credibility were partially mediated by the variable of affective involvement. When visual appeal gets higher, it could arouse more affective involvement of users, which positively influences credibility. The impacts of the authority of web sites on credibility evaluation via heuristics are exerted while the users are conscious or not, which demands little cognitive resources on the users side. The influence of content on credibility is partially mediated by both cognitive response and affective involvement. On the one hand, when users' cognitive involvement is high, the higher the quality of content is, the more the cognitive response of content is, which positively influences credibility and need more cognitive resources. On the other hand, when quality of content gets higher, it could arouse more affective involvement of users, which positively influences credibility. The mediating mechanism of affective involvement occurs under consciousness level, and there are interplays among the impact mechanisms of thc three variables.

The conclusions could be helpful for the information evaluationstudy in the contex of Internet and for the design of Internet academic web sites and information services.

Keywords: the online academic information; credibility; evaluation; information behaviour; involvement

目　录

第一章　绪论 …… 1
1.1　研究背景 …… 1
1.1.1　理论背景 …… 1
1.1.2　实践背景 …… 6
1.2　研究目的与研究意义 …… 17
1.2.1　研究目的 …… 17
1.2.2　研究意义 …… 18
1.3　研究方法 …… 18
1.3.1　思想方法 …… 18
1.3.2　技术方法 …… 19
1.4　概念界定与本文的逻辑结构 …… 19
1.4.1　概念界定 …… 19
1.4.2　本文的逻辑结构 …… 33

第二章　国内外互联网学术信息可信性及相关研究述评 …… 35
2.1　文献调研状况 …… 35
2.1.1　文献调研范围 …… 35
2.1.2　文献收集方法 …… 35
2.1.3　文献数量统计 …… 36
2.2　国外互联网学术信息可信性及相关研究综述 …… 44
2.2.1　国外互联网学术信息可信性研究综述 …… 46
2.2.2　国外互联网信息可信性评价判据研究综述 …… 47
2.2.3　国外互联网信息可信性影响因素研究综述 …… 55
2.2.4　国外互联网信息可信性与信息查寻行为的关系研究综述 …… 60
2.3　国内互联网学术信息可信性及相关研究综述 …… 65
2.3.1　国内互联网学术信息可信性研究综述 …… 65
2.3.2　国内互联网学术信息可信性相关研究综述 …… 66

2.4 国内外研究评价及研究问题 …… 71

第三章 互联网学术信息可信性及其评价模型构建 …… 76
3.1 互联网学术信息可信性探析 …… 76
3.2 互联网学术信息可信性评价模型构建的理论基础 …… 78
3.2.1 威尔森信息行为模型与互联网学术信息可信性 …… 78
3.2.2 精细加工可能性模型与互联网学术信息可信性 …… 80
3.3 互联网学术信息可信性评价的“唤醒—启发—思考”模型 …… 103

第四章 用户信息行为中的互联网学术信息可信性评价判据研究 …… 109
4.1 研究假设与设计 …… 109
4.1.1 研究假设 …… 109
4.1.2 研究设计 …… 111
4.2 结果分析 …… 117
4.2.1 量表检验与动机操纵检测 …… 117
4.2.2 试观察 …… 119
4.2.3 正式观察 …… 119
4.2.4 访谈文本数据分析 …… 125

第五章 互联网学术信息可信性影响因素研究 …… 136
5.1 研究假设与设计 …… 136
5.1.1 研究假设 …… 136
5.1.2 研究设计 …… 138
5.2 结果分析 …… 145
5.2.1 量表检验 …… 145
5.2.2 正式实验 …… 146

第六章 “唤醒—启发—思考”模型的应用检验 …… 164
6.1 研究设计 …… 164
6.1.1 验证假设 …… 164
6.1.2 研究设计 …… 165
6.2 结果分析 …… 166
6.2.1 数据搜集与样本描述 …… 166
6.2.2 数据分析 …… 167

6.3 讨论与结论 …… 180

第七章 结论与展望 …… 187

7.1 研究结论与创新点 …… 187

7.1.1 研究结论 …… 187

7.1.2 本研究的创新点 …… 190

7.2 研究的局限性 …… 191

7.3 未来可进一步研究的问题 …… 191

参考文献 …… 193

附 录 …… 213

附录1:互联网信息可信性评价判据和影响因素一览表 …… 213

附录2:观察文本内容分析编录单及样例 …… 216

附录3:部分访谈文本记录 …… 219

附录4:第二个研究问题中网页制作的内容素材 …… 224

附录5:本研究中变量编码规则 …… 227

附录6:性别、专业和年级转换为哑变量编码表 …… 229

附录7:“唤醒—启发—思考”模型应用检验中页面制作的内容素材 …… 230

附录8:“唤醒—启发—思考”模型应用检验中选取与制作的页面 …… 233

附录9:互联网信息评价观察研究问卷(以力学专业为例) …… 237

附录10:认知反应调查问卷 …… 239

附录11:互联网信息评价实验问卷(以实验组01、08、09、16为例) …… 240

附录12:“唤醒—启发—思考”模型应用检验问卷 …… 244

作者简况 …… 248

致 谢 …… 250

图表目录

图1－1　可信性评价的三种方式 ……………………………………………… 22
图1－2　本书的逻辑结构 …………………………………………………………… 34
图3－1　威尔森信息行为模型(1997) ……………………………………………… 79
图3－2　精细加工可能性模型的中心与外围路径 ………………………………… 83
图3－3　变量沿着精细加工连续体的作用方式 …………………………………… 94
图3－4　初始“唤醒—启发—思考”模型 ………………………………………… 106
图5－1　高视觉吸引力网页示例(截图) ………………………………………… 140
图5－2　低视觉吸引力网页示例(截图) ………………………………………… 141
图5－3　简单简单效应检验(高站点权威性与高内容质量水平结合) ………… 154
图5－4　简单简单效应检验(高站点权威性与低内容质量水平结合) ………… 154
图5－5　简单简单效应检验(低站点权威性与高内容质量水平结合) ………… 155
图5－6　简单简单效应检验(低站点权威性与低内容质量水平结合) ………… 155
图6－1　受调查者类别分布情况 ………………………………………………… 167
图6－2　修正“唤醒—启发—思考”模型 ………………………………………… 181

表2－1　可信性英文学位论文年份统计 …………………………………………… 37
表2－2　可信性英文学位论文学科统计 …………………………………………… 37
表2－3　互联网信息可信性英文学位论文统计 …………………………………… 38
表2－4　互联网信息可信性英文学位论文主题一览表 …………………………… 38
表2－5　可信性中文学位论文年份统计 …………………………………………… 39
表2－6　可信性中文学位论文学科统计 …………………………………………… 40
表2－7　互联网信息可信性中文学位论文统计 …………………………………… 40
表2－8　互联网信息可信性中文学位论文主题一览表 …………………………… 40
表2－9　Elsevier Science 与 CNKI 所选学科领域对应关系 ……………………… 42
表2－10　可信性英文期刊文献年份统计 …………………………………………… 42
表2－11　可信性英文期刊文献学科统计 …………………………………………… 42
表2－12　可信性中文期刊文献年份统计 …………………………………………… 43
表2－13　可信性中文期刊文献学科统计 …………………………………………… 43

表2-14　国外互联网信息可信性研究热点统计 …… 45
表2-15　梅茨格在线信息可信性影响因素总结 …… 53
表2-16　国内外互联网学术信息可信性研究趋向维度分析 …… 73
表3-1　精细加工可能性模型的七个假定 …… 93
表4-1　精细加工可能性模型的七个假定 …… 110
表4-2　第一个研究问题正式观察参与者情况 …… 120
表4-3　评价判据概念组分析频数统计 …… 122
表4-4　第一个研究问题假设检验情况 …… 124
表4-5　评价判据性别比较 …… 125
表5-1　第二个研究问题重要变量的含义、观测变量与相关要素 …… 144
表5-2　第二个研究问题正式实验被试情况 …… 147
表5-3　第二个研究问题正式实验被试 Internet 使用经验统计 …… 149
表5-4　实验组自变量操纵和被试分配情况 …… 149
表5-5　单个实验组可信性均值与标准差 …… 152
表5-6　可信性四因素协方差分析主体间效应检验 …… 153
表5-7　可信性三次交互作用简单简单效应检验(视觉吸引力方向) …… 155
表5-8　可信性三次交互作用简单简单效应检验(站点权威性方向) …… 156
表5-9　可信性三次交互作用简单简单效应检验(内容质量方向) …… 156
表5-10　高认知投入条件下可信性三因素协方差分析主体间效应检验 …… 158
表5-11　情感投入四因素协方差分析主体间效应检验 …… 159
表5-12　可信性对情感投入线性回归 …… 160
表5-13　可信性协方差分析(自变量有情感投入) …… 161
表5-14　第二个研究问题假设检验情况 …… 162
表6-1　高动机和低动机情景下评价判据频数及比例 …… 168
表6-2　高动机和低动机情景下价值维度判据所占比例 …… 169
表6-3　高动机和低动机情景下不同范畴评价判据频数四格表 …… 169
表6-4　可信性四个自变量线性回归(无乘积项) …… 170
表6-5　可信性四个自变量线性回归(有乘积项) …… 171
表6-6　高认知投入条件下可信性三个自变量线性回归(无乘积项) …… 173
表6-7　高认知投入条件下认知反应三个自变量线性回归(无乘积项) …… 174
表6-8　高认知投入条件下可信性三个自变量线性回归(有认知反应) …… 175
表6-9　情感投入四个自变量线性回归(无乘积项) …… 176
表6-10　可信性四个自变量线性回归(有情感投入) …… 177
表6-11　模型应用检验假设验证情况 …… 178

第一章 绪论

1.1 研究背景

1.1.1 理论背景

近年来,互联网信息可信性成为研究热点,学术活动日益频繁。2010 年 4 月 27 日,第四届 Web 信息可信性专题研讨会(WICOW 2010)在美国北卡罗来纳州罗利市(Raleigh)召开,集中探讨了 Web 信息可信性评价判据与评价过程等问题。[①]事实上,20 世纪 90 年代中期尤其是 21 世纪初以来,包括学术信息在内的互联网信息的可信性问题逐渐成为许多学科领域关注的重点与焦点,研究成果逐年增多,下文重点介绍相关学科领域的状况。

1. 情报学研究背景

20 世纪 90 年代中后期,情报学理论研究不断推陈出新,涌现出一些新的研究主题和前沿领域。赖茂生等[②③④]在专家问卷调查、文献调查和内容分析的基础上,确定了情报学的 10 个前沿领域,其中第 6 个是"网络用户行为研究",重点是用户搜索行为、人机交互理论与技术和认知模型研究。作者指出,"近年来,人机交互、信息查询[⑤]中的用户行为、不同用户群体的行为表现等正在成为情报学研究者关

---

① 第一、二、三届互联网信息可信性专题研讨会分别于 2007 年 6 月 19 日、2008 年 10 月 26 ~ 30 日、2009 年 4 月 20 日在日本宫崎县(Miyazaki)、美国加利福尼亚州纳帕谷(Napa Valley)、西班牙马德里(Madrid)召开,主题分别为如何评价信息的可信性、Web 信息可信性、Web 信息可信性评价判据与评价过程。具体可参见:WICOW 2010. 4th Workshop on Information Credibility on the Web(WICOW 2010)[EB/OL]. [2010 - 6 - 7]. http://www.dl.kuis.kyoto-u.ac.jp/wicow4/.

② 赖茂生,王琳,李宇宁. 情报学前沿领域的调查与分析[J]. 图书情报工作,2008,52(3):6 - 10.

③ 杨文欣,杜杏叶,张丽丽,李璐. 基于文献的情报学前沿领域调查分析[J]. 图书情报工作,2008,52(3):11 - 15.

④ 赖茂生,王琳,杨文欣,李宇宁. 情报学前沿领域的确定与讨论[J]. 图书情报工作,2008,52(3):15 - 18.

⑤ "information seeking"在文献中一般有"信息查寻"和"信息查询"两种译法,除尊重原文使用"信息查询"外,本文一般取前者。下同。

注的热点，其中，不同群体对网上信息资源的需求分析是重要研究主题之一”。

本文分析认为，这里的“不同群体”包括不同职业、不同社会角色和不同人口学特征的群体，具体包括“科学家、工程师、学者、科研人员、管理人员、律师、医生、市民、消费者、病人和学生等”①。“网上信息资源”包括网上政治信息、新闻信息、教育信息、学术信息、经济信息、卫生医疗信息、文化信息、农业信息等。并且，资料显示，上述不同群体中的学者、科研人员和学生对网上信息资源的需求分析与信息行为研究成为重要的研究主题；其中，他们对网上学术信息的可信性和质量的评价获得了情报学界较大的关注。

2. 信息资源管理研究背景

20 世纪 70 年代末 80 年代初，“信息资源管理”研究逐渐成为一门显学②。近年来，“网络信息资源开发利用”成为业界和学界关注和研究的焦点。上文提到，网络信息资源可分为许多不同的种类，这些不同种类的信息资源的特点、功能、价值和开发与利用等问题成为学界尤其是图书情报学界关注的焦点。其中，网络学术信息资源近年来逐渐成为关注的重点。

国外从 20 世纪 90 年代中期就开始关注网络学术信息资源的开发利用，相应的理论研究也较早，且集中于网络学术信息的可信性和质量评价。例如，史密斯(A. G. Smith)③在文献分析的基础上制作了图书馆员评价 Internet 资源的工具。莱文古德(S. P. Livengood)④构建了图书馆参考咨询服务中评价 Web 站点的判据体系。国内学者对网络学术信息资源的研究始于 20 世纪末 21 世纪初，早期的研究多是图书情报工作人员结合实际工作对网络学术信息资源的重点类别和特点进行介绍。例如，王卫国⑤重点介绍了 Internet 上的免费期刊文献数据库。钟海荣等⑥分析了网络学术信息资源的特点以及其对查新工作的必要性和使用方法。21 世纪初，不少学者和业界人士开始关注网络学术信息资源如何系统地组织、管理和利

① 陈建龙. 信息服务与用户研究[M]//吴慰慈. 中国高校哲学社会科学发展报告 1978～2008：图书馆学、情报学和文献学卷. 广西师范大学出版社，2008：194.

② 赖茂生. 信息资源管理教程[M]. 北京：清华大学出版社，2006：9.

③ Smith A. G. Testing the Surf：Criteria for Evaluating Internet Resources[J/OL]. The Public-Access Computer Systems Review，1997，8(3). [2009－10－30]. http://eric. ed. gov/ERICWebPortal/custom/portlets/recordDetails/detailmini. jsp? _nfpb = true&_&ERICExtSearch_SearchValue_0 = EJ554170&ERICExtSearch_SearchType_0 = no&accno = EJ554170.

④ LIVENGOOD S P. An Evaluation Instrument for Internet Web Sites[M]. Ohio：School of Library Science in Kent State University，1997.

⑤ 王卫国. Internet 网络上的免费期刊文献数据库[J]. 大学图书馆学报，1997，15(3)：24－25.

⑥ 钟海荣，刘玉明，孙乐民. Internet 网上免费资源与查新[J]. 高校图书馆工作，1997(1)：13－16.

用,例如,韩芸[①]和刘绿茵[②]对网络学术信息资源的特点、价值、组织方式、管理和维护等问题进行了探讨。随后,关于网络学术信息资源开发利用的文献逐渐增多。虽然这些文献没有明确提出“网络学术信息可信性”的概念,但对网络学术信息可信性和质量的评价显然是对这些资源进行采集、获取和组织等开发利用策略中的题中应有之义。2006 年,黄晓斌等[③]对中美大学生网上学术信息可信性认识的调查与比较是本文所掌握的国内最早的专门明确对互联网学术信息可信性的研究。可见,互联网学术信息的可信性日益受到学者和业界的关注。

3. 可信性与传播学研究背景

可信性研究植根于传播学的孕育和发展历程之中,起源于 20 世纪 20 ~ 30 年代,李晓静在其博士论文《中国大众媒介可信度[④]指标研究》中对西方可信性研究的历史脉络进行了较为翔实的梳理[⑤]:就研究内容和视角来看,“来源可信度(source credibility)”一直占据着可信度研究的主流地位。20 世纪 20 ~ 30 年代,研究者主要集中考察不同的媒介渠道之间可信度高低的差异,进而比较这些渠道的宣传效力,开启了“媒介可信度(media credibility)”[⑥]系统研究的先河。20 世纪 40 ~ 50 年代,来源可信度研究与阐释受众为何信任某种媒介与信息的研究是西方对说服(persuasion)效果研究的重心所在,美国耶鲁大学心理学教授霍夫兰(C. I. Hovland)和其同事[⑦⑧⑨⑩]在 20 世纪 50 年代所做的关于“来源可信度”及其说服效果的系列实验研究是这一阶段里最负盛名的成果,直接带动了 20 世纪 60 ~ 70 年代“来源可信度”研究的高潮。从 20 世纪 60 ~ 70 年起,除大批学者对“来源可信度”进行研究外,还有部分学者对“消息可信度(message credibility)”进行了探讨。

---

① 韩芸. 高校图书馆网络学术信息资源的开发与利用[J]. 现代情报,2001(3):64 - 66.

② 刘绿茵. 网络学术信息资源及高校学术导航系统的建立、管理与维护[J]. 津图学刊,2001(2):6 - 8.

③ 黄晓斌,朱滔,刘子明. 中美大学生对网上学术信息的可信性认识的调查与比较[J]. 图书情报知识,2006(1):89 - 93.

④ “credibility”一般有“可信性”和“可信度”两种译法,本文取前者。在本文中,除尊重原文保留“可信度”这一用法外,若无特别说明,一般采用“可信性”的表述。

⑤ 李晓静. 中国大众媒介可信度指标研究[D]. 上海:复旦大学新闻学院,2005:23 - 25.

⑥ 本文认为“来源可信度”的研究范畴包括“媒介可信度”。

⑦ Hovland C. I. Changes in attitude through communication[J]. Journal of Abnormal and Social Psychology, 1951, 46:424 - 437.

⑧ Hovland C. I. WEISS W. The influence of source credibility on communication effectiveness[J]. Public Opinion Quarterly, 1951, 15:635 - 650.

⑨ Hovland C. I. MANDELL W. Experimental comparison of conclusion-drawing by communicator and by the audience[J]. Journal of Abnormal and Social Psychology, 1952, 47:581 - 588.

⑩ Hovland C. I. SHERIF M. Judgmental phenomena and scales attitude measurement[J]. Journal of Abnormal and Social Psychology, 1952, 47:822 - 832.

这一时期,可信度研究的焦点主要集中在“来源可信度”的维度与影响因素、“来源可信度”与“消息可信度”的关系以及“媒介可信度”的比较。20 世纪 80 年代初至 90 年代末,西方的“媒介可信度”研究达到高潮,逐渐成为整个大众传播界共同探讨的焦点话题。而且,在 90 年代后期,网络媒介的可信度研究[①②③]开始崭露头角,21 世纪初以来,网络可信度(包括 Web、Web 站点和 Web 信息可信度)已成为研究热点。

4. 信息服务研究背景

“信息服务”是实践性很强的研究领域,陈建龙[④]指出,1978 至 2008 年这 30 年间,信息服务研究涌现出了大量的研究主题,而且,有些研究主题还成为近年来的研究热点,“网络信息服务”就是其中之一。

网络环境下,服务对象、服务者、服务内容和服务策略这四个信息服务要素[⑤]的存在形式和实践方式发生了深刻的变化,图书情报机构、出版商、信息内容提供商、学术团体和政府部门等组织与机构都致力于探索网络信息服务的模式和规律。其中,网络学术信息服务成为关注的焦点,下文关于学科信息门户、开放存取(Open Access)运动和网络引文数据库建设的介绍与分析就充分说明了这一点。相应地,网络学术信息服务也成为学界研究的热点。

而且,在“以用户为中心”的服务理念和研究模式下,用户的信息需求和信息行为成为研究热点[⑥]。相应地,探讨用户的网络学术信息需求和信息(查寻)行为的特点与规律是研究者关注的焦点。例如,胡国芳[⑦]提出了学科化信息服务的用户信息采集策略。赵超[⑧]通过实证研究发现,用户的网络浏览和查找行为在用户的介入程度、对信息的评价以及是否具备相信自己准确评价了信息的自信心与行

① Johnson T. J. Kaye B. K. Cruising is believing?: Comparing the Internet and traditional sources on media credibility measures[J]. Journalism & Mass Communication Quarterly, 1998, 75: 325 - 340.

② Pew Research Center. Internet news takes off: Section 4: News Media Credibility(1998)[R/OL]. [2009 - 10 - 27]. http://people-press.org/report/? pageid = 568.

③ Suhder S. S. Effect of source attribution on perception of online news stories[J]. Journalism & Mass Communication Quarterly, 1998, 75: 55 - 68.

④ 陈建龙. 信息服务与用户研究[M]//吴慰慈. 中国高校哲学社会科学发展报告 1978 - 2008: 图书馆学、情报学和文献学卷. 广西师范大学出版社, 2008: 200 - 208.

⑤ 陈建龙. 信息服务论[D]. 北京: 北京大学信息管理系, 2002: 26 - 28.

⑥ 吴慰慈, 王益明, 王余光, 谷秀洁, 张慧丽, 宋维翔, 胡磊. 图书馆学、情报学与文献学[M]//教育部社会科学委员会秘书处. 中国高校哲学社会科学发展报告 2009. 北京: 高等教育出版社, 2009: 531.

⑦ 胡国芳. 学科化信息服务中用户信息的采集策略研究[J]. 情报资料工作, 2008(5): 100 - 102.

⑧ 赵超. 网络用户信息行为状态影响分析[J]. 图书情报工作, 2008, 52(3): 117 - 121.

为意向这三个方面存在差异。左晖等①将 Ontology 技术与个性化知识服务结合起来,研究用户兴趣知识的 Ontology 表示,并以此为基础提出了一种动态的用户兴趣学习和挖掘方法。并且,文献调研发现,在网络学术信息需求和信息行为研究中,信息的可信性和质量评价成为研究者关注的重点。

5. 人类信息行为与心理学研究背景

"人类信息行为"是近年来形成的跨学科专门研究领域。上文提到,20 世纪 90 年代中期开始,网络信息行为研究成为热点。作为人类信息行为研究中的重要主题,网络用户信息查寻行为也成为研究热点②③④,许多学者都着力探讨不同类别的用户群体在网络信息查寻中如何评价信息的可信性及其影响因素。其中,高校学生和教师在网络信息查寻中对信息可信性的评价获得了较多的关注。

同时,用户信息行为中的可信性评价研究借用了大量的心理学理论,强调用户的认知和情感对信息可信性评价的作用以及情景与背景因素的影响。

由以上分析可知,可信性研究形成了多学科领域的视角,当然,上述某些学科领域之间也有交叉重合的地方。里尔(S. Y. Rieh)和丹尼尔森(D. R. Danielson)⑤在 2007 年的《信息科学与技术年评》中对多个学科领域中的可信性理论与应用研究进行了回顾和总结,作者指出:除传播学外,心理学、管理学、情报学、市场营销和人机交互等学科领域都对可信性概念的界定、操作化和测量以及可信性的评价及其影响因素等问题进行了探讨;并且,由于学科视角、侧重点和所要解决的问题不同,可信性概念的维度构成、测量目标与方法也各不相同。本文调研发现,情报学界将关注点聚焦于高校学生和学者对互联网信息的可信性评价。

至此,在粗线条地回顾和梳理了情报学、信息资源管理、可信性与传播学、信息服务、人类信息行为与心理学对可信性研究的理论发展脉络和研究热点与重点的基础上,本文发现,"网络学术信息(资源)"和"网络用户信息行为"这两个重要的前沿问题成为上述学科领域探讨的交叉主题,并且,在这其中,网络信息行为中学术信息的可信性评价及影响因素问题受到越来越多的关注。

---

① 左晖,张玉峰,艾丹祥. 个性化知识服务中基于 Ontology 的用户兴趣挖掘研究[J]. 情报学报,2008,27(1):18-23.

② 王益明. 北京市高校学生完成学位论文期间的互联网信息查询行为研究[J]. 数字图书馆论坛,2006(11):1-11(23).

③ 张晓丽. 大学生人格特征与网络信息查寻行为的关系[J]. 西北医学教育,2008,16(1):153-156.

④ 甘利人,白晨,盖敏慧. 网络用户导航迷失研究及其实验探索[J]. 情报理论与实践,2008,31(6):864-868.

⑤ Rieh S. Y. ,Danielson S. Y. Credibility:A Multidisciplinary Framework[M]//CRONIN B. Annual Review of Information Science and Technology 2007. Medford,USA:Information Today Inc. ,2007,41:307-364.

概言之,上述内容构成了本研究的理论背景。

1.1.2 实践背景

与互联网信息可信性成为学界的研究热点相对应,如何解决互联网信息的可信性评价问题是业界致力于攻克的难题。颇为著名的是日本国家信息和通信技术研究所(National Institute of Information and Communications Technology)于2006年发起的"信息可信性标准工程(Information Credibility Criteria Project)"五年计划和日本内务和通信部(Ministry of Internal Affairs and Communications)于2007年发起的"电信服务信息可信性核实技术研究与开发工程(Research and Development of Information Credibility Verification Technology for Telecommunication Service)"。[①] 而且,项目组开发了一个Web信息可信性分析原型系统WISDOM(Web Information Sensibly and Discreetly Ordered and Marshaled),该系统在自然语言处理技术的基础上,依据内容、发送者、外观和社会化评估(social valuation)这四类判据分析Web网页来支持人们对信息可信性的判断。[②③]

对互联网学术信息而言,如何评价其可信性、评价判据及影响因素是什么等问题有着深厚的现实基础和紧迫的实践需要,下文就此加以阐述。

1. 互联网学术信息可信性研究的现实性

Web成为用户获取学术信息的重要来源,互联网学术信息资源开发利用日益得到重视和加强。Web学术信息的主要用户群体是高校学生(包括硕博士生和本科生)、高校教师和科研人员。高校学生在完成学习任务和撰写论文的过程中,以及科研人员和高校教师在开展科研活动的过程中都需要查找大量的学术信息,Web已成为他们获取学术信息的重要来源之一,国外许多调查和经验研究都表明了这一点。例如,联机计算机图书馆中心(Online Computer Library Center)[④]于

---

① Kidawara Y. Information Credibility Analysis of Web Content[J]. WICOW'08(Proceeding of the 2nd ACM Workshop on Information Credibility on the Web 2008),2008,October 30. Napa Valley,California,USA,2008:3.

② Kurohashi S. Akamine S. Kawahara D. Kato Y. Nakagawa T. inui K. Kidawara Y. Information Credibility Analysis of Web Contents[J]. ISUC'08(2008 Second International Symposium on Universal Communication),2008,December 15-16. Osaka,Japan,2008:146-153.

③ Miyamori H. Akamine S. Kato Y. Kaneiwa K. Sumi K. Inui K. Kurohashi S. Evaluation data and prototype system WISDOM for information credibility analysis[J]. Internet Research,2008,18(2):155-164.

④ Online Computer Library Center,Inc.. OCLC White Paper on the Information Habits of College Students:How Academic Librarians Can Influence Students' Web-Based Information Choices(2002)[R/OL].[2009-12-2]. http://www5.oclc.org/downloads/community/informationhabits.pdf.

2002 年对美国 1050 名高校学生①调查发现,超过 70% 的学生在完成学习任务时首先使用 Web 搜索引擎、Web 门户和课程 Web 站点查寻信息。美国数字图书馆联盟(Digital Library Federation)与美国图书馆和信息资源委员会(Council on Library and Information Resources)联合②于 2002 年对美国 930 名高校教师和 1056 名研究生调查发现,他们做研究时平均 58.08% 的信息需要通过 Internet 获取。伯顿(V. T. Burton)和查德威克(S. A. Chadwick)③对 503 名本科生和 40 名研究生调查发现,约有 73% 的学生在论文写作中使用 Internet 资源。

同样地,国内的许多研究也显示了 Web 在用户查找学术信息中的重要地位。例如,董小英等④于 2001 年 11 月至 2002 年 2 月对北京大学图书馆、数学学院、计算机系、电子学系、地质系、信息管理系和心理系、中国科学技术信息研究所和浙江省图书情报单位(包括浙江省图书馆和浙江大学图书馆等)的共 709 名用户(80% 的用户为教师、科研人员和学生)的互联网信息利用情况调查发现,互联网已成为学术界获取专业信息的最重要渠道,79.6% 的用户利用互联网查找专业信息,42.8% 的用户跟踪学科领域的最新进展情况,38.3% 的用户查找在其他地方难以找到的资料。而且,69% 的用户认为互联网对其工作有用,比 1998 年增长了 23%。同时,52.1% 的用户认为 Web 资源最有价值,所占比例最大。蒂根尼(T. Tegegne)和陈(C. B. Chen)⑤对华中科技大学的 640 名本科生和硕博士生调查发现,利用 Internet 查找资料来完成论文和课程任务是他们利用 Internet 的主要目的之一,且研究生主要依靠 Internet 查找信息。彭文强⑥对 1263 名医学科研人员(中级职称以上、具有硕士或博士学位)调查发现,75% 的科研人员使用互联网查找医学信息。

用户将 Web 作为获取学术信息的重要渠道主要有以下几个方面的原因:

一是随着互联网和信息技术的快速发展,互联网上的学术信息资源日益丰富。首先,传统学术出版机构纷纷推出对应的电子出版物的同时,新兴的出版形式(纯

① 本文对“college students”和“university students”不作严格区分,均译成“高校学生”。

② Friedlander A. Dimensions and Use of the Scholarly Information Environment Dimensions and Use of the Scholarly Information Environment: Introduction to a Data Set Assembled by the Digital Library Federation and Outsell, Inc. (2002)[R/OL].[2009-11-29]. http://www.clir.org/pubs/reports/pub110/contents.html.

③ Burton V. T. Chadwick S. A. Investigating the Practices of Student Researchers: Patterns of Use and Criteria for Use of Internet and Library Sources[J]. Computers and Composition, 2000, 17(3): 309-328.

④ 董小英,张本波,陶锦,冯安命. 中国学术界用户对互联网信息的利用及其评价[J]. 图书情报工作, 2002(10): 29-40.

⑤ Tegegne T. Chen C. B. Student Use of Internet in China: A Study on Huazhong University of Science and Technology(HUST)[J]. Pakistan Journal of Information and Technology, 2003, 2(1): 25-29.

⑥ 彭文强. 网络环境下医学科研人员信息利用水平的研究[J]. 图书馆学研究, 2008(5): 77-80.

电子期刊①、开放存取等)也迅猛发展。再者,图书馆等传统的学术信息资源收藏机构逐步将信息资源数字化,数字图书馆建设方兴未艾。还有,许多政府部门、教育与研究机构、第三方组织和企业等网站中散布着大量的学术信息。而且,不少专家学者也纷纷创建个人网站和博客等,将自己的学术文章和观点在 Web 上公布。据调查,截至 2005 年底,我国分别有 48.6% 和 20.0% 的教育科研网站提供科学研究信息和图书馆信息,有 24.9% 的个人网站提供学术讨论信息②。最后,不少学术团体和协会还建立了专门的学术论坛,提供在线学术交流和信息共享的平台。例如,自 2008 年起,中国科协学会学术部在所属全国学会中组织开展了在线学术交流试点工作,中国化学会和中国药理学会已分别于 2009 年上半年完成了在线学术交流的试点项目③,这些专业的学术论坛上就包含了大量的学术信息。日益丰富的互联网学术信息资源为用户的信息利用提供了客观物质基础。

二是利用 Web 查找信息非常快捷和方便。从 Web 上查找信息能够花费更少的时间④,并且操作非常容易⑤⑥和方便⑦⑧。互联网便利与快速的优点成为用户选择 Web 作为查找学术信息的渠道的客观诱因。

三是 Web 已成为用户查找学术信息的习惯来源。据联机计算机图书馆中心

---

① 纯电子期刊(electronic-only journal)也称网络期刊,它是完全以电子化、数字化形式组稿、审稿、制作、出版、发布,并以刊登学术论文、学术信息为主的一种电子化期刊。引自:师曾志,王建杭. 纯电子期刊及大学图书馆读者对它的态度和利用[J]. 中国图书馆学报,2002,28(139):57 - 59.

② 中国互联网络信息中心(CNNIC). 2005 年中国互联网络信息资源数量调查报告(2006 年 3 月)[R/OL]. [2009 - 12 - 21]. http://www.cnnic.net.cn/download/2005/20050301.pdf.

③ 中国科学技术学会学术部. 在线学术交流试点项目验收会在京召开(2009 年 7 月 17 日)[N/OL]. [2009 - 12 - 24]. http://www.cast.org.cn/n35081/n35533/n38560/11368773.html.

④ Lubans J. How first-year university students use and regard Internet resources(1998)[J/OL]. [2009 - 10 - 22]. www.lib.duke.edu/staff/orgnztn/lubans/docs/1styear/firstyear.htm.

⑤ Grimes D. J. Boening C. H. Worries with the Web: A Look at Student Use of Web Resources[J]. College and Research Libraries, 2001, 62(1): 11 - 23.

⑥ Atainson III J. D. Figueroa M. Information Seeking Behavior of Business Students: A Research Study[M/OL]// SHELFER K M. Business Reference Services and Sources: How End Users and Librarians Work Together. Binghamton, USA: The Haworth Press, Inc.: 1997: 59 - 73. [2009 - 11 - 28]. http://www.google.com/books?hl=zh-CN&lr=&id=gNv2q6GA5kMC&oi=fnd&pg=PA59&ots=qP4NBNr4-m&sig=-xyKQebNYxUCQk8TAixhPYdjMk8#v=onepage&q=&f=false.

⑦ Jones S. Madden M. Clarke L. N. Cornish S. Gonzales M. Johnson C. Lawson J. N. Smith S. Bickerton S. H. Hansen M. Lengauer G. Oliverla L. Prindle W. Pyfer J. The Internet Goes to College: How students are living in the future with today's technology. Pew Internet & American Life Project, Washington, DC, 2002: 1 - 22[R/OL]. [2009 - 11 - 21]. http://www.pewinternet.org/~/media/Files/Reports/2002/PIP_College_Report.pdf.pdf.

⑧ 董小英,张本波,陶锦,冯安命. 中国学术界用户对互联网信息的利用及其评价[J]. 图书情报工作, 2002(10): 29 - 40.

于2005年对分别来自澳大利亚、加拿大、印度、新加坡、英国和美国的共396名本科生和研究生调查发现,89%的学生在开始信息搜索时使用搜索引擎,92%的学生表示(非常)喜爱使用搜索引擎①。胡昌平等②调查发现,将近50%的科研人员首先利用Web搜索引擎检索所需要的学术信息。而且,高校学生更加倾向于使用Web③,对利用Web查找信息产生了依赖④⑤。同时,搜索引擎成为用户查找信息的习惯性工具。董小英等⑥调查发现,互联网搜索引擎是用户最常用的工具,使用比例达到76.8%。据中国互联网络信息中心调查显示,截至2010年6月,搜索引擎在我国大学生群体中的普及率已超过了84%⑦。Web已成为习惯来源是用户利用Web查找学术信息的主观促进因素。

而且,许多经验研究表明,用户利用Web查找学术信息的趋势将会增加。例如,梅茨格(M. J. Metzger)等⑧指出,高校学生利用Web查找学术信息的趋势将会增加。师曾志和王建杭⑨发现,2002年"偶尔用过"和"经常阅读"纯电子期刊的比例分别为31.97%和14.16%,而叶继红⑩于2008年调查发现,这两个比例分别上升到73.5%和26.5%。

同时,从论文中对Web信息的引用情况也可以粗略地推断出Web使用的趋

① Online Computer Library Center, Inc.. College Students' Perceptions of Libraries and Information Resources (2005)[R/OL].[2009-12-6]. http://www.oclc.org/us/en/reports/perceptionscollege.htm.

② 胡昌平,贺娜,张俊娜.网络环境下高校科研人员信息查询行为的调查与分析[J].情报理论与实践,2008,31(2):223-226.

③ KELLEY K B, ORR G J. Trends in Distant Student Use of Electronic Resources: A Survey[J]. College & Research Library, 2003(3):176-191.

④ METZGER M J, FLANAGIN A J, ZWARUN L. College student Web use, perceptions of information credibility, and verification behavior[J]. Computers & Education, 2003, 41(3):271-290.

⑤ KANDELL J J, Internet Addiction on Campus: The Vulnerability of College Students[J]. CyberPsychology & Behavior, 1998, 1(1):11-17.

⑥ 董小英,张本波,陶锦,冯安命.中国学术界用户对互联网信息的利用及其评价[J].图书情报工作,2002(10):29-40.

⑦ 中国互联网络信息中心(CNNIC).中国互联网络发展状况统计报告(2009年1月、2010年7月)[R/OL].[2011-1-21]. http://www.cnnic.net.cn/uploadfiles/pdf/2009/1/13/92458.pdf.

⑧ METZGER M J, FLANAGIN A J, ZWARUN L. College student Web use, perceptions of information credibility, and verification behavior[J]. Computers & Education, 2003, 41(3):271-290.

⑨ 师曾志,王建杭.纯电子期刊及大学图书馆读者对它的态度和利用[J].中国图书馆学报,2002,28(139):57-59.

⑩ 叶继红.高校科研人员对网络学术论文的认同度研究[J].自然辩证法研究,2008,24(9):46-50.

势。戴维斯(P. M. Davis)等[①][②]分别对美国康奈尔大学微观经济学课程研究生班1996、1999和2000年的学期论文的引文分析发现,Web引文所占比例从1996年的9%上升到1999年的21%,2000年的Web引文比例比1999年略有上升,且大部分论文中都包含了一定数量的Web引文。杨成明和袁毅[③]对中国社会科学引文数据库(CSSCI)1998~2006年共9年的网络引文(网络引文也称网络参考文献,是指学术论文中引用网站或网址的参考文献)数据统计发现,这9年间网络引文的年均增长率为66.06%,远大于来源文献和引用文献的年均增长率(分别为4.64%和15.42%)。王恺荣[④]对我国情报学领域的五种核心期刊《图书情报工作》、《情报学报》、《情报理论与实践》、《现代图书情报技术》和《情报科学》1997~2001年所发表的学术论文后所附的引文总量与网络引文量(五种期刊的总和)统计发现,这5年年网络引文量占引文总量的比例分别为1.22%、2.64%、6.29%、10.74%和17.73%,网络引文年均以7.72%的幅度递增。随后,王恺荣[⑤]又对这五种期刊在2002和2003年的网络引文情况进行了统计,网络引文占总引文的比例分别为17.07%和20.5%。上述三组研究都表明了从20世纪90年代末至21世纪初学术论文中的网络引文数量呈增长态势,说明用户查找和使用Web学术信息的趋势在增加。

随着互联网上的学术信息资源不断丰富和用户对互联网学术信息获取和使用的迅速增多,图书情报单位、学术团体与组织、信息服务商和政府部门等机构日益重视互联网学术信息资源的开发利用,纷纷采取和加强一些措施来组织和挖掘互联网学术信息资源,主要包括学科信息门户建设、开放存取运动和建立网络引文数据库。

学科信息门户是提供可检索和可浏览的互联网资源目录联机服务系统或站点,一般集中于某一相关的学科领域,提供对经图书馆工作人员遴选和按学科组织的互联网资源的利用[⑥]。国外学科信息门户发展较为成熟的有美国网络学术资源

---

① DAVIS P M, COHEN S A. The Effect of the Web on Undergraduate Citation Behavior 1996 - 1999[J]. Journal of the American Society for Information Science and Technology, 2001, 52(4): 309 - 314.

② DAVIS P M. The Effect of the Web on Undergraduate Citation Behavior: A 2000 Update[J]. College & Research Library, 2002, 63(1): 53 - 60.

③ 杨成明,袁毅. 人文社会科学研究中的互联网利用状况研究——基于CSSCI 1998 - 2006年网络引文数据[J]. 图书情报工作, 2009, 53(6): 37 - 40.

④ 王恺荣. 刍论网络引文文献对评价核心期刊的影响[J]. 情报科学, 2003, 21(3): 269 - 271.

⑤ 王恺荣. 情报学核心期刊网络引文的计量研究[J]. 图书情报工作, 2004, 48(10): 17 - 20.

⑥ Desire. org. What is a subject gateway? [EB/OL]. [2009 - 12 - 25]. http://www.desire.org/html/subjectgateways/subjectgateways.html.

虚拟图书馆 INFOMINE 和英国经济学科门户 Bized 等①。我国的学科信息门户这几年发展也较为迅速，典型的学科信息门户有"CALIS 重点学科网络资源导航门户②"，而且，不少高校图书馆也在其 Web 站点上推出了学科信息门户服务。

开放存取是指文献在公共域里可以被免费获取，并允许任何用户阅读、下载、复制、传递、打印、搜索、链接到全文，也允许用户将其遍历并为之建立索引、用作软件的输入数据或其他任何合法用途。③ 开放存取的实现途径主要有开放存取期刊、电子预印本典藏和机构典藏三种方式④：开放存取期刊指具有上述开放存取特征的、Internet 上公开出版的、经过同行专家评审的全文电子期刊。典型的开放存取期刊如瑞典兰德大学(Lund University)图书馆的 DOAJ(Directory of Open Access Journals)；电子预印本典藏又称自归档(Self-Archiving)，它是指科研工作者的研究成果还未在正式出版物上发表，而出于和同行交流目的，自愿先在学术会议上或通过互联网发布的科研论文和科技报告等。世界上最有影响的预印本系统是美国的 e-print arXiv 库⑤，我国的预印本服务系统⑥也颇为著名；机构典藏(库)又称机构知识库或机构仓储，它一般由大学图书馆、研究机构和政府部门等创建和维护，存储某个或几个机构产生的学术资源，以供外界免费取用。典型机构典藏库有美国佛罗里达州立大学的"D-Scholarship"系统。

---

① 吴海，江洪，钟永恒. 国外学科信息门户发展研究与借鉴[J]. 图书情报工作，2009，53(1)：73－77.

② "CALIS 重点学科网络资源导航门户"是国家"211 工程"中国高等教育文献保障系统(CALIS)"十五"重点建设项目之一。该项目以教育部正式颁布的学科分类系统作为构建导航库的学科分类基础，建设一个集中服务的全球网络资源导航数据库，提供重要学术网站的导航和免费学术资源的导航。引自：CALIS 重点学科导航库子项目. CALIS 重点学科网络资源导航门户[EB/OL]. [2009－12－28]. http://www.calis.edu.cn/calisnew/calis_index.asp? fid =3&class =6.

③ Budapest Open Access Initiative: Frequently Asked Questions(FAQ). What does BOAI mean by"open access"? [EB/OL]. [2009－11－1]. http://www.earlham.edu/~peters/fos/boaifaq.htm.

④ 王学勤. 开放存取的现状及对中国的启示[J]. 情报科学，2006，24(9)：1425－1429.

⑤ e-print arXiv 库由金斯帕(P. Ginsparg)于 1991 年 8 月创建，节点最初设立在美国 Los Alamos 国家实验室，是一个专门用来张贴原创物理学研究论文的网站，现在节点设立在美国康奈尔大学图书馆，并在世界范围内设立多个镜像点，是一个涵盖了物理学、数学、计算机科学、非线性科学和定量生物学学术论文的电子预印本文献库，目前拥有 58 万余篇文献，且每月有约 3000－4000 篇新论文加入。具体可参见：arXiv.org. e-print arXiv[EB/OL]. [2010－1－4]. http://arxiv.org/.

⑥ 中国预印本服务系统是由中国科学技术信息研究所与国家科技图书文献中心联合建设的以提供预印本文献资源服务为主要目的的实时学术交流系统，主要收录了自然科学、农业科学、医药科学、工程与技术科学、图书情报与文献学五大学科的预印本资源。该系统由国内预印本服务子系统和国外预印本门户(SINDAP)子系统构成：国内预印本服务子系统主要收藏的是国内科技工作者自由提交的预印本文章，可以实现二次文献检索、浏览全文、发表评论等功能。SINDAP 子系统实现了全球预印本文献资源的一站式检索，目前，SINDAP 子系统含有预印本二次文献记录约 80 万条。具体可参见：中国科学技术信息研究所. 中国预印本服务系统系统介绍[EB/OL]. [2010－1－4]. http://prep.istic.ac.cn/eprint/help.jsp.

网络引文是指所引用的互联网信息资源。尽管正式的学术交流中对网络引文的使用仍存在争议①,但学术论文中网络引文的数量不断增加是不容忽视的事实,后者使得网络引文的重要性和价值愈发突出。由此,为解决"网络引文不可追溯"②的问题,更加充分有效地利用网络引文资源,《图书情报知识》杂志社③于2007年建立了"现刊"保存网络引文数据库,重构了"过刊"获取方式的解决方案,以最大程度解决网络引文不可追溯的问题。

2. 互联网学术信息可信性研究的重要性

Web半正式出版和非正式出版学术信息的质量参差不齐,对其的不当使用将造成不良后果,如何识别和获取高可信性和高质量的信息是重要的前提和关键。Web学术信息可分为Web正式出版、半正式出版和非正式出版④学术信息。Web正式出版学术信息是具有组稿、审稿、制作、出版和发布等评审制度,以学术论文、学术著作和学术信息为主要内容的Web电子出版物,而Web半正式出版和非正式出版学术信息则缺乏类似的评审制度,具体形式包括教育科研机构和政府部门等各类网站、主题门户、学科信息门户、预印本服务Web站点或系统、深网资源⑤、学术论坛、专家学者的个人网站和博客等。

Web半正式出版和非正式出版学术信息是本文的研究重点,其已成为用户获取学术信息的重要组成部分。据调查,与专业相关的学术论坛或BBS已成为学术信息交流的重要平台,一些综合性网站或政府网站、专家学者的博客站点也成为科研人员获取所需资源的途径之一⑥。

---

① VAUGHAN L, SHAW D. Bibliographic and Web Citations: What Is the Difference? [J]. Journal of The American Society For Information Science And Technology, 2003, 54(14): 1313-1322.

② 陆伟,韩曙光,沈祥兴. 网络引文不可追溯性及其解决方案研究[J]. 中国图书馆学报,2009(7):99-106.

③ 《图书情报知识》编辑部. 关于建立《图书情报知识》网络引文库的通知[EB]. 图书情报知识,2008(1).

④ 赖茂生. 信息资源管理教程[M]. 北京:清华大学出版社,2006:190-191.

⑤ 埃尔斯沃思(D. J. Ellsworth)于1996年最先提出Invisible Web这一概念,又称之为Deep Web或Hidden Web。Invisible Web是指用户通过一般搜索引擎无法获取的那一部分网络资源。可以这样来理解"隐形Web/深网资源":普通的搜索引擎不能或不愿意将它们放置在索引库中,所以普通搜索引擎不能发现其中的信息内容,但是它们的数据量又十分庞大,并具有较高的权威性和质量。根据乔治华盛顿大学的普赖斯(G. Price)研究,目前,WWW上Invisible Web的数量是Visible Web数量的2~50倍,并且,这些Invisible Web的质量比Visible Web高得多。引自:南京大学图书馆. 深网资源[EB/OL]. [2010-1-4]. http://lib.nju.edu.cn/resource/resource_tuijian.php#5.

⑥ 胡昌平,贺娜,张俊娜. 网络环境下高校科研人员信息查询行为的调查与分析[J]. 情报理论与实践,2008,31(2):223-226.

然而,与 Web 正式出版学术信息相比,由于缺少审查把关环节①,再加上 Internet 上发布信息的自由性以及 Web 环境下用户参与性的增强,Web 半正式出版和非正式出版学术信息的质量参差不齐,一些信息的可相信程度较低②。例如,胡德华③指出,开放存取期刊的质量问题是学术界、出版界、图书情报界以及广大作者和读者最为关心的问题之一。卢班斯(J. Lubans)④发现,Internet 上存在许多未经证实的、非常规的、不稳定的学术 Web 站点。董小英等人⑤调查发现,用户对互联网资源的权威性和准确性评价较低,分别有 37% 和 30.1% 的用户认为使用互联网资源遇到的最主要的困难是网上资源的质量不高和很难找到相关的资源,且用户对互联网信息使用障碍的不满呈增长趋势。

Web 半正式出版和非正式出版学术信息的缺陷使用户从不准确或误导的信息来源中分离出有用的和高质量的信息存在一定的困难⑥。另外,不少用户在使用搜索引擎时都是简单地通过不同的搜索引擎找到与提问相关的内容,而不去评价信息的可信性和质量。例如,文章《信息素质教育与信息检索课探析》⑦的第 4 篇参考文献引用了一篇从互联网上找到的文章,而相同内容的文章⑧已在《情报杂志》期刊上正式发表,也就是说,作者在阅读和引用该互联网信息时并没有去查找更可靠的来源。类似的做法很少考虑信息来源的可信性和质量,而实际上这些信息中有不少是低质量、甚至错误的信息⑨。

而对不可信赖、低质量的 Web 信息的使用会对包括学术写作在内的学术素养

① Mcbride K. B. Dichstein R. The Web Demands Critical Reading by Students[J]. The Chronicle of Higher Education,1998:B6.

② Fitzgerald M. A. Misinformation on the Internet:Applying evaluation skills to online information[J]. Emergency Librarian,1997,24(3):9-15.

③ 胡德华. 生物医学类开放存取期刊学术质量评价及其评价体系研究[D]. 长沙:中南大学公共卫生学院,2009:1.

④ Lubans J. How first-year university students use and regard Internet resources(1998)[J/OL]. [2009-10-22]. www.lib.duke.edu/staff/orgnztn/lubans/docs/1styear/firstyear.htm.

⑤ 董小英,张本波,陶锦,冯安命. 中国学术界用户对互联网信息的利用及其评价[J]. 图书情报工作,2002(10):29-40.

⑥ Fred R. V. H. The Undergraduate Research Paper and Electronic Resources:A Cautionary Tale[J]. Teaching History,1998,23(2):51-59.

⑦ 孙丽芳. 信息素质教育与信息检索课探析[J]. 科技情报开发与经济,2005,15(16):82-84.

⑧ 李迎丰,臧其梅. 美国大学图书馆与信息素质教育及对我国的启示[J]. 情报杂志,2003(7):107-108(封三).

⑨ Grimes D. J. Boening C. H. Worries with the Web:A Look at Student Use of Web Resources[J]. College and Research Libraries,2001,62(1):11-23.

的培养造成不利影响。罗滕伯格(D. Rothenberg)①发现,近年来学生的论文写作质量和思想表达的原创性降低,其中的一个重要原因就是对 Web 上过时的、未经证实的参考资料的引用。而且,过度依赖 Internet、对 Internet 上学术信息的不当使用将导致用户的思考能力变得肤浅②。对学术人员而言,在学术研究和学术写作过程中正确地查找、选择、评价、分析和引用信息资源是学术素养的关键元素之一③,而对 Web 学术信息的不当或错误使用将会贬低甚至危及学术研究和学术写作的核心价值,也会对学术交流系统的健康发展造成不良的影响。可见,为充分有效地利用 Web 学术信息,用户如何识别和获取高可信性和高质量的信息是重要的前提和关键。

3. 互联网学术信息可信性研究的紧迫性

业界采取的帮助用户遴选高可信性和高质量的互联网学术信息的措施的效果不容乐观,急需从用户角度开展互联网学术信息可信性评价研究。为解决互联网学术信息的可信性和质量问题,业界采取的方法主要有建立学科信息门户、图书馆培训和核查表法(checklist)。

学科信息门户对特定学科领域内的互联网信息进行评价、遴选和组织,发挥了类似传统正式出版物的编辑和评审作用,对帮助用户使用这些资源起到了不小的效果。然而,暂且撇开学科信息门户的利用率比较低④的问题不谈,更为重要的是,由于可信性是评价者对某个特定对象的可相信程度的认识(见第一章第四节中对"可信性"概念的分析),信息可信性高低的判断不仅与评价者的知识背景和经验有关,而且还依赖于评价者的个人喜好和习惯等因素,因此,即使图书馆工作人员挑选出高质量的信息,用户也可能持不同甚至相反的看法。

图书馆培训法是指图书馆加强对用户批判性思维(critical thinking)能力的培养和对互联网学术信息质量评价的培训。经验研究证明,图书馆培训对用户评价

---

① Rothenberg D. How the Web destroys student research papers[J]. Chronicles of Higher Education,1997,43(49):44-45.

② Stepp L. Point,Click,Think? As Students Rely on the Internet for Research,Teachers Try to Warn of the Web's Snares[N]. Washington Post,2002-7-16(C01). 转引自:KELLEY K B,ORR G J. Trends in Distant Student Use of Electronic Resources:A Survey[J]. College & Research Library,2003(3):176-191.

③ Burton V. T. Chadwick S. A. Investigating the Practices of Student Researchers:Patterns of Use and Criteria for Use of Internet and Library Sources[J]. Computers and Composition,2000,17(3):309-328.

④ 事实上,许多学科信息门户的使用率并不乐观,以"CALIS 重点学科网络资源导航门户(http://202.117.24.168/cm/main.jsp)"为例,从网站链接的点击数来看,使用这些资源的人数非常少。

互联网信息资源具有一定的效果[①],但图书馆培训覆盖的用户比例并不高。拿高校学生来讲,其中很重要的一个原因是学生通常并不考虑参加图书馆培训,因为他们认为这些培训是专业课程以外的附加内容,并且与成绩无关[②]。其他原因可能有用户对自己的评价能力很自信,认为不需要参加培训[③],或者对图书馆工作人员的能力表示怀疑[④]。

核查表法是指服务者依据信息质量的标准设置一些问题或原则来培训和指导用户如何评价信息,并供用户在查找信息时使用。核查表法是目前最常用的一种方法,美国图书馆协会(American Library Association)、美国国家读写研究所(National Institute for Literacy)以及世界各地的许多大学等相关机构都制定了评价在线信息的标准[⑤]。例如,中国科学院国家科学图书馆[⑥]在其 Web 站点的“查找网络资源”的服务项目中就给出了评价网络信息资源的六条准则:权威性(authority)、正确性[⑦](accuracy)、观点立场(advocacy)、客观性(objectivity)、时效性(currency)和范围(coverage)。诚然,这些措施对于帮助用户评价信息的可信性和质量具有参考价值,然而核查表法也有两个方面的缺陷:

一是核查表在实践中的操作性不强。究其缘由,主要有两点原因:一是核查表的题目通常较多,用户往往需要花费很多时间和精力来思考和回答问题[⑧]。米奥拉(M. Meola)[⑨]提到,某个评价 Web 站点信息质量的核查表的问题数量多达 112 个,并且有些问题中还含有附加问题,想要用户对这些问题一一进行回答并不具有

---

① Burton V. T. Chadwick S. A. Investigating the Practices of Student Researchers: Patterns of Use and Criteria for Use of Internet and Library Sources[J]. Computers and Composition, 2000, 17(3): 309 – 328.

② Breivik P. S. Education for the Information Age[J]. New Directions for Higher Education, 1992, 20(78): 5 – 13.

③ Grimes D. J. Boening C. H. Worries with the Web: A Look at Student Use of Web Resources[J]. College and Research Libraries, 2001, 62(1): 11 – 23.

④ D'esposito J. E. Gardner R. M. University Students' Perceptions of the Internet: An Exploratory Study[J]. The Journal of Academic Librarianship, 1999, 25(6): 456 – 461.

⑤ Faanagin A. J. Metzger M. J. Perceptions of Internet Information Credibility[J]. Journalism and Mass Communication Quarterly, 2000, 77(3): 515 – 540.

⑥ 中国科学院国家科学图书馆. 查找网络资源[EB/OL]. [2009 – 12 – 28]. http://www.csdl.ac.cn/subpage/subframe_detail.jsp? SubFrameID = 1010.

⑦ 原文将“accuracy”译成“正确性”,本文认为译成“准确性”更为合适。为尊重原文,此处仍保留原来的译法。

⑧ Metzger M. J. Making Sense of Credibility on the Web: Models for Evaluating Online Information and Recommendations for Future Research[J]. Journal of the American Society for Information Science and Technology, 2007, 58(13): 2078 – 2091.

⑨ Meola M. Chucking the Checklist: A Contextual Approach to Teaching Undergraduates Web-Site Evaluation[J]. Libraries and the Academy, 2004, 4(3): 331 – 344.

可操作性，而且，即使不对所有问题进行回答而是有选择地回答，要在如此大量的问题中进行挑选也是一个不小的负担；二是有些问题回答起来比较困难。例如，类似"信息是否可靠或有没有错误"的问题，用户就很难回答，因为这可能就是用户查找和评价信息的目的，这样的二分法提问（答案为"是或不是"）对用户评价信息并没有实质性的意义和帮助①。

二是许多高校学生在信息查找中没有或很少使用核查表。许多经验研究都表明了这一点。例如，格兰姆斯（D. J. Grimes）和伯宁（C. H. Boening）②发现，学生只是非常肤浅地评价 Web 信息资源，且没人使用图书馆提供的 Web 使用指导。梅茨格等③发现，学生很少采取必需的步骤来核实从 Web 上获取的信息。德瓦尔德（N. H. Dewald）④发现，学生将重点放在找到信息而不是去核实信息。究其缘由：一是可能他们不知道有核查表这项服务；二是可能部分用户评价互联网学术信息可信性和质量的能力比较欠缺⑤。例如，文章《个人信息门户初探》的第 3 篇参考文献就引用了一篇从互联网上找到的文章，本文依据原始引文查找发现不可追溯，但找到一篇极有可能是原始引文的文章⑥。本文找到的文章是一篇普通博客上的随感，若作者引用的是这篇文章，对正式出版的学术论文而言则显得不够严谨，表明作者评价信息可信性和质量的能力很可能较为欠缺；三是可能与用户的 Internet 使用经验和对相关话题的熟悉程度有关：Internet 经验越少，对互联网上的信息就越显示出不信任的态度，而且也越不愿意去核实在互联网上找到的信息⑦；而对相

① Meola M. Chucking the Checklist: A Contextual Approach to Teaching Undergraduates Web-Site Evaluation [J]. Libraries and the Academy, 2004, 4(3): 331 - 344.

② Grimes D. J. BOENING C. H. Worries with the Web: A Look at Student Use of Web Resources [J]. College and Research Libraries, 2001, 62(1): 11 - 23.

③ Metzger M. J. FLANAGIN A J, ZWARUN L. College student Web use, perceptions of information credibility, and verification behavior [J]. Computers & Education, 2003, 41(3): 271 - 290.

④ Deewald N. H. What Do They Tell Their Students? Business Faculty Acceptance of the Web and Library Databases for Student Research [J]. The Journal of Academic Librarianship, 2005, 31(3): 209 - 215.

⑤ Lubans J. How first-year university students use and regard Internet resources (1998) [J/OL]. [2010 - 12 - 29]. www.lib.duke.edu/staff/orgnztn/lubans/docs/1styear/firstyear.htm.

⑥ 本文查找到的文章的 URL 地址是：http://blog.donews.com/keso/archive/2004/10/29/154606.aspx，原始引文的 URL 地址是：http://www.donews.net/keso/archive/2004/10/29/154606.aspx。这两个地址基本相同，而且，两篇文章的题目相同。本文认为，第一个 URL 地址就是作者当时访问的地址，作者很可能在标注参考文献时将其错写成了第二个 URL 地址。

⑦ Faanagin A. J. METZGER M J. Perceptions of Internet Information Credibility [J]. Journalism and Mass Communication Quarterly, 2000, 77(3): 515 - 540.

关话题的知识越熟悉，越倾向于认为找到的信息可信，越愿意去核实和评价这些信息①。

可见，业界采取的帮助用户遴选高可信性和高质量的互联网学术信息的措施的效果不容乐观。综合分析这些举措发现，它们主要是从服务者的角度去思考和实施如何帮助用户挑选信息，较少从用户的角度来考虑问题和开展工作，即“用户在实际的互联网信息行为中如何看待和评价学术信息的可信性”这一实践问题并没有得到很好的解决。该问题在理论上的体现就是：从用户的角度来看，他们评价互联网学术信息可信性的判据是什么？都有哪些因素影响以及如何影响他们对信息可信性的评价？

概言之，上述内容构成了本研究的实践背景。

1.2　研究目的与研究意义

1.2.1　研究目的

首先需要指出并强调的是，本研究只着重探讨 Web 信息可信性（消息可信性），不研究 Web 站点可信性（来源可信性）或 Web 可信性（媒介可信性）。由此，本研究的目的主要有两点，具体地：

第一，由于国内用户在实际的互联网信息行为中评价学术信息可信性所使用的判据并不太明晰，因此，第一个目的是要弄清用户在实际的互联网信息行为中评价学术信息可信性的判据。这能更加清楚地从用户角度了解他们如何评价互联网学术信息的可信性。

第二，由于用户评价互联网学术信息可信性的影响因素并不太明朗，因此，第二个目的是要探究有哪些因素影响用户对互联网学术信息的可信性评价以及这些因素的作用机制。这能更加系统地认识用户对互联网学术信息可信性评价的内在机理。

另外，针对上述目的的研究结论能帮助用户更好地评价互联网学术信息的可信性和帮助用户进一步正确地使用这些信息。例如，若知晓了用户经常使用的评价判据和弄清了网站特征因素（例如，Web 外观）对互联网学术可信性评价的作用

① Eastin M. S. Credibility Assessments of Online Health Information: The Effects of Source Expertise and Knowledge of Content[J/OL]. Journal of Computer-Mediated Communication, 2001, 6(4). [2010 - 12 - 29]. http://jcmc.indiana.edu/vol6/issue4/eastin.html.

机制,网站设计者和信息服务者可以对网站设计和信息内容进行相应的设置,以便用户更好地评价、获取和使用这些信息。

1.2.2 研究意义

本研究有理论和实践两个方面的意义,具体地:

第一,从用户角度系统地探讨互联网学术信息可信性的评价判据和影响因素,进一步丰富可信性研究的理论成果、拓宽可信性研究的理论范畴。

第二,本研究探索情报学的新的理论生长点;能更加清楚地认识互联网学术信息资源的属性与特征,更好地掌握互联网学术信息资源开发利用的内在规律,丰富网络信息资源管理理论;能深入探索用户信息行为规律,进一步充实人类信息行为研究的理论内涵。

第三,以逻辑推理和实证思想方法为指导,综合运用定性和定量等技术方法,丰富情报学的方法论体系和研究技术路线。

第四,掌握用户在互联网信息行为中评价学术信息可信性的判据和影响因素能指导和帮助用户正确地评价和使用互联网学术信息,促进信息资源的充分有效利用。

第五,为互联网学术信息网站设计和信息服务工作提供指导和参考。

1.3 研究方法

研究方法包括指导性的思想研究方法和操作性的技术方法,以下分这两个层次进行阐述。

1.3.1 思想方法

思想方法主要包括逻辑推理和实证研究两种方法。采用逻辑推理方法来阐明研究背景、提出研究问题、提出研究假设、构建理论模型和分析研究数据等,具体包括从文献资料、实际观察和统计数据中进行归纳以及从已有结论、现成理论和数据结果中进行演绎等。

采用实证研究方法来证明研究假设和检验理论模型,具体包括对概念和变量操作化以及使用统计数据验证变量之间的关系,进而检验理论模型。

需要强调是,逻辑推理和实证研究方法并不对立,而是相互结合和补充,例如,分析研究数据时也使用统计数据验证变量之间的关系,检验理论模型时也在研究假设的基础上进行演绎。

1.3.2 技术方法

技术方法是指获取文献资料和搜集用户数据的具体操作方法。获取文献资料的方法具体见 2.1.2 节,在此不再展开。

搜集用户数据综合运用了定性和定量方法,具体包括如下四点:

第一,使用观察、有声思维(thinking aloud)①、搜索日志和在线问卷等方法获取用户在实际的互联网信息行为中评价学术信息可信性的判据。有声思维是让参与者在搜索互联网学术信息的过程中说出他们当时在评价这些信息的可信性时的判据。搜索日志是指利用屏幕记录软件记录信息搜索者的操作。另外,使用内容分析法②分析数据,并利用概念组分析③对评价判据的频数进行统计和比较。

第二,使用访谈法获取用户在平时的互联网信息行为中评价学术信息可信性的判据。使用内容分析法分析该数据,即利用概念组分析统计评价判据的频数。

第三,使用在线现场实验(field experiment)和问卷等方法获取 Web 网页的视觉吸引力、站点权威性和内容质量对互联网学术信息可信性评价的作用机制的用户数据。在线现场实验是指被试在平时经常使用的网络环境下填写问卷。另外,分析数据主要使用方差分析和回归分析法。

第四,模型应用检验中主要使用调查和在线问卷法搜集用户对 Web 页面的可信性评价数据。

1.4 概念界定与本文的逻辑结构

1.4.1 概念界定

在深入探讨之前,首先对本文中的重要概念进行界定。

---

① 有声思维法是让受试者在解决问题的过程中进行出声思考,在思考的同时大声地说出自己正在思考的内容,通过记录、分析这些出声思考时的话语,获得受试者较为真实的解题思路和认知过程。有声思维法越来越多地应用在认知心理学、教育科学和计算机系统知识学习等学科领域的研究中。具体可参见:李洁,严厉. 有声思维简介[J]. 大众文艺(理论),2009(1):29-30.

② 内容分析是社会科学研究中广泛应用的一种方法,它是对各种信息交流形式的明显内容进行客观的、系统的和定量的描述。具体可参见:袁方,王汉生. 社会研究方法教程[M]. 北京:北京大学出版社,2003:401.

③ 概念组分析是内容分析中常用的一种方法。概念组分析是将与研究内容有关的关键词分成小组,每组代表一个概念,同时也是理论假设中的一个变量。概念组方法的记录单位仍是单词,但分析时的变量是概念组。具体可参见:袁方,王汉生. 社会研究方法教程[M]. 北京:北京大学出版社,2003:408-410.

1. 可信性及相关概念

除可信性外，在此还将可信性与信任、信息质量、权威、相关性、说服和来源的关系分别进行辨析。

(1)可信性。可信性概念最早可追溯到古希腊时期的修辞学(rhetoric)[①]，“某些信息来源比其他来源更可靠”是当时修辞学重点讨论的问题。柏拉图(Plato)认为可信性由真理的知识产生，而亚里士多德(Aristotle)则在他称之为“传播者的‘ethos’”的一组特征中描述可信性的概念。“传播者的‘ethos’”是指传播者对所说的内容产生信心和信念的能力，这通常被认为是来源可信性的最早起源。亚里士多德认为，“ethos”包括“智力(goodsense)”、“品德(goodmorals)”和“善意(goodwill)”三个方面[②]：“智力”是指演说者的专长和资历，是听众判断演说人能否胜任所谈话题的准则；“品德”是指听众所认知的演说者的道德品质；“善意”是指演说人对听众所持有的动机和意图是否友善。如果听众认为演说者缺乏上述条件之一，就可能对演说者的信誉产生怀疑，而如果“演说者被认为具备了所有这三个条件，就一定能取得听众的信任”。亚里士多德关于“ethos”的构成要件的论述在很大程度上是后来西方“媒介可信性”维度划分的滥觞[③]。而且，亚里士多德对来源可信性的论述背后有三个主要思想[④]：一是来源是可信的是因为他们的消息的正确性(rightness)被受众感知到；二是来源是可信的是因为他们通过正确的演说(read)向特定的受众展现自己；三是来源被感知到是可信的是因为受众的特点。值得指出的是，后来可信性的消息、来源和受众的研究取向恰好与上述三个主要思想吻合。事实上，自亚里士多德以来，说服和可信性在大多数传播理论中进行了广泛的讨论，这些理论通常以来源、听众和消息特点三个方面为中心[⑤]。

对可信性的系统的经验研究一直到20世纪30年代才初现端倪，其与说服传播、人际传播和大众传播研究紧密相连[⑥]。其中，以20世纪50年代耶鲁大学的霍夫兰与同事、20世纪末21世纪初斯坦福大学说服技术实验室(Persuasive Technolo-

---

① Self C S. Credibility[M]// Salwen M. B. Stacks D. W. An Integrated Approach to Communication Theory and Research. Mahwah, NJ: Lawrence Erlbaum Associates, Inc., 1996: 422 - 423.

② 龚文庠. 说服学——攻心的学问[M]. 北京：东方出版社，1994：20 - 21.

③ 李晓静. 中国大众媒介可信性指标研究[D]. 上海：复旦大学新闻学院，2005：21.

④ Self C. S. Credibility[M]// Salwen M. B. Stacks D. W. An Integrated Approach to Communication Theory and Research. Mahwah, NJ: Lawrence Erlbaum Associates, Inc., 1996: 423.

⑤ Self C. S. Credibility[M]// Salwen M. B, Stacks D. W. An Integrated Approach to Communication Theory and Research. Mahwah, NJ: Lawrence Erlbaum Associates, Inc., 1996: 423.

⑥ Self C. S. Credibility[M]// Salwen M. B. Stacks D. W. An Integrated Approach to Communication Theory and Research. Mahwah, NJ: Lawrence Erlbaum Associates, Inc., 1996: 423.

gy Lab)的福格(B. J. Fogg)与同事的研究最为著名。霍夫兰和同事探讨了大众传播消息的可信性,认为可信性具有"可信赖性(trustworthiness)"和"专业技能(expertise)"两个维度①。福格和特森(S. Tseng)②认为可信性就是可相信性(believability),他们指出,学者们普遍认为可信性是一种感知质量(perceived quality),它并不存在于某一具体的物体、人或信息本身之中。而且,可信性的结果是通过同时测量许多不同维度的指标而得来。尽管可信性由哪些维度组成目前还存在不同的看法,但"专业性(expertness③)"和"可信赖性"是大多数研究都一致认可的维度。专业性是知识渊博(knowledgeable)、有经验、有能力的意思,刻画了评价者对对象的感知知识或技能(值得指出的是,"专业性"并不一定要求对象具有专家的知识或技能)。可信赖性是具有良好意图(well-intentioned)、真实和无偏向的意思,刻画了评价者对对象的感知善意或道德。可见,对于可信性构成的主要维度,福格和霍夫兰得出了相同的结论。而且,弗里曼(K. S. Freeman)和斯派里戴克斯(J. H. Spyridakis)④指出,文献中出现的其他维度都可以归入到这两个维度之下,例如,准确、完整、有能力等可以归入专业性的类别,可相信、客观、公正、无偏向性和真实等可以归入可信赖性的类别。

而且,福格和特森还将可信性分为假定可信性(presumed credibility)、声誉可信性(reputed credibility)、表面可信性(surface credibility)和经验可信性(experienced credibility)四种类型⑤。假定可信性指感知者(perceiver)基于脑海中的一般假设而在多大程度上相信某人或某事。例如,如果人们认为他们的朋友一直都在讲真话,那么就认为朋友可信。相反,人们认为汽车销售人员不可能总是讲真话,因此汽车销售人员就缺乏可信性;声誉可信性指感知者基于第三方的报道而在多大程度上相信某人或某事。例如,由第三方认可的高声望的奖励(例如,诺贝尔奖)或专业头衔(例如,医生或教授)倾向于使人们认为他们更为可信。Web 上的声誉可信性的表现非常普遍,例如,从一个网站到另一个网站的链接就经常被认为是一种第三方的认可,很有可能增加被链接网站的可信性;表面可信性指感知者基

① Self C. S. Credibility[M]// Salwen M. B. Stacks D. W. An Integrated Approach to Communication Theory and Research. Mahwah, NJ: Lawrence Erlbaum Associates, Inc., 1996: 424.

② Fogg B. J. Tseng S. The Elements of Computer Credibility[J]. Proceeding of the CHI 99 Conference on Human Factors, 1999, May 15 – 20. Pittsburgh PA USA, 1999: 80 – 87.

③ 霍夫兰使用的是"expertise",本文认为"expertise"和"expertness"这两个词的含义相同。

④ Freeman K. S. SPYRIDAKIS J H. Effect of Contact Information on the Credibility of Online Health Information[J]. IEEE Transactions on Professional Communication, 2009, 52(2): 152 – 166.

⑤ Tseng S. Fogg B. J. Credibility and computing technology[J]. Communications of the ACM, 1999, 42(5): 39 – 44.

于简单的检查而在多大程度相信某人或某事。例如,人们会通过判断一本书的封面来判断可信性,一个 Web 网页看上去具有高可信性可能是因为其外观设计非常好;经验可信性指人们基于自己的第一手经验来判断在多大程度上相信某人或某事。例如,用户通过使用某 Web 网站,就能对该网站的专业性和可信赖性作出评估,这个评估能帮助用户对网站的可信性作出判断。

同时,如图 1-1,福格和特森提出了可信性评价的三种模式[①]:一是二分评价(Binary Evaluation),指判断对象是可信还是不可信;二是阈值评价(Threshold Evaluation),包括上层阈值(upper threshold)和下层阈值(lower threshold)。当评价值超过上层阈值时,用户认定对象可信,当低于下层阈值时,用户认定对象不可信;三是谱带评价(Spectral Evaluation),其不是简单地作"是否可信"的区分,每一个评价都是一个有结果的评价。福格和特森认为,用户在不同的情景下使用不同的评价方式,二分评价最简单,阈值评价最灵活和最常见,谱带评价最复杂。本文中的可信性测量属于谱带评价。

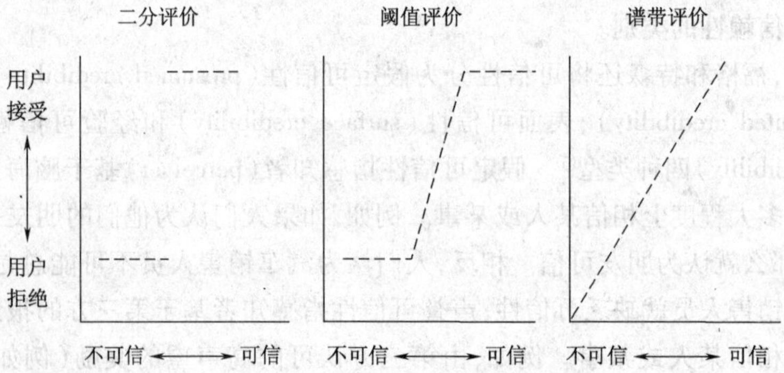

图 1-1 可信性评价的三种方式

此图来源:Fogg B J,Tseng S. The Elements of Computer Credibility[J]. Proceeding of the CHI 99 Conference on Human Factors,1999,May 15-20. Pittsburgh PA USA,1999:84. 略有修改。

需要指出的是,评价(evaluation or assessment[②])与判断(judgment)是两个不同的概念,"一个判断通常是制定某个决策的指导,该决策导致选择,选择又产生某个

---

① Fogg B. J. Tseng S. The Elements of Computer Credibility[J]. Proceeding of the CHI 99 Conference on Human Factors,1999,May 15-20. Pittsburgh PA USA,1999:80-87.

② 本文对"evaluation"和"assessment"两个词不作区分,认为两者的含义相同。

结果”①。可信性判断可看做是基本的决策单位,而可信性评价是包括一个或多个可信性判断的反复过程②。

就可信性评价的过程而言,里尔和丹尼尔森③在霍格思(R. Hogarth)的评价判断(evaluative judgments)和预测判断(predictive judgments)的理论④基础上,将信息可信性判断过程分为预测判断和评价判断两个阶段:预测判断发生在接触到评价对象之前,是评价者期望的信息来源或信息内容。评价判断发生在与评价对象接触的过程中,评价者依据信息的特征形成一定的看法或偏好。由此,假定可信性可以归入预测判断的范畴,声誉可信性、表面可信性和经验可信性可以归入评价判断的范畴。然而,本文认为,要将可信性的预测判断和评价判断在实际操作中完全分开比较困难,因为两者是相辅相成的关系:预测判断的基础是评价者的思想中存在的、对以往对象的经验观察所形成的认识和看法,而这些认识和看法要通过评价判断形成。而预测判断则通常引导评价判断,评价者思想中的认识和看法引导评价判断过程中的行为或动作,例如,根据使用经验选择某个信息对象而不是其他信息对象进行评价。根据研究目的,本研究只探讨信息可信性的评价判断。

另外,在可信性评价过程中,评价者通常会有许多核实(verification)行为。核实行为是指评价者依据一定的判据所采取的操作和比较判断的行为,例如,通过搜索引擎查找文章作者的身份与资历来评判该文章是否可信。由此,预测判断、评价判断、核实行为和对对象的一系列操作共同构成了可信性评价过程。

综上所述,本文认为,可信性是评价者通过评价过程形成的对某个特定对象的可相信程度的认识。可信性能够测量(见3.1节),但可信性并非一成不变,其受评价者的经验、对象特征和情景等因素的影响而变化。那么,相应地,互联网学术信息的可信性是指用户通过评价过程形成的对某个特定的Web学术网站或页面的可相信程度的认识。例如,某个Web学术网站或页面可信或不可信,可信性较低、

---

① Rachlin H. Judgment, decision, and choice: A cognitive/behavioral synthesis[M]. New York: W. J. Freeman and Company, 1989: 43. 转引自: RIEH S Y. Judgment of Information Quality and Cognitive Authority in the Web[J]. Journal of the American Society for Information Science and Technology, 2002, 53(2): 145 - 161.

② Hilligoss B. Rieh S. Y. Developing a unifying framework of credibility assessment: Construct, heuristics, and interaction in context[J]. Information Processing and Management, 2008, 44(4): 1467 - 1484.

③ Rieh S. Y. Danielson S. Y. Credibility: A Multidisciplinary Framework[M]// CRONIN B. Annual Review of Information Science and Technology 2007. Medford, USA: Information Today Inc., 2007, 41: 346.

④ 霍格思认为人们的判断可以分为评价判断和预测判断两种:评价判断是表达偏好(preferences)的价值判断,例如,书的质量如何、艺术作品之间的相对美观度等。预测判断是人们作出预测,该预测是他们期望发生的事情,例如,需要花多长时间读完一篇论文、他人会对自己的言行怎样反应等。具体可参见: Hogarth R. Judgement and Choice: The Psychology of Decision(Second Edition)[M]. New York: John Wiley & Sons: 1987: 1 - 3.

中等或较高,或者可信性值为 8.7(假定 10 为最大值)。

(2)可信性与信任。信任(trust)是与可信性极易混淆的一个概念。20 世纪 50 年代的许多研究将信任当作可信性的一个内核概念(core construct)①,现在也有不少研究将信任作为可信性的维度之一②。马什(S. Marsh)和迪本(M. R. Dibben)③对信任概念进行了回顾,将信任定义为"某种情境下关于某人或某事的行为的一种积极的期望(positive expectation),且该期望使信任方承担风险(P. 470)",并认为尽管"信任存在于人的身上且具有内在的主观性(P. 487)",但许多经验研究和具体应用表明了信任的"客观"取向,例如,系统也可以有"信任"的属性。王(Y. D. Wang)和埃姆乌里安(H. H. Emurian)④通过对哲学、心理学、管理学和市场营销学中的信任概念进行分析,认为信任有四个被研究者所普遍接受的特点:一是在任何信任关系中必定存在着具体的两方,即信任方和被信任方,信任方一定是人,但被信任方除可以是人外,还可以是组织或产品;二是信任涉及弱点(vulnerability),信任只有在(也实际上在)一个不确定的和有风险的环境中发生,信任方需要承担一定的风险;三是信任引起(leads to)动作,且大多数是冒风险的动作。动作的形式取决于具体的情景,而且动作可能涉及有形的或无形的事物。例如,某人借钱给朋友是因为信任该朋友以后会还钱,两个人结婚是因为双方互相信任对方将在他们的关系中保持忠诚;四是信任是主观的事物,其受个人差异和情景因素的影响。不同的人在不同的场景(scenarios)中看待信任的作用不同,而且对不同的被信任者也有不同的信任度。而且,王和埃姆乌里安指出,在线信任同样具有上述四个特点,只是适应在线环境而具有独特的内容。

在探讨可信性时,福格和特森⑤对可信性和信任进行了区分。他们认为,尽管人们经常混淆和交替使用"可信性"与"信任",但它们不应被看作是同义词。信任表示对某人、某物或某过程感知到的可靠(reliability)、可信赖(dependability)和信心的一种积极的信念(belief)。他们建议,区别可信性与信任最简单的方法就是将

① Rieh S. Y. Danielson S. Y. Credibility: A Multidisciplinary Framework[M]// CRONIN B. Annual Review of Information Science and Technology 2007. Medford, USA: Information Today Inc., 2007, 41: 313.

② Faanagin A. J. Metzger M. J. Perceptions of Internet Information Credibility[J]. Journalism and Mass Communication Quarterly, 2000, 77(3): 515 – 540.

③ Marsh S. Dibben M. R. The Role of Trust in Information Science and Technology[M]// Annual Review of Information Science and Technology 2003. Medford, USA: Information Today Inc., 2003, 37: 465 – 498.

④ Wang Y. D. Emurian H. H. An overview of online trust: Concepts, elements, and implications[J]. Computers in Human Behavior, 2005, 21(1): 105 – 125.

⑤ Fogg B. J. Tseng S. The Elements of Computer Credibility[J]. Proceeding of the CHI 99 Conference on Human Factors, 1999, May 15 – 20. Pittsburgh PA USA, 1999: 80 – 87.

可信性用可相信(believability)代替,信任用可信赖代替。

本文认为,信任的实质是一种信念,又由于可信性是人对对象的一种态度,因此,可信性与信任的关系可以类比态度与信念的关系加以说明。信念是指人们在态度对象(attitude object)和各种不同品性(attributes)之间建立的联系(associations)或连接(linkages)[①]。信念在态度理论中极为重要,态度理论研究者都认同这样一个假设:人们有关于态度对象的信念,这些信念在某种意义上是态度形成的基石[②]。理解态度与信念的评价意义(evaluative meaning)之间的关系的最流行的框架是期望—价值模型(expectancy-value model)[③]。该模型的核心观点是:当某人的信念代表归因于(ascribed to)态度对象的品性的"期望价值"的总和时,该人的态度(在抽象的评价意义上理解[④])是该信念的函数。这些期望价值有期望(expectancy)和价值两个组成部分。每一个品性的期望价值的期望组成部分是指态度对象具有的或以品性为特点的主观概率,价值组成部分是指对品性的评价[⑤]。态度则表示为每个品性的期望与价值组成部分的乘积的总和,见公式 1-1。也就是说,期望—价值模型认为,对某个态度对象的评价是与归因于该态度对象的、特定的品性相联系的评价的总和。

$$\text{态度} = \sum \text{期望} \times \text{价值} \tag{1-1}$$

相应地,信任可以看作是信任方对被信任方的品性的期望价值的总和,信任方对被信任方的每个品性有一个主观概率的期望和评价。那么,可信性可以在与被信任方的品性相联系的评价的总和的基础上形成。

综上可知,本文认为,可信性与信任既有区别又有紧密的联系。一方面,两者的区别主要在于信任通常是指一种积极的而非消极的信念,也就是说,信任方对被信任方的某些方面的品质有一种积极的期望,这也是信任方要承担一定风险的根

---

① Eagly A. H. Chaiken S. The Psychology of Attitudes[M]. Fort Worth, TX: Harcourt Brace Jovanovich, 1993: 11.

② Eagly A. H. Chaiken S. The Psychology of Attitudes[M]. Fort Worth, TX: Harcourt Brace Jovanovich, 1993: 103.

③ Eagly A. H. Chaiken S. The Psychology of Attitudes[M]. Fort Worth, TX: Harcourt Brace Jovanovich, 1993: 106-107.

④ 评价是态度的关键特征(critical feature)。具体可参见:Eagly A. H. Chaiken S. The Psychology of Attitudes[M]. Fort Worth, TX: Harcourt Brace Jovanovich, 1993: 3.

⑤ 例如,如果某人相信一个新电影有有趣的对白但缺乏精彩的故事线索,这些品性将被表示为这个电影具有每个品性的主观概率(例如,有趣的对白的概念高,精彩的故事线索的概念低)和对每个品性的主观评价(例如,对有趣的对白和精彩的故事线索的积极评价)。具体可参见:Eagly A. H. Chaiken S. The Psychology of Attitudes[M]. Fort Worth, TX: Harcourt Brace Jovanovich, 1993: 106.

源所在,而可信性则一般没有特别强调积极的期望的含义,评价者对对象持一种"中立的"立场。因此,在涉及人们有积极的期望的情景下(例如,与他人的商业往来,消费者在线购物等),通常使用"信任",而在不强调积极的期望的情景下,通常使用"可信性"。由于用户评价互联网学术信息并不一定持有积极的期望,所以本文使用可信性这个概念。另一方面,可信性和信任有紧密的联系。一是它们具有许多相同的内涵维度(例如,信赖)。二是从上面的期望—价值模型来看,可信性依存于信任,且在某些情况下,两者可互用。

(3)可信性与信息质量。信息质量(information quality)是与可信性密切相关的一个概念。不少文献认为,可信性是信息质量的一个重要方面①。信息质量在相关性文献中有较多的探讨。目前,理解"信息质量"最为通用的框架可能是信息系统研究中泰勒(R. S. Taylor)②提出的增值模型(value-added model)中对质量的定义,"信息质量"概念是建立在这样一个假设的基础之上,"用户通过赋予某个特定的信息对象某些价值来作出选择某个特定的信息对象而非其他对象的判断"。也就是说,当用户在查看(monitor)各种不同的信息系统和提取(extract)看上去有价值的事物时,他们在接连不断地作(信息的)价值判断。泰勒将质量定义为"用户使用的与优秀(excellence)相关或在某些情况下标明为真实(truthfulness)的一种标准",并且识别了质量的5个价值维度③:准确(accuracy)、全面(comprehensiveness)、时效(currency)、可靠(reliability)和有效(validity)。许多文献也将其中某些维度作为可信性的概念维度。

本文认为,信息质量与信息可信性既有差异又有相同点。信息质量和信息可信性的差异主要体现在以下几个方面:第一,尽管也有"感知质量"的提法,但信息质量通常被认为是信息对象的客观属性,一般不会由于评价者的不同而改变,因

---

① Rieh S. Y. Danielson S. Y. Credibility: A Multidisciplinary Framework[M]// CRONIN B. Annual Review of Information Science and Technology 2007. Medford, USA: Information Today Inc., 2007, 41: 312.

② Taylor R. S. Value-added processes in information systems[M]. Norwood, NJ: Ablex, 1986. 转引自: RIEH S Y. Judgment of Information Quality and Cognitive Authority in the Web[J]. Journal of the American Society for Information Science and Technology, 2002, 53(2): 145 - 161.

③ Taylor R. S. Value-added processes in information systems[M]. Norwood, NJ: Ablex, 1986: 62. 转引自: Rieh S. Y. Danielson S. Y. Credibility: A Multidisciplinary Framework[M]// Cronin B. Annual Review of Information Science and Technology 2007. Medford, USA: Information Today Inc., 2007, 41: 312.

此,某个信息对象的质量通常比较稳定。而信息可信性虽然也包含客观成分①,但其主要是评价者对信息对象的主观认识,其很可能由于评价者不同而有所差异。例如,某篇高质量的文章,该领域的专家可能认为其可信性较高,而学生则可能认为可信性较低②;第二,两者概念内涵的侧重点不同,信息质量主要关注对象的价值方面,一般需要对信息的内容进行分析后才能得出判断。而可信性则主要关注对对象的专业能力和道德的评价,其判断并不一定需要对信息的内容进行分析。而且,信息质量和可信性概念内涵侧重点的不同也体现在两者的概念维度的差异上,虽然两者有某些相同的维度,但也有各自独特的维度。例如,权威性通常被认为是可信性的重要维度之一,但一般不把它作为信息质量的维度;第三,在实际操作中,要得出信息质量的判断通常需要对对象的每个维度进行考察,而可信性判断则不然。例如,在信息查找中,用户需要对信息的质量作出评判,但由于时间紧迫等因素的限制,用户可能并不会对信息的准确性、全面性、时效性、可靠性和有效性这每一个维度都进行考察,而通常会依据自认为比较重要的维度或方面来评价和选择信息,例如,信息的作者是否是知名的学者或信息的外观是否美观。根据这些维度,用户会选择自认为可信性较高的信息。这种情况下,用户实际上是在用信息的可信性评价代替对信息质量的评价,认为可信性高的信息其质量也高,可信性低的信息其质量也低。这也是许多学者将可信性看作一种"感知质量"的原因。事实上,许多以信息质量评价为主题的文章在很大程度上是在探讨信息的可信性。由此可知,从概念层面上看,信息可信性与信息质量并没有必然联系,可信性高的信息的质量不一定高,质量高的信息的可信性也不一定高,反之亦然。

信息质量和信息可信性的相同点首先在于两者都是用户选择信息时使用的评判依据,且都是多维度概念,还具有某些相同的维度,例如,合理性、时效性等。其次,在实践层面上,两者并不能截然分开,这也是为什么"信息可信性的教育培训工

① 作为可信性的两个主要维度之一,"专业性"除可以是一个主观判断因素外,也包含着来源或信息等相对客观的特征,例如,来源的资历等。具体可参见:Flanagin A. J. Metzger M. J. Digital Media and Youth: Unparalleled Opportunity and Unprecedented Responsibility[M]// Metzger M. J. Flanagin A. J. MacArthur Foundation Series on Digital Media and Learning, Cambridge, MA: The MIT Press, 2008:5 - 28. [2010 - 7 - 7]. http://christopher. woods. name/dropfolder/fypreferences/MIT% 20 - % 20Digital% 20Media% 20and% 20Youth% 20 - % 20Unparalleled% 20Opportunity% 20and% 20Unprecedented% 20Responsibility% 20 - % 20dmal. 9780262562324. 005. lowlink. pdf_v03. pdf.

② 需要指出是,尽管可信性可能因为评价者的不同而有所差异,但某个群体在一定时期内对信息对象可信性的判据大体相似,这也是本文对学术信息使用群体的可信性评价进行研究的依据。

作经常在信息质量评价的主题框架内进行①”的原因。最后,在实际操作中,信息质量也通常是用户评价信息可信性的判据之一。

(4)可信性与权威。权威②(authority)在社会中有多种表现形式,横跨多个学科和研究领域。P.威尔森(P. Wilson)③系统阐述了权威理论,将权威分为认知权威(cognitive authority)和行政权威(administrative authority)两种类型。认知权威“影响某人的想法且该人有意识地认可(consciously recognize)(该认知权威和其影响)是合适的(proper)(P.15)”;行政权威是指“该人处于一定的位置且拥有认可的权力(recognized right)告诉人们如何去做(P.16)”。P.威尔森的认知权威的基本假设是世界上存在两种知识,一种知识是基于我们个人的经验,即初级知识(first-level knowledge),另一种知识是其他人已经告诉我们的内容,称为二手知识(second-hand knowledge)。对于二手知识,并不是每个人都认为它们可靠,这就需要人们去判断“谁知道关于什么的知识(P.10)”,这也是认知权威研究的问题之一。权威具有“度(degrees)”的性质,不同的权威的度并不相同。权威形成的基础有职业的专门性(occupational specialization)、教育与学位、声誉、绩效(performance)或成就、依据先前知识(prior knowledge)或经验直接进行判断和简单地信任某人等,并且,在这些基础上形成的权威并不是决定性的,其度也可能各不相同。需要指出的是,P.威尔森所指的“知识”是一个宽泛的、以实践为导向的概念,其不仅包括专家的特殊的专业知识,并且重点强调“关于世界的知识”,还包括人们的社会实践所产生的经验或建议。由于以学术信息为研究对象,本文主要讨论学术领域的专业知识。

同时,P.威尔森指出,认知权威与可信性关系紧密,“权威对我们的影响被认为是合适的,因为权威被认为具有高可信性,值得相信(P.15)”。值得指出的是,除在某个特定领域人们认为具有特殊能力(special competent)的专家可能是认知权威外(专家的知识不一定能保证成为权威),朋友、邻居和工作同事也可以成为认知权威,因为后者拥有自己的经验,他们通常值得信赖且至少具有普通能力(ordinary competent)[能力(即专业性)和可信赖性恰好是可信性的两个主要维度],而在社会生活中的很多情况下,普通能力就足够人们获得对事物正确的描述,并不需要特殊的技能和知识。认知权威存在于人们认为可信的来源之中,即“被我们认为

① Tseng S. Fogg B. J. Credibility and computing technology[J]. Communications of the ACM,1999,42(5):39-44.

② 本文中“权威”和“权威性”对应的英文单词都是“authority”。

③ Wilson P. Second-Hand Knowledge:An Inquiry into Cognitive Authority[M]. Westport,Connecticut,London:Greenwood Press,1983:1-37.

具有高可信性的来源构成了我们可能利用的认知权威的潜在集合(P.16)”,但即使某人实际上对我们的想法没有任何影响,我们也可能认为该人在某个领域中是可信的。另外,P.威尔森[①]认为信息检索中识别文本的认知权威主要有四种方法:通过作者的认知权威识别、通过出版机构的认知权威识别、通过文本自身的特征(例如,文本是标准的工具书或多次正式修订等)识别、通过分析文本的内在合理性(plausibility)识别。

本文认为,认知权威与可信性是密不可分的概念。首先,认知权威是可信性的充分条件而非必要条件。也就是说,认知权威一般都具有较高的可信性,这也是许多用户通过人或机构的认知权威来判断可信性的概念基础,但具有可信性的人或物不一定具有认知权威。接着,权威和可信性的形成基础具有某些相似性,例如,权威和可信性都可以在声誉的基础上形成。最后,P.威尔森指出的信息检索中识别文本的认知权威的四种主要方法也是可信性判断通常使用的方法。另外,行政权威与可信性没有必然联系,行政权威不一定具有可信性,具有可信性的人或机构不一定具有行政权威。

(5)可信性与相关性。相关性(relevance)是一个多学科概念,除情报学外,哲学、传播学、心理学和信息系统等学科领域都对相关性进行了许多探讨。尽管关于相关性的理论和经验研究已持续了半个多世纪,但相关性仍然是一个复杂的、有疑问的、甚至颇具争议的概念;另外,由于学科背景、研究目的、视角和方法等的不同,学界对相关性的认识远未达到统一。[②] 相关性的内涵有许多种理解,其中较为著名但略显笼统的表述包括萨拉塞维克(T. Saracevic)的论断:“像其他任何标准一样,相关性表明(indicates)了一种关系”[③]。

可信性在许多相关性文献中都有探讨。早期的信息查寻与检索研究者将可信性评价作为相关性判断的一部分[④],马奇奥尼(K. L. Marchionini)和索南沃尔德(D.

---

① Wilson P. Second-Hand Knowledge: An Inquiry into Cognitive Authority[M]. Westport, Connecticut, London: Greenwood Press, 1983: 165 - 169.

② Saracevic T. The stratified model of information retrieval interaction: Extension and applications[J]. Proceedings of the American Society for Information Science, 1997, 34: 313 - 327.

③ Saracevic T. The stratified model of information retrieval interaction: Extension and applications[J]. Proceedings of the American Society for Information Science, 1997, 34: 321.

④ Rieh S. Y. Danielson S. Y. Credibility: A Multidisciplinary Framework[M]// CRONIN B. Annual Review of Information Science and Technology 2007. Medford, USA: Information Today Inc., 2007, 41: 307 - 364.

H. Sonnenwald)①比较了以往11篇文章的研究结果,并统计了使用的相关性标准的次数,发现一直出现且频率较高的标准就包括可信性。而且,对相关性标准的文献分析发现,可信性在事实上构成了许多相关性标准的概念基础,例如,预期质量、来源质量、可靠性等。

本文无意于再对相关性下一个定义,但由于使用一个模糊的概念来解释另一个概念对于理解并不会带来多少帮助,因此,尽管很多学者使用"相关性"这一概念来解释或定义"可信性"、"投入(involvement,具体见3.2.2节)"等概念,但除尊重原文外,本文避免使用"相关性"这一表述。

(6)可信性与说服。说服(persuasion)是指高可信的来源对受众有可能引起的结果,表现为通过消息的接受来改变人们的态度和行为。早在古希腊时期,当亚里士多德在讨论"ethos"时就提到了"通过品质说服(persuasion through character)"的问题,并提出了许多影响可信性研究的基本假设。其中最易理解的一个假设就是可信性与说服紧密相连,但直到20世纪人们才开始着手严格地检验这个假设,并去寻找在哪些情况下来源可信性对说服产生作用,或者可能减少这种作用。②

本文认为,说服与可信性有密切的联系。一方面,当来源可信性作为自变量、说服作为因变量时,来源可信性是说服的一个关键决定因素。另一方面,由于说服的实质是态度改变,而可信性是人对对象的一种态度,从评价前和评价后的可信性变化的角度来看,可信性变化也可看作是一个说服的过程。

(7)可信性与来源。这里的"来源(source)"是指消息或信息的来源。"来源"是传播学领域中的一个重要的基本概念,其作为许多传播学文献中模型、理论和变量得以建立的基石。然而,目前来源仍是一个界定非常不清晰的概念,而缺乏清晰的概念早已成为传统媒介研究的一个局限。③

森达(S. S. Sundar)和纳斯(C. Nass)④认为"来源"可以从心理和本体两个角度来看。从心理的角度来看,来源是接收者想象的来源(应该)是的事物,从本体的角度来看,来源就是其本身存在的事物。并且,他们认为,在互联网环境下,不仅编

---

① Maglaughlin K. L. Sonnenwald D. H. User perspectives on relevance criteria: A comparison among relevant, partially relevant, and not-relevant judgments[J]. Journal of the American Society for Information Science and Technology, 2002, 53(5): 327 - 342.

② Pornpitakpan C. The persuasiveness of source credibility: A critical review of five decades' evidence[J]. Journal of Applied Social Psychology, 2004, 34: 243 - 281.

③ Undar S. S. Nass C. Conceptualizing Sources in Online News[J]. Journal of Communication, 2001, 51(1): 52 - 72.

④ Sundar S. S. Nass C. Conceptualizing Sources in Online News[J]. Journal of Communication, 2001, 51(1): 52 - 72.

辑和消息发送者,而且媒介技术和接收者都能选择内容,也即媒介技术和接收者都能被看成来源。弗拉纳金(A. J. Flanagin)和梅茨格[①]指出,来源属性的相关研究表明,Web 信息的来源是接收者所认为的事物,即森达和纳斯所说的从心理角度看的来源。事实上,许多可信性文献都关注可见的来源,因为"提供内容者(who)"所产生的心理影响比实际上创作(originates)内容的人要强大[②]。

由上文知,可信性概念起源于来源可信性,随着研究的深入和丰富,后来又衍生出受众轻信(audience credulity)和消息可信性的概念。霍夫兰等[③]早在 20 世纪 50 年代初就明确将可信性研究分为来源可信性、受众轻信和消息可信性三类,其中,来源可信性的研究最多。后来,由于新媒体的兴起使得"来源"概念更加模糊不清[④],对可信性研究而言,Internet 和 Web 的兴盛混合(conflate)了来源可信性、媒介可信性和消息可信性这几个概念[⑤]。而且,"来源"和"媒介"这两个概念经常混用,正如李晓静[⑥]指出,"'媒介可信度'概念中的'媒介',实际上并非只是通常意义上的传播渠道,而是如前所述,包含了来源(包括个体传播者和媒介组织机构)、信息、渠道三个研究主题,只是在西方学者对'媒介可信度'的定义中,三者时有交叉、重叠和混淆,没有清晰区分开来。事实上,将这三者分开进行界定和测量是很有必要的。"

由此,对 Web 信息可信性而言,按范畴从大到小的顺序,Web 媒介、Web 站点、Web 页面、Web 站点内容的创作者等都可看成来源。文献分析发现,许多研究并没有对这些来源之间的可信性进行明确区分,甚至将来源可信性和消息可信性等同,

---

① Flanagin A. J. Metzger M. J. The role of site features, user attributes, and information verification behaviors on the perceived credibility of web-based information[J]. New Media & Society, 2007, 9(2): 319 - 342.

② Sundar S. S. Nass C. Conceptualizing Sources in Online News[J]. Journal of Communication, 2001, 51(1): 52 - 72.

③ Hovland C. I. Janis I. L. Kelley H. Communication and Persuasion[M]. New Haven, CT: Yale University Press, 1953. 转引自: Flanagin A. J. Metzger M. J. Digital Media and Youth: Unparalleled Opportunity and Unprecedented Responsibility[M]// . Metzger M. J. Flanagin A. J. Digital Media, Youth, and Credibility. Cambridge, Massachusetts: The MIT Press, 2008: 7.

④ Undar S. S. Nass C. Conceptualizing Sources in Online News[J]. Journal of Communication, 2001, 51(1): 52 - 72.

⑤ Flanagin A. J. Metzger M. J. Digital Media and Youth: Unparalleled Opportunity and Unprecedented Responsibility[M]// . Metzger M. J. Flanagin A. J. Digital Media, Youth, and Credibility. Cambridge, Massachusetts: The MIT Press, 2008: 7 - 8.

⑥ 李晓静. 中国大众媒介可信性指标研究[D]. 上海: 复旦大学新闻学院, 2005: 16.

使用相同的量表来测量。事实上,它们之间存在差异,正如伊斯汀(M. S. Eastin)[①]所言,在进行可信性评价之前,首先要明确的是评价对象是来源的可信性还是内容的可信性,是从接收者的视角还是从来源属性的视角进行评价。也有学者对上述概念进行了区分,例如,弗拉纳金和梅茨格[②③]就使用了不同的量表分别测量 Web 站点整体可信性、Web 站点创办者可信性和消息可信性。并且,他们利用因子分析法发现受调查者确实对这三种类型的可信性作了区分。

由此,本文对不同来源的可信性和消息可信性进行区分,重点考察 Web 站点信息的可信性(即消息可信性)。

2. 互联网学术信息

"学术信息"并非专有的学术词汇,据本文掌握的资料,尚未发现对"学术信息"的权威的、系统的定义。词典中"学术"一词的含义较为统一,指有系统的、较为专门的学问(学问指正确反映客观规律的系统知识)。[④] 由此,从学理上看,学术信息是指以系统的、较为专门的学问为内容的信息。在操作层面上,本文的学术信息是指用户在科研和学习活动中查找和使用的信息。此外,值得指出的是,学术信息可分为科学范畴和技术范畴的学术信息,前者并不是直接改造客观世界的知识,而后者是更接近或直接改造客观世界的知识[⑤],本文中的学术信息主要是指技术范畴的学术信息,具体内容包括围绕实际工作中某些问题进行探讨的论文、调研报告和工程专利等。

从信息交流方式来看,"互联网学术信息"包括所有在互联网上出现的非正式出版、半正式出版和正式出版学术信息,而据本文调研,在学术研究和实践中,大多数研究者和业界人士在使用"互联网学术(信息)资源"、"网络学术(信息)资源"等词汇时对这三种不同种类的信息资源并没有作严格的区分,但他们使用这些词

① Eastin M. S. Credibility Assessments of Online Health Information: The Effects of Source Expertise and Knowledge of Content[J/OL]. Journal of Computer-Mediated Communication, 2001, 6(4). [2010-7-25]. http://jcmc.indiana.edu/vol6/issue4/eastin.html.

② Flanagin A. J. Metzger M. J. The perceived credibility of personal Web page information as influenced by the sex of the source[J]. Computers in Human Behavior, 2003, 19(6): 683-701.

③ Flanagin A. J. Metzger M. J. The role of site features, user attributes, and information verification behaviors on the perceived credibility of web-based information[J]. New Media & Society, 2007, 9(2): 319-342.

④ 笔者查阅了《现代汉语辞海》(中国书籍出版社 2003)、《现代汉语规范词典》(第 2 版,外语教学与研究出版社)、《新华词典》(商务印书馆 2001)、《现代汉语学习词典》(商务印书馆 2010)、《现代汉语常用词用法词典》(北京语言大学出版社 2005),发现都是此种解释。"学术"对应的英文单词为"academic"和"scholarly",笔者查阅了若干英汉词典(词典具体信息见 3.2.2 节中对"involvement"的脚注),发现也是此种含义。

⑤ 上海交通大学. 智慧的钥匙——钱学森论系统科学[M]. 上海:上海交通大学出版社, 2005: 111-132.

汇实质上指代的是互联网上的半正式出版和非正式出版学术信息。本文的研究对象是互联网上的半正式出版和非正式出版学术信息，为尊重惯例，本文在论文题目中采用“互联网学术信息”这一表述来指代所要研究的对象。

另外，虽然“网络学术信息”也能指代本文的研究对象，但由于“网络”概念的范畴对本文而言过于宽泛（例如，网络还包括 WAP 网），为避免歧义和严谨起见，除引用原文外，本文一般情况下不使用“网络学术信息”这一表述。再者，需要强调的是，本文的研究重点是 Web 上的文本信息资源，虽然 Web 上的信息除文本外还有音频、视频、图片和动画等多种表现形式，但为论述方便，本文用“Web 学术信息”来指代 Web 上的文本学术信息。此外，严格来讲，“Web 学术信息”与“互联网学术信息”是两个不同的概念，Web 只是互联网的重要应用之一（其他应用还包括电子邮件、远程登录和文件传输等），但为尊重惯例和论述方便，在本文中对两者不作严格区分，认为两者等同。同理，文中的“Internet 学术信息”亦与“Web 学术信息”等同。

概言之，“互联网学术信息”是指用户在科研和学习活动中查找和使用的 Web 文本信息，具体存在形式包括教育科研机构和政府部门等各类网站、主题门户、学科信息门户、预印本服务 Web 站点或系统、深网资源、学术论坛、专家学者的个人网站和博客等。

1.4.2 本文的逻辑结构

如图 1－2，本文分为三大部分共六章。第一部分提出问题，包括第一章和第二章：第一章绪论依次介绍研究背景、目的、意义和方法，接着对主要概念进行界定。第二章对国内外互联网学术信息可信性及相关研究进行述评，在此基础上提出研究问题。

第二部分分析问题，包括第三、四、五、六章：第三章针对研究问题，以威尔森信息行为模型（1997）和精细加工可能性模型（Elaboration Likelihood Model，ELM）为理论基础，构建了互联网学术信息可信性评价的“唤醒—启发—思考”模型。第四章对用户信息行为中的互联网学术信息可信性评价判据进行实证分析。第五章对互联网学术信息可信性影响因素进行实证分析。第六章对“唤醒—启发—思考”模型进行应用检验。最后，在这三章研究的基础上对模型进行修正。

第三部分解决问题，是指第七章的内容，得出研究结论，并对将来的研究进行展望。

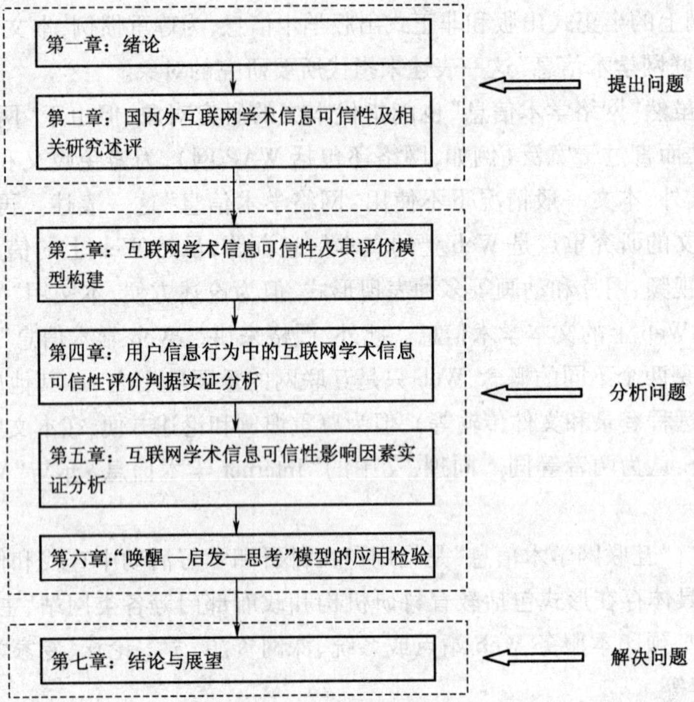

第一章：绪论
第二章：国内外互联网学术信息可信性及相关研究述评
提出问题
第三章：互联网学术信息可信性及其评价模型构建
第四章：用户信息行为中的互联网学术信息可信性评价判据实证分析
分析问题
第五章：互联网学术信息可信性影响因素实证分析
第六章：“唤醒—启发—思考”模型的应用检验
第七章：结论与展望
解决问题

图 1－2　本书的逻辑结构

第二章　国内外互联网学术信息可信性及相关研究述评

本章首先简要说明文献调研状况，接着对国内外互联网学术信息可信性及相关研究进行述评，最后提出本文的研究问题。

2.1　文献调研状况

2.1.1　文献调研范围

首先，需要说明的是，虽然同为"可信性（可信度）"的表述，但由于工程与技术等领域中的"可信性（可信度）"是指产品的质量属性，主要包括产品的可靠性、维修性和保障性等性能①，不在本文的讨论范围之内，所以将工程与技术等领域中的这部分文献排除在外。同样地，经济学和政治学领域中部分以可信性为主题的文献与本文的研究主旨也相差很大，也将这部分文献排除在外。

那么，在上述限定下，直接明确以"互联网学术信息可信性"为研究主题的文献非常少②，且"互联网学术信息"是"互联网信息"的一种类型，因此，本文将文献检索的范围设定为以"互联网信息可信性"为主题的文献。同时，根据需要，也检索和收集部分其他可信性相关的文献，包括以信息质量和认知权威为主题的文献等。

2.1.2　文献收集方法

文献收集主要有以下几种方法：①北京大学图书馆和中国国家图书馆（下称国家图书馆）的中英文数据库中检索期刊文章（包括会议论文、报告等，下同）；②在"Google 学术搜索"中检索的英文期刊文章和图书；③从北京大学图书馆和国家图

---

① 纪竹荪. 民用产品生产企业推行可信性工程探讨[J]. 电子产品可靠性与环境试验，2009，27（4）：27－31.

② 据目前所掌握的资料，除国外有 5 篇英文期刊文献和国内有 2 篇中文期刊文献外，尚未发现学位论文或著作。

书馆借阅中英文图书,包括从国家图书馆馆际互借;④在北京大学图书馆查阅中英文印刷版期刊;⑤在"ProQuest 博硕士论文全文数据库"和国家图书馆馆藏目录中检索英文学位论文文摘和全文;⑥在"北京大学学位论文库"、"中国期刊网博士论文全文数据库 "、"CALIS 高校学位论文库 "、"中国优秀硕士学位论文全文数据库"和"国家科技图书文献中心的中文学位论文查询"等学位论文数据库中查找中文学位论文文摘和全文;⑦通过馆际互借从国内相关高校图书馆和国家图书馆获取中英文学位论文摘要或全文;⑧在 Web of Science 数据库中检索高引用频次的文章引文,通过引文查找全文;⑨委托他人从美国当地的大学图书馆和数据库查找和检索英文期刊全文;⑩在期刊文章和图书的参考文献中挑选引文,采用上述方法检索全文;⑪查找资料时无意中发现相关文献。

使用的英文期刊数据库主要有 LISTA(Library,Information Science & Technology Abstracts)、Academic Research Library、Academic Source Premier、ACM Digital Library、Elsevier Science、Emerald、John Wiley 等。使用的中文期刊数据库主要有中国期刊网期刊全文数据库(CNKI)、万方数据资源系统的全文数字化期刊、中文科技期刊数据库(维普全文电子期刊)等。

检索使用的英文关键词主要有"Internet(Web) + academic information + credibility"、"Internet(Web) + scholarly information + credibility"、"information + credibility"、"credibility"、"Internet(Web) + student"、"critical thinking + information evaluation"、"Internet(Web) + critical thinking"等。使用的中文关键词主要有"可信性"、"可信度"、"信息 + 可信性(可信度)"、"互联网(网络、Internet、Web)学术信息"等。主要使用标题字段检索,著作的检索年限为所有年,期刊和学位论文的检索年限为 1999 ~ 2010。

2.1.3 文献数量统计

由于国内外明确以"互联网学术信息可信性"为主题的文献共只有 6 篇期刊文献(1998、2000、2002、2003、2004 和 2007 年各 1 篇),因此不再反映其数量情况,而重点统计以"可信性"和"互联网信息可信性"为主题的文献。再者,又由于明确以"可信性"或"互联网信息可信性"为主题的中英文著作很少①,可信性的理论研究

① 据目前所掌握的资料,以"可信性"为研究主题的正式出版的英文和中文著作各有 1 本,题名分别为 *Digital Media, Youth, and Credibility* 和《信息及信息服务的可信度研究》。这两本著作均为 2008 年出版,前者由梅茨格和弗拉纳金所编著,主要探讨青少年在数字媒体环境下的信息可信性评价问题,其相关内容在本文中有所介绍,后者是在作者于 2006 年撰写的博士论文的基础上修改而成。

一般都散见于以“传播”、“说服”和“态度”等为主题的著作中,因此,此处不反映著作的数量情况,仅对学位论文和期刊文献的数量进行统计。

1. 学位论文数量统计

首先看英文学位论文。如表 2 - 1,从年份分布来看,可信性研究英文学位论文的数量除 2001 年较多外,1999 ~ 2004 年基本稳定在 1 ~ 2 篇,在 2005 年达到了 9 篇的高峰,2006 年回落至 1 篇后,2007 ~ 2009 年有所增加,年均为 5 篇,2010 年的篇数为 0。另外,从学位类型来看,1999 ~ 2003 年没有硕士论文,2004 年以后才开始有硕士论文,而且,从总体上看,除 5 篇硕士论文外,其余 32 篇全为博士论文。由此,可以作出一个大致的判断:21 世纪初以来,可信性研究一直受到国外学界的关注,2005 ~ 2009 年国外高校对可信性的系统研究增多,且研究的深度有变化,由全是博士论文到既有硕士论文又有博士论文,但博士论文仍占绝大多数。

表 2 - 1　可信性英文学位论文年份统计

年份		1999	2000	2001	2002	2003	2004	2005	2006	2007	2008	2009	2010	合计
篇数		2	1	4	2	1	2	9	1	7	5	3	0	37
学位	D	2	1	4	2	1	1	8	1	5	5	2	0	32
	M	0	0	0	0	0	1	1	0	2	0	1	0	5

注:D 代表博士论文,M 代表硕士论文。

从学科分布来看,如表 2 - 2,可信性研究商学最多,共 10 篇;其次是传播学和新闻学,分别为 9 篇和 4 篇;接着是经济学和教育学,各 3 篇;再除语言学和心理学各有 2 篇外,情报学、历史学、法学和工程学各 1 篇。另外,从学位类型来看,除新闻学和语言学的博士论文与硕士论文的篇数相同外,其余学科的博士论文仍占绝大多数。而且,经济学、教育学、心理学、情报学、历史学、法学和工程学都没有硕士论文。可见,除传播学和新闻学这两个可信性的传统重点研究领域外,其余学科领域都从自身的角度对可信性进行了探讨,尤其是商学最多,其次是经济学和教育学。而且,研究都较为深入,几乎都以博士论文为主。

表 2 - 2　可信性英文学位论文学科统计

学科		商学	传播学	新闻学	经济学	教育学	语言学	心理学	情报学	历史学	法学	工程学	合计
篇数		10	9	4	3	3	2	2	1	1	1	1	37
学位	D	9	8	2	3	3	1	2	1	1	1	1	32
	M	1	1	2	0	0	1	0	0	0	0	0	5

另外,互联网信息可信性研究方面,21 世纪初以来一直受到学界关注。如表

2－3,近几年来几乎每年都有互联网信息可信性研究的学位论文。其中,商学、传播学和新闻学这三个领域的研究仍然最多,情报学、教育学、经济学和工程学也有涉及,且以博士论文为主。此外,从变量之间关系的角度,依据“可信性”是作为自变量还是因变量,这些学位论文的研究主题大致可分为两大类:一类是可信性作为自变量如何影响其他变量(例如,信息查寻行为),另一类是可信性作为因变量,研究其他因素对可信性的影响,且第二类研究主题较多,见表2－4。

表2－3　互联网信息可信性英文学位论文统计

年份		2001	2002	2003	2005	2007	2008	2009	合计
篇数		2	2	1	3	1	1	1	11
学科		商学 (D1) 教育学 (D1)	传播学 (D1) 工程学 (D1)	情报学 (D1)	商学(M1) 传播学 (D1) 经济学 (D1)	新闻学 (M1)	商学(D1)	传播学 (M1)	B(D2,M1) C(D2,M1) J(M1) I(D1) Edu(D1) Eco(D1) Eng(D1)
学位	D	2	2	1	2	0	1	0	8
	M	0	0	0	1	1	0	1	3

注:D2代表博士论文2篇,M1代表硕士论文1篇。B代表商学,C代表传播学,J代表新闻学,I代表情报学,Edu代表教育学,Eco代表经济学,Eng代表工程学。没有列出的年份的篇数均为0。下同。

表2－4　互联网信息可信性英文学位论文主题一览表

年份	篇数	主题、学科与学位类型
2001	2	1)先前知识、信息需要和信息来源可信性在旅游者信息搜索行为中的作用。商学(D); 2)在线杂志出版的可信性、可访问性(accessibility)和持久性(permanence)问题。教育学(D)
2002	2	1)信息查寻背景下健康有关Web站点的感知可信性。传播学(D); 2)来源可信性理论如何支持AEC电子商务中的声誉机制(reputation mechanisms)。工程学(D)
2003	1	1)在线信息的可信性。情报学(D)
2005	3	1)视觉吸引力(visual appeal)对Web站点可信性感知的影响。商学(M); 2)来源类型(source types)对在线新闻可信性感知的影响。传播学(D); 3)在线拍卖中信息的作用:eBay计算机拍卖中的理性行为、信息价格与可信性的重要性。经济学(D)

续表

年份	篇数	主题、学科与学位类型
2007	1	1)博客(blogs)和传统媒介的可信性感知在高校学生博客使用中的功能。新闻学(M)
2008	1	1)股票持有者(shareholders)信息搜索的决定因素:可信性与证实(confirmation)。商学(D)
2009	1	1) Web 信息素养:视觉和文本线索(textual cues)如何影响 Web 站点可信性评价。传播学(M)
合计	11	——

值得一提的是,2003 年情报学有一篇专门研究"在线信息可信性"的博士论文,说明互联网信息的可信性问题已引起了国外情报学界较大的关注。

接着看中文学位论文。如表 2-5,从年份分布来看,可信性研究中文学位论文的数量 1999 年为 0,2000~2004 年稳定在 1~2 篇,除 2006 和 2008 年各为 1 篇外,2005 和 2007 年都达到了 5 篇,2009 年突然增加到 8 篇,2010 年有 1 篇。另外,从学位类型来看,1999~2004 年均没有博士论文,除 2008 年外,2005~2009 年每年均有 1 篇博士论文。而且,从总体上看,除 4 篇博士论文外,其余 24 篇全为硕士论文。由此,可以看出一个大致的趋势:21 世纪初以来,国内学界一直关注可信性研究,2005~2009 年国内高校对可信性的系统研究增多,2009 年最多。而且,研究的深度进一步加深,除硕士论文外,还有博士论文,但总体上硕士论文占绝大多数。

表 2-5 可信性中文学位论文年份统计

年份		1999	2000	2001	2002	2003	2004	2005	2006	2007	2008	2009	2010	合计
篇数		0	2	1	1	2	1	5	1	5	1	8	1	28
学位	D	0	0	0	0	0	0	1	1	1	0	1	0	4
	M	0	2	1	1	2	1	4	0	4	1	7	1	24

从学科分布来看,如表 2-6,可信性研究商学最多,共 8 篇;其次是传播学,共 4 篇;再除中文有 3 篇外,新闻学、法学、情报学、经济学、心理学、计算机各 2 篇,文学有 1 篇。另外,从学位类型来看,除商学、传播学、情报学和心理学各有 1 篇博士论文外,其余全为硕士论文。而且,与国外情况类似,除传播学和新闻学这两个可信性的传统重点研究领域外,其余学科领域都从自身的角度对可信性进行了探讨,尤其是商学最多,其次是中文。但与国外有差别的是,国内数量的总体规模要比国

外小，且硕士论文占绝大多数。

表 2－6　可信性中文学位论文学科统计

学科		商学	传播学	中文	新闻学	法学	情报学	经济学	心理学	计算机	文学	合计
篇数		8	4	3	2	2	2	2	2	2	1	28
学位	D	1	1	0	0	0	1	0	1	0	0	4
	M	7	3	3	2	2	1	2	1	2	1	24

注：情报学的 1 篇博士论文的作者的专业虽然是管理科学与工程，但从作者的研究背景和成果来看，本文认为划归到情报学比较合适。

另外，如表 2－7，互联网信息可信性研究方面，除 2006 年为 0 篇和 2007 年有 2 篇外，2003～2008 年每年都有 1 篇学位论文，2009 年突然增加到 4 篇，2010 年有 1 篇。国内的文献总量与国外相同，但领域比国外要窄。国内除商学有 6 篇外，只有传播学、新闻学、情报学、经济学和计算机各 1 篇。此外，国内除 2007 年有 1 篇博士论文外，其余全为硕士论文。

表 2－7　互联网信息可信性中文学位论文统计

年份		2003	2004	2005	2007	2008	2009	2010	合计
篇数		1	1	1	2	1	4	1	11
学科		商学（M1）	传播学 （M1）	商学（M1）	商学（D1） 情报学 （M1）	新闻学 （M1）	商学（M3） 经济学 （M1）	计算机 （M1）	B（D1，M5） C（M1） J（M1） I（M1） Eco（M1） Com（M1）
学位	D	0	0	0	1	0	0	0	1
	M	1	1	1	1	1	4	1	10

注：Com 代表计算机。

再者，如表 2－8，国内的研究主题全是将可信性作为因变量，探讨其评价判据及影响因素，这与国外既将可信性作为因变量又作为自变量进行研究有所不同。

表 2－8　互联网信息可信性中文学位论文主题一览表

年份	篇数	主题、学科与学位类型
2003	1	1）上市公司会计信息可信性。商学（M）
2004	1	1）网络信息可信性：网民的视角。传播学（M）

续表

年份	篇数	主题、学科与学位类型
2005	1	1)网上感知风险对品牌可信性与价格敏感性的调节作用。商学(M)
2007	2	1)网络口碑可信性的影响因素。商学(D); 2)博客信息可信性评价及其影响因素研究。情报学(M)
2008	1	1)网络健康信息可信性。新闻学(M)
2009	4	1)B2B电子商务平台可信性。商学(M); 2)中国网络口碑可信性的影响因素研究。商学(M); 3)在线评论的感知可信性影响因素研究。商学(M); 4)网站零售在线评论的可信性及其评论方式比较研究。经济学(M)
2010	1	1)计算机网络对抗(CNO)情报信息可信度评估系统研究与实现。计算机(M)
合计	11	——

此外,值得指出的是,情报学领域中,2006年有一篇博士论文探讨基于用户需求的信息可信性,2007年又有一篇硕士论文专门研究博客信息的可信性,说明(互联网)信息可信性问题已引起了国内情报学界较大的关注。

2. 期刊文献的数量统计

本文在此选择"Elsevier Science[①]"和"CNKI[②]"分别作为英文和中文期刊文献的检索工具[③]。尽管Elsevier Science和CNKI并不能囊括所有的可信性文献,但两者都为综合性数据库,在很大程度上保证了数据的全面性,能为可信性文献的数量状况提供一个整体概貌。

Elsevier Science检索的学科领域包括"Business, Management and Accounting、Decision Sciences、Nursing and Health Professions、Psychology、Social Sciences",CNKI检索的学科领域包括"医学教育与医学边缘学科、社会科学(社会科学理论与方法、社会学及统计学)、经济与管理科学(宏观经济管理与可持续发展、经济理论及

① Elsevier Science是世界著名的学术期刊出版商荷兰Elsevier公司的主要产品之一,出版有2000多种同行评审的学术期刊,包括数学、物理、生命科学、化学、计算机、临床医学、环境科学、材料科学、航空航天、工程与能源技术、地球科学、天文学、经济、商业管理、社会科学等学科,内容每日更新。

② CNKI是目前世界上最大的连续动态更新的中国学术期刊全文数据库,收录国内6968种重要学术类期刊,以学术、技术、政策指导、高等科普及教育类期刊为主,内容覆盖自然科学、工程技术、农业、哲学、医学、人文社会科学等各个领域,内容每日更新。

③ 根据本文所能利用的国内外电子数据库的种类以及考虑到这些数据库的收录范围、学科分类、功能和使用方便程度等因素,本文认为选择Elsevier Science和CNKI这两个数据库进行统计最为合适。

经济思想史)”。为了便于比较,本文将 Decision Sciences 和 Psychology① 划入到 Social Sciences 的类别,那么,上述两个数据库选择的学科领域大致一一对应,如表 2-9,分别称为商业与管理、社会科学、健康与医学。两个数据库的检索截至日期均为 2010 年 9 月 1 日。

表 2-9 Elsevier Science 与 CNKI 所选学科领域对应关系

	商业与管理	社会科学	健康与医学
Elsevier Science 中学科领域名称	Business, Management and Accounting	Decision Sciences, Psychology, Social Sciences	Nursing and Health Professions
CNKI 中学科领域名称	经济与管理科学(宏观经济管理与可持续发展、经济理论及经济思想史)	社会科学(社会科学理论与方法、社会学及统计学)	医学教育与医学边缘学科

先来看英文期刊文献。如表 2-10,从年份分布来看,可信性研究除 1999 年有 12 篇外,2000~2005 年一直稳定在 6~9 篇,再除 2008 年达到 21 篇外,2006~2009 年每年有 14 篇左右,2010 年有 16 篇,预计全年将超过 20 篇。可见,可信性英文期刊文献随年份呈大致增加的趋势。

表 2-10 可信性英文期刊文献年份统计

年份	1999	2000	2001	2002	2003	2004	2005	2006	2007	2008	2009	合计	2010
篇数	12	7	9	6	9	9	7	14	12	21	16	122	16

注:合计中不包括 2010 年的篇数。下同。

从学科分布来看,如表 2-11,可信性研究社会科学最多,有 79 篇,所占的比例超过了 60%,其次是商业与管理 30 篇,最少是健康与医学 13 篇,这说明社会科学(包括心理学和决策科学)对可信性的探讨比其余学科领域要多。

表 2-11 可信性英文期刊文献学科统计

学科领域	商业与管理	社会科学	健康与医学	合计
篇数	30	79	13	122
所占比例	24.6%	64.7%	10.7%	100%

注:当按学科分开进行检索时,三个学科的篇数之和大于 122,122 是选定三个学科后一次性检索得出的结果,这说明 Elsevier Science 中有些文献同时划归到多个学科。由此,此处通过排除法计算社会科学的文献篇数,即用 122 篇减去商业与管理和健康与医学单独检索的篇数,这样处理对得出最终结论并没有影响。

① 尽管 Psychology(心理学)在很多时候划归到自然科学这一类别中,但由于此处心理学领域中很多可信性文献的主题和研究方法都偏向社会科学,因此将心理学归入到社会科学类别。

另外，互联网信息可信性方面，英文期刊共有 9 篇文献（包括 2010 年），除 2003 年有 3 篇外，2006 ~2009 年每年都有 1 ~2 篇，2010 年有 1 篇。研究主题主要为博客可信性和 Web 信息（健康信息等）可信性。

接着来看中文期刊文献。如表 2 – 12，从年份分布来看，可信性研究 1999 ~2001 年每年有 6 篇左右，2002 ~2004 年有所增加，每年约有 11 篇，除 2005 年为 5 篇外，2006 和 2007 年达到了 18 篇左右，2008 和 2009 年又有所增加，分别为 31 和 24 篇，2010 年有 8 篇，预计全年将达到 30 篇左右。可见，可信性中文期刊文献随年份呈增加的趋势。

表 2 – 12　可信性中文期刊文献年份统计

年份	1999	2000	2001	2002	2003	2004	2005	2006	2007	2008	2009	合计	2010
篇数	8	5	5	14	8	10	5	17	19	31	24	146	8

注：检索时分别使用“可信性”和“可信度”这两个检索词，最后计算两者之和，下同。

从学科分布来看，如表 2 – 13，可信性研究商业与管理最多，有 125 篇，所占比例超过了 80%，其次是社会科学 18 篇，健康与医学最少，只有 3 篇。分析 CNKI 的学科划分发现，商业与管理与社会科学有许多交叉的部分，因此，虽然国内外商业与管理、社会科学的文献数量所占的相对比例大小恰好相反，但仍可以得出大致的结论：国内外可信性期刊文献中，商业与管理、社会科学领域占绝大多数，健康与医学领域所占比例非常小。

表 2 – 13　可信性中文期刊文献学科统计

学科领域	商业与管理	社会科学	健康与医学	合计
篇数	125	18	3	146
所占比例	85.6%	12.3%	2.1%	100%

注：商业与管理的篇数的计算方法与表 2 – 11 中社会科学的篇数的计算方法相同。

另外，互联网信息可信性方面，中文期刊共有 13 篇文献（包括 2010 年），除 2006 年为 1 篇外，2007 ~2009 年每年都维持在 3 ~4 篇，2010 年目前有 1 篇。研究主题主要为电子商务网站与企业网站的可信性和网络口碑信息的可信性，还有 1 篇情报学领域的研究者专门探讨网上学术信息的可信性。可见，近几年来，研究互联网信息可信性的中文期刊文献有增加的趋势。

由此，综上所述，本文可以得出如下结论：21 世纪初以来，国内外学界对可信性问题的关注逐渐增多。尤其是近几年来，学者们对互联网信息可信性问题倾注了较大的注意力，其中，除新闻学和传播学这两个可信性的传统重点研究领域外，商学对互联网信息可信性探讨最多,包括情报学在内的诸多社会科学也成为逐渐增长的研究力量。并且,在互联网信息可信性的探讨中,学术信息的可信性逐渐获得较多关注。

最后,上文检索到的互联网学术信息可信性及相关研究的英文和中文文献(包括图书、学位论文和期刊文献)的总量分别为 176 和 183 篇,结合研究目的,下文将选择其中的 78 篇英文文献和 25 篇中文文献进行细致的阅读和分析。

2.2 国外互联网学术信息可信性及相关研究综述

20 世纪 90 年代末,随着 Internet 和 Web 服务的兴盛,在学界(心理学、传播学、说服领域等)和业界(新闻、电子商务等领域)对新兴信息技术极大关注的背景下,可信性研究重新繁荣起来[①]。21 世纪初以来,网络媒介可信性的现状、影响因素、测评指标以及提升网络媒介可信性的对策等主题成为研究热点[②]。

如同媒介可信性研究中"来源可信性"研究一直以来受到最多关注是因为这有益于大众媒介机构和商业界[③]一样,互联网信息可信性问题成为研究热点有着特定的媒介环境和社会历史环境,其离不开大众媒介机构和商业机构以及政府部门的大力关注与推动。一方面,互联网作为一种新的信息技术与工具,给原有的大众媒介传播格局注入了新的活力,这势必引起媒介行业和学界探讨互联网与其他传统媒介在获取新闻和信息中的相对地位关系,而延续了可信性研究中传统媒介之间的可信性比较这一主题,互联网与其他传统媒介的可信性比较(也包括传统媒介所对应的在线来源之间的比较)理所当然地成为一个主要的研究取向。另一方面,互联网具有巨大的商业潜力和在未来的政治、经济和文化生活中具有广阔的发展前景和重要地位,这使得各方对这一新生事物倾注了极大的认识和探索热情。其中,互联网(Web)信息的可信性问题成为另外一个主要的研究取向,而作为一种重要的信息资源类别,互联网学术信息的可信性研究也占有一席之地。

由此,通过对所收集到的互联网学术信息可信性及相关文献进行较为细致的阅读,本文梳理出该领域的研究主题分布,表 2 – 14 显示了具体情况:共有 78 篇文献,

---

① Flanagin A. J. Metzger M. J. Digital Media and Youth: Unparalleled Opportunity and Unprecedented Responsibility[M]// . Metzger M. J. Flanagin A. J. Digital Media, Youth, and Credibility. Cambridge, Massachusetts: The MIT Press, 2008: 7.

② 刘学义. 欧美视域下的网络媒体可信度研究[J]. 国际新闻界, 2010, 32(8): 74 – 79.

③ Self C. S. Credibility[M]// Salwen M. B. Stacks D. W. An Integrated Approach to Communication Theory and Research. Mahwah, NJ: Lawrence Erlbaum Associates, Inc., 1996: 425.

其中,“互联网信息可信性影响因素”、“互联网信息可信性评价判据”和“互联网信息可信性与信息查寻的关系”是研究热点,文献篇数从大到小依次为37、20和13。此外,关于互联网信息可信性理论探讨和综述文献有7篇。最后,“互联网学术信息可信性”也有不少学者关注,有6篇文献。下文将分别对相关主题进行综述。

表2-14　国外互联网信息可信性研究热点统计

主题名称	互联网学术信息可信性	互联网信息可信性评价判据	互联网信息可信性影响因素	互联网信息可信性与信息查寻的关系	其他(互联网信息可信性理论和综述)	合计
文献篇数	6	20	37	13	7	78

注:这里的“文献”主要指期刊论文,包括一些学位论文,也有少量图书。“互联网学术信息可信性”、“互联网信息可信性与信息查寻的关系”这两个主题中分别有3篇和2篇文献与“互联网信息可信性评价判据”或“互联网信息可信性影响因素”重叠,合计时只计算一次。而且,由于与本文的主旨关系不大,Web媒介与其他媒介之间可信性的比较、可信性作为自变量的研究、青少年(高中生及以下)的互联网信息可信性评价等主题的文献不在统计范围之内。又因为“信息质量”、“认知权威”与“信息可信性”关系紧密,因此将一部分以“互联网信息质量”和“互联网信息的认知权威”为主题的文献包括在内。

此外,需要说明的是,本文中的“判据”所对应的英文单词是“criterion”,是指“判断的依据”的意思(见《英汉百科翻译大词典》对“criterion”的第2条释义,人民日报出版社,1992年版),经分析,相关英文文献中的“criterion”所要表达的均为这个意思。而且,在部分互联网(学术)信息可信性研究的中文文献中,作者使用“标准”这一表述,但从行文来看,文章实质是要表达用户评价互联网(学术)信息可信性的判据的意思,因此,若无特别说明,本文在上述情况下一律使用“判据”的表述。

最后,需要指出的是,不少文献对“判据”和“影响因素”这个两个概念使用不太明晰,例如,有的文献将“内容质量”作为可信性的判据,有的文献则将其作为影响因素,因此,在对互联网信息可信性评价判据和影响因素的相关文献进行回顾之前,有必要对“判据”和“影响因素”进行简要说明。本文认为,两者最大的区别在于:判据是考察者基于不同的角度对所要考察对象进行判断和评价的依据,不同的人可能有不同的判据,而影响因素则是能对要进行判断和评价的对象的属性(变量)产生影响的变量。在特定情境下,影响因素的种类一般比较固定。当然,判据与影响因素也有联系,对某类用户群体的共同判据进行抽象概括后得出的变量可以作为对象属性的影响因素,例如,里尔和贝尔金(N. J. Belkin)①在文中就表达了

① Rieh S. Y. Belkin N. J. Interaction on the Web: Scholars' Judgment of Information Quality and Cognitive Authority[J]. Proceedings of the 63rd ASIS Annual Meeting, 2000, 37: 25-38.

这个意思，“In other words, there were specific criteria which served as bases or reasons for people's decisions. These criteria can be considered as factors that influence their judgments, with respect to quality and authority（也就是说，存在着具体的判据作为人们决策的基础或原因。这些判据能被看作是影响他们对信息的质量和权威作出判断的因素。）”。由此，在尊重原文的前提下，本文据此对判据和影响因素文献进行大致的区分。

2.2.1 国外互联网学术信息可信性研究综述

以“互联网学术信息”为研究对象的文献并不多见，大部分集中在情报学和传播学领域，分析来看，主要有以下几个研究主题：

一是探讨互联网学术信息可信性的评价判据。例如，里尔和贝尔金①②设计了研究、旅行、医药和计算机四类搜索任务，分别主要对应学术信息、旅行信息、医药信息和计算机价格信息。研究发现，除对信息对象的知识的熟悉程度外，受调查者在研究任务中判断信息质量和认知权威使用最多的判据是信息目标的特征，主要包括格式（例如，全文、摘要、论坛、通知、幻灯片等）、标题和内容。其次是来源特征，主要包括作者或创作者资历、来源声誉和来源类型（例如，政府或公司 Web 站点、会议等）。最后，图片（graphics）和信息对象的组织/结构等判据在研究任务中使用较少。

二是互联网学术信息可信性影响因素的实证研究。例如，特雷斯（D. Treise）等③以 497 名本科生为对象，利用在线实验探讨了域名对 Internte 科学信息④来源可信性的影响。研究发现，“.gov”域名的 Web 站点上的科学信息的可信性显著高于“.com”域名的站点。另外，尽管不显著，但相对于其他线索而言，高程度投入的读者较少依赖域名判断可信性，低程度投入的读者则较多地依赖域名。

---

① Rieh S. Y, Belkin N. J. Interaction on the Web: Scholars' Judgment of Information Quality and Cognitive Authority[J]. Proceedings of the 63rd ASIS Annual Meeting, 2000, 37: 25 - 38.

② Rieh S. Y. Judgment of Information Quality and Cognitive Authority in the Web[J]. Journal of the American Society for Information Science and Technology, 2002, 53(2): 145 - 161.

③ Treise D. Walsh-Childers K. Weigold M. F. Friedman M. Cultivating the Science Internet Audience: Impact of Brand and Domain on Source Credibility for Science Information[J]. Science Communication, 2003, 24(3): 309 - 332.

④ 作者并没有明确界定什么是“科学信息（science information）”，分析发现，作者将美国国家航空和宇宙航行局（National Aeronautics and Space Administration）、美国疾病控制和预防中心（Centers for Disease Control and Prevention）和美国国家卫生局（National Institutes of Health）等政府赞助机构的 Web 站点上的信息归入科学信息的范畴。

另外,有的学者还分析了福格和特森提出的四种可信性类型是否适用于互联网学术信息。例如,刘(Z. M. Liu)①对 128 名高校学生(本科生和研究生)进行问卷调查,探讨了 Web 学术信息②的评价判据。研究发现,对来源可信性而言,除假定可信性、声誉可信性、表面可信性和经验可信性这四种类型外,可核实的可信性(verifiable credibility)和成本—努力可信性(cost-effort credibility)这两类来源可信性也在 Web 学术信息可信性评价中发挥着重要作用。另外,高校学生评价 Web 学术信息可信性的判据主要包括信息内容、作者身份、文档布局与结构、Web 站点声誉等。而且,刘指出,环境(contexts)能够影响高校学生对 Web 学术信息的接受意愿。

马特斯(M. Mattus)③对 144 名高校学生(本科生和研究生)进行结构化问卷调查,探讨了高校学生在 Web 学术信息查寻中的可信性评价线索。研究发现,福格和特森提出的四种可信性类型适用于学生对学术信息可信性的评价,学生认为最重要的四个线索是出版年(表面可信性)、老师的推荐(声誉可信性)、摘要(经验可信性)、知名研究者(假定可信性)。而且,经验可信性对高校学生来讲显得相对更加重要。

2.2.2　国外互联网信息可信性评价判据研究综述

2000 年,福格等④⑤使用在线问卷法调查了美国和芬兰共 1 410 名公众对 Web 站点可信性判据的看法,开启了大规模面向公众的 Web 站点可信性调查的先河。本文依据调查对象的规模,将互联网信息可信性评价判据的研究大致分为小规模用户调研、大规模与小规模用户调研并存和小规模用户调研复归三个时期。

---

① Liu Z. M. Perceptions of credibility of scholarly information on the web[J]. Information Processing & Management,2004,40(6):1027 - 1038.

② 作者并没有对什么是"Web 学术信息"进行明确的说明,分析来看,作者所指的 Web 学术信息是指高校学生在做作业和开展研究中使用的 Web 信息。

③ Mattus M. Finding Credible Information:A Challenge to Students Writing Academic Essays[J]. Human IT,2007,9(2):1 - 28.

④ Fogg B. J. Marshall J. Osipovich A. Varma P. Laraki O. Fang N. Paul J. Rangnekar A. Shon P. Swani P. Treinen M. Elements that Affect Web Credibility:Early Results from a Self-Report Study[J]. Sigchi'00(ACM Special Interest Group on Computer-Human Interaction 2000),2000,April 1 - 6. The Hague,The Netherlands,2000:287 - 288.

⑤ Fogg B. J. Marshall J. Laraki O. Osipovich A. Varma C. Fang N. Paul J. Rangnekar A. Shon J. Swani P. Treinen M. What makes Web sites credible?:A report on a large quantitative study[J/OL]. Sigchi'01(ACM Special Interest Group on Computer-Human Interaction 2001),2001,March 31 - April 5. Seattle,WA,USA,2001,3(1):61 - 68.[2010 - 7 - 17]. http://edtech2. boisestate. edu/allyp/edtech_582/WebCredible. pdf.

另外,纵览相关文献发现,互联网信息可信性评价的研究可分为两大类①:一类是聚焦于不同群体的受众对在线信息可信性的评价,有时将其与报纸等传统新闻渠道的信息可信性进行比较。另一类是讨论各类个人(学者、信息服务人员等)和组织机构推荐的评价在线信息可信性的判据。本文认为第一类属于用户角度,第二类属于服务者角度。

1. 第一个时期:小规模用户调研

这一时期从20世纪90年代末到2000年,主要使用访谈、观察和焦点小组(focus groups)等方法对数量规模较小的用户群体(包括高校学生、普通公众等)进行研究。从用户角度来看,许多研究者通过对高校学生和教师等用户群体调查得出了他们评价互联网信息可信性和质量的判据。例如,里尔和贝尔金②采用半结构化访谈法对14位学者(高校教师和博士生)调查发现,他们评价信息质量的判据为:①来源。包括Web站点的类型、机构所属领域和声誉;②内容;③形式。包括Web页面的表示和信息的组织;④表示。包括写作形式是否规范和文档大小等;⑤时效性;⑥准确性;⑦下载速度。

肖尔茨—克兰(A. Scholz-Crane)③对英语写作课上的49名本科生对Web站点的评价进行了实验研究,在不告知相关判据的情况下,发现学生使用最多的判据是范围(文档包含哪些话题和有哪些细节)和准确性(文档是否包括统计数据、引用其他来源以及写作是否清晰等),其他的判据按使用的比例高低依次为客观性、权威性、时效性。

其他研究还有德埃斯波西托(J. E. D'Esposito)和加德纳(R. M. Gardner)④对14名本科生的访谈研究、C. Scull⑤对大学新生和图书馆员的调查等。

另外,从服务者角度来看,不少学者设计和制定了互联网信息可信性和质量的

---

① Treise D. Walsh-Childers K. Weigold M. F. Friedman M. Cultivating the Science Internet Audience: Impact of Brand and Domain on Source Credibility for Science Information[J]. Science Communication, 2003, 24(3): 309-332.

② Rieh S. Y. Belkin N. J. Understanding Judgment of Information Quality and Cognitive Authority in WWW[J]. Journal of the American Society for Information Science, 1998, 35: 279-289.

③ Scholz-Crane A. Evaluating the Future: A Preliminary Study of the Process of How Undergraduate Students Evaluate Web Sources[J]. Reference Services Review, 1998, 26(3/4): 53-60.

④ D'esposito J. E. Gardner R. M. University Students' Perceptions of the Internet: An Exploratory Study[J]. The Journal of Academic Librarianship, 1999, 25(6): 456-461.

⑤ Scull C. Milewski A. Millen D. Envisioning the Web: User Expectations about the Cyber-Experience[J]. Proceedings of the 62nd ASIS Annual Meeting, 1999, 36: 17-24. 转引自: Rieh S. Y. Belkin N. J. Interaction on the Web: Scholars' Judgment of Information Quality and Cognitive Authority[J]. Proceedings of the 63rd ASIS Annual Meeting, 2000, 37: 25-38.

评价判据。例如,奥利弗(K. M. Oliver)等①利用文献分析和专家评价等方法得出了 11 类 Web 站点和 Web 信息的评价判据:①站点访问性和可用性(usability);②资源确认(identification)和保存(documentation);③作者确认;④作者权威性;⑤信息结构和设计;⑥相关性和内容范围;⑦内容的有效性;⑧内容的准确性和平衡(balance);⑨文档的导航;⑩链接的质量;⑪美学(aesthetic)和情感。其中,判据①和⑪主要用来评价 Web 站点,其他的判据主要用来评价 Web 信息。

其他判据还有肖尔茨—克兰②在文献分析的基础上制作的 Web 站点评价判据、史密斯③设计的 Internet 信息来源的评价判据。

2. 第二个时期:大规模与小规模用户调研并存

这一时期从 2000 年到 2005 年前后,在小规模用户研究的同时,大规模用户调查如火如荼。同样地,从用户角度来看,福格等④⑤于 2000 年对互联网信息可信性第一次进行了大规模调查,他们使用在线问卷对美国和芬兰共 1 410 名公众调查发现,能增加公众对 Web 站点可信性认识的判据按重要性高低依次为:①真实世界的感觉(real-world feel)。用户感知到站点背后的真实世界的组织和人员(物理地址、电话号码或成员照片)、站点对客户服务问题的答复非常快等;②容易使用。站点能搜索过去的内容、站点设计看起来很专业;③专业知识。站点被某个备受尊重的新闻组织所推崇、站点列出了每篇文章的作者的资历、站点载有包含引文和参考资料的文章;④可信赖。站点被某个用户相信的站点所链接、站点对其内容政策作了声明、站点链接到外部的资料和来源;⑤修饰(tailoring)。站点发送 Email 确认

① Oliver K. M. Wilkinson G. L. Bennett L. T. Evaluating the Quality of Internet Information Sources(1997)[J/OL]. ED-MEDIA/ED-TELECOM1997, 1997, June 15. Calgary, Alberta, Canada, 1997: 142 - 150. [2010 - 7 - 17]. http://eric.ed.gov/ERICDocs/data/ericdocs2sql/content_storage_01/0000019b/80/15/05/9c.pdf.

② Scholz-Crane A. Evaluating the Future: A Preliminary Study of the Process of How Undergraduate Students Evaluate Web Sources[J]. Reference Services Review, 1998, 26(3/4): 53 - 60.

③ Smith A. G. Testing the Surf: Criteria for Evaluating Internet Resources[J/OL]. The Public-Access Computer Systems Review, 1997, 8(3). [2010 - 7 - 17]. http://eric.ed.gov/ERICWebPortal/custom/portlets/recordDetails/detailmini.jsp?_nfpb=true&_&ERICExtSearch_SearchValue_0=EJ554170&ERICExtSearch_SearchType_0=no&accno=EJ554170.

④ Fogg B. J. Marshall J. Osipovich A. Varma P. Laraki O. Fang N. Paul J. Rangnekar A. Shon P. Swani P. Treinen M. Elements that Affect Web Credibility: Early Results from a Self-Report Study[J]. SIGCHI'00(ACM Special Interest Group on Computer-Human Interaction 2000), 2000, April 1 - 6. The Hague, The Netherlands, 2000: 287 - 288.

⑤ Fogg B. J. Marshall J. Laraki O. Osipovich A. Varma C. Fang N. Paul J. Rangnekar A. Shon J. Swani P. Treinen M. What makes Web sites credible?: A report on a large quantitative study[J/OL]. SIGCHI'01(ACM Special Interest Group on Computer-Human Interaction 2001), 2001, March 31 - April 5. Seattle, WA, USA, 2001, 3(1): 61 - 68. [2010 - 7 - 17]. http://edtech2.boisestate.edu/allyp/edtech_582/WebCredible.pdf.

业务是否完成。另外,能减少公众对Web站点可信性认识的判据按影响大小依次为:①商业暗示。站点使得很难把广告和内容区分开来;②业余性(amateurism)。站点很少进行内容更新。

自此研究之后,后续大规模用户研究依据研究对象的不同主要可分为两类:

一类是类似2000年福格等对普通用户的大规模在线或问卷调查。例如,福格等[①][②]与美国消费者互联网观察组织(Consumer Webwatch)[③]联合就2 684名普通消费者对电子商务、娱乐、金融、健康、新闻、非营利机构、观点或评论、搜索引擎、体育和旅游这10个不同内容领域的Web站点可信性评价的判据进行了在线调查。研究发现,普通消费者使用最多的判据是Web站点的表层因素,例如,46.1%的消费者基于站点的整体视觉设计吸引力(visual design appeal)来评价可信性,包括布局、排印样式(typography)、字体大小和颜色方案等。其他判据按比例大小依次为信息设计/结构(导航)(28.5%)、内容焦点(25.1%)、公司动机(15.5%)、信息有用性(14.8%)、信息准确性(14.3%)、站点域名和站点运行者声誉(14.1%)、广告(13.8%)、信息偏向性(11.6%)、写作基调(tone)(9.0%)等。同时,研究者也将普通消费者与健康和金融专家所用的判据进行了对比,发现专家主要看重站点信息的质量,而不是站点的视觉吸引力。

弗拉纳金和梅茨格[④]对1 041个Internet用户(718名本科生和323名普通用户)调查发现,被调查者"很少"或"偶尔"核实Web信息,他们的核实行为多是那些容易施行和仅需要给出意见的行为(例如,考虑信息是否具有时效性或完整性),而不愿意去做那些很难去实行且需要采取行动的核实行为(例如,核实作者的资历)。

---

① Fogg B. J. Soohoo C. Danielson D. Marable L. Stanford J. Tauber E. R. How do People Evaluate a Web Site's Credibility? Results from a Large Study(2002)[R/OL]. CiteSeerX-Scientific Literature Digital Library and Search Engine(United States),2002:1-105.[2010-7-21]. http://www.consumerwebwatch.org/pdfs/stanfordptl.pdf.

② Fogg B. J. Soohoo C. Danielson D. R. Marable L. Stanford J. Tauber E. R. How do users evaluate the credibility of Web sites?: a study with over 2,500 participants[J/OL]. Designing For User Experiences: Proceedings of the 2003 conference on Designing for user experiences, June 06-07, 2003. San Francisco, California, 2003:1-15.[2010-7-21]. http://portal.acm.org/citation.cfm?id=997078.997097.

③ Stanford J. Tauber E. R. Fogg B. J. Marable L. Experts vs. Online Consumers: A Comparative Credibility Study of Health and Finance Web Sites(2002)[R/OL]. CiteSeerX-Scientific Literature Digital Library and Search Engine(United States),2002:1-59.[2010-7-21].

④ Faanagin A. J. Metzger M. J. Perceptions of Internet Information Credibility[J]. Journalism and Mass Communication Quarterly,2000,77(3):515-540.

其他研究还有福克斯(S. Fox)和雷尼(L. Rainie)①对500名成年Internet普通用户的调查。

另一类是对高校学生(有时也包括教师)的较大规模的问卷或在线调查。例如,联机计算机图书馆中心②于2002年对美国1 050名高校学生(18~24岁)调查发现,学生对Web信息资源的要求按重要性高低依次为:信息的准确性、不需要花费太多钱、信息的时效性、容易使用、可自我服务(self-service)、保护隐私、作者或来源容易找到。

蒂洛森(J. Tillotson)③对加拿大两所大学中参加图书馆指导项目的499名高校学生调查发现,26%的学生在查找Web信息时没有使用任何评价判据,75%的学生使用一条或两条判据。最常用的判据是可靠性和Web站点的声誉,其他判据包括内容、外观、作者权威、参考资料、写作质量、日期、教师规定的标准或期望、版权声明、被其他站点推荐等。

其他调查还有美国数字图书馆联盟与美国图书馆和信息资源委员会于2002年联合④对美国930名高校教师和1056名研究生的调查、美国联机计算机图书馆中心⑤于2005年对分别来自澳大利亚、加拿大、印度、新加坡、英国和美国的共396名本科生和研究生的调查、伯顿和查德威克⑥对共543名本科生和研究生的调查、梅茨格等⑦对356名本科生的调查。

同时,许多学者继续探讨小规模用户(高校学生、普通公众等)的互联网信息

① Fox S. Rainie L. Vital decision:How Internet users decide what information to trust when they or their loved ones are sick.. Pew Internet & American Life Project, Washington, DC, 2002:1-43[R/OL]. [2009-11-15]. http://www.pewinternet.org/~/media/Files/Reports/2002/PIP_Vital_Decisions_May2002.pdf.pdf.

② Online Computer Library Center, Inc.. OCLC White Paper on the Information Habits of College Students: How Academic Librarians Can Influence Students' Web-Based Information Choices(2002)[R/OL]. [2010-7-17]. http://www5.oclc.org/downloads/community/informationhabits.pdf.

③ Tillotson J. A Portrait of the Audience for Instruction in Web Searching: Results of a Survey Conducted at Two Canadian Universities[J]. Canadian Journal of Information and Library Science, 2002/03:27(1):3-28.

④ Friedlander A. Dimensions and Use of the Scholarly Information Environment Dimensions and Use of the Scholarly Information Environment: Introduction to a Data Set Assembled by the Digital Library Federation and Outsell, Inc. (2002)[R/OL]. [2010-7-17]. http://www.clir.org/pubs/reports/pub110/contents.html.

⑤ Online Computer Library Center, Inc.. College Students' Perceptions of Libraries and Information Resources (2005)[R/OL]. [2010-7-17]. http://www.oclc.org/us/en/reports/perceptionscollege.htm.

⑥ Burton V. T. Chadwick S. A. Investigating the Practices of Student Researchers: Patterns of Use and Criteria for Use of Internet and Library Sources[J]. Computers and Composition, 2000, 17(3):309-328.

⑦ Metzger M. J. Flanagin A. J. Zwarun L. College student Web use, perceptions of information credibility, and verification behavior[J]. Computers & Education, 2003, 41(3):271-290.

可信性评价判据。例如,格兰姆斯和伯宁[①]通过对50名本科新生访谈和对论文的引文来源分析发现,一些学生将"网页看上去如何"等同于可信性,大部分学生认为"作者(身份与资历)"是一个高质量Web站点最重要的特征。作者提出了Web站点和Web信息的评价判据:①作者身份。包括能确认作者身份和资历、出版者、站点所有者;②内容质量。包括及时、保存过去的资料、可核实、准确、充分的细节、与话题相关;③风格与基调(style and tone)。包括拼写与语法、文档记录、用户友好性、好的体验;④受众;⑤视角。包括作者或赞助商的意图和观点的倾向性等;⑥时效性。包括提供日期、及时、定期更新、信息组织、易学易用、可靠的链接;⑦推荐。包括权威来源的评论或推荐;⑧可靠性。包括站点和信息相对可靠、能体现出变化和更新。

艾森巴赫(G. Eysenbach)和科勒(C. Kohler)[②]利用焦点小组(21人)、观察搜索任务(17人)和访谈(17人)方法对搜索互联网健康信息的普通用户调查发现,受调查者评价Web站点可信性的判据主要是来源特征、专业的设计、科学或官方的接触、语言、容易使用等。

此外,还有下文将要提到的里尔等、麦肯齐(P. J. McKenzie)和洪(T. Hong)的研究,在此不再展开。

类似地,从服务者角度来看,不少学者和业界人士提出了Web信息的可信性评价判据和方法。例如,哈里斯(R. Harris)[③]建议使用CARS核查表来评价信息质量:①可信性。包括出版商信息、作者资历、同行的评论、语法与拼写等;②准确性。包括细节、精确、全面和时效、受众、目的等;③合理性(reasonableness)。包括公正的观点、一致性等;④支持。包括提供信息来源、引用等。

其他研究还有弗里奇(J. W. Fritch)和克伦威尔(R. L. Cromwell)[④⑤⑥]提出的文

① Grimes D. J. Boening C. H. Worries with the Web: A Look at Student Use of Web Resources[J]. College and Research Libraries, 2001, 62(1): 11 – 23.

② Eysenbach G. Kohler G. How do consumers search for and appraise health information on the world wide web? Qualitative study using focus groups, usability tests, and in-depth interviews[J]. British Medical Journal, 2002, 324(3): 573 – 577.

③ Harris R. A guidebook to the Web[M]. Guilford: Dushkin/McGraw-Hill, 2000.

④ Fritch J. W. Cromwell R. L. Evaluating Internet Resources: Identity, Affiliation, and Cognitive Authority in a Networked World[J]. Journal of the American Society for Information Science and Technology, 2001, 52(6): 499 – 507.

⑤ Fritch J. W. Cromwell R. L. Delving deeper into evaluation: exploring cognitive authority on the Internet[J]. Reference Services Review, 2002, 30(3): 242 – 254.

⑥ Fritch J. W. Heuristics, tools, and systems for evaluating Internet information: helping users assess a tangled Web[J]. Online Information Review, 2003, 27(5), 321 – 327.

档、作者、机构和附属联系四类认知权威的判据、蒂洛森①总结的 Web 站点质量评价判据、米奥拉②提出的学生评价 Web 站点的环境(contextual)方法。

3. 第三个时期:小规模用户调研复归

这一时期从 2005 年前后到现在。2005 年前后,大规模用户调研的热潮消退,这可能是因为多次大规模调查得出的评价判据已趋于稳定,下一步需要的是对用户群体进行分类专门考察(调研规模一般较小)和在评价判据中抽象出相关变量作为影响因素进行检验(这与上文对“判据”和“影响因素”辨析的观点一致)。这一时期主要使用日记、访谈和焦点小组等方法对高校学生和普通公众等小规模用户进行研究,下文将要提到的里尔和希利戈斯(B. Hilligoss)、梅茨格等(2010)的研究就是从用户角度进行考察的例证,在此不再展开。

另外,从服务者角度来看,学者多对以往的研究结论进行回顾和总结。例如,达兰(A. Dahlan)和西托汉(B. Sitohang)③通过文献分析总结到,评价 Web 页面的可信性主要依据权威性、信息内容、Web 设计这三个方面的因素:权威性可以从作者、出版机构、内外链接等进行判断;信息内容可以从文档的时效性、准确性、客观性、视角、覆盖范围、对其他来源的参考等进行判断;Web 设计可以从结构与导航、视觉设计、功能、交互性和可访问性等进行判断。

梅茨格④在部分文献分析的基础上总结了在线信息可信性的评价判据,见表 2－15。

表 2－15　梅茨格在线信息可信性影响因素总结

日期显示信息的时效性
来源引文
科学数据或参考资料的引文
作者身份

① Tillotson J. Web site evaluation: a survey of undergraduates[J]. Online Information Review, 2002, 26(6): 392－403.

② Meola M. Chucking the Checklist: A Contextual Approach to Teaching Undergraduates Web-Site Evaluation [J]. Libraries and the Academy, 2004, 4(3): 331－344.

③ Dahlan A. Sitohang B. Combining PageRank and Citation Analysis to Measure Information Credibility in Internet[J/OL]. Proceedings of iiWAS2007, 2007, Dec 3－5. Jakarta, Indonesia, 2007: 375－382. [2010－7－21]. http://research.mercubuana.ac.id/proceeding/iiWAS2007(395－402).pdf.

④ Metzger M. J. Making Sense of Credibility on the Web: Models for Evaluating Online Information and Recommendations for Future Research[J]. Journal of the American Society for Information Science and Technology, 2007, 58(13): 2078－2091.

续表

作者资格水平和资历
给出联系信息
没有广告
显示隐私和安全条款
来自受信任的第三方的授权证书或认可
专业的、吸引人的和协调一致的页面设计,包括图像、标志和颜色方案等
容易导航,站点组织结构很好
受高声誉组织的资助
显示或提请注意编辑评审过程或评审委员会
没有排版错误、没有死链接
专业的质量和清晰的书写
下载速度
消息相关性,修饰
交互特征(例如,搜索能力、证实消息、快速的客户服务反应等)
对来源或机构过去的经验(声誉)
域名和 URL(后缀)
在任何地方核实声明(claims)的能力(例如,外部链接)
信息的全面性
在搜索引擎结果中的排列次序
信息需付费访问(Paid access to information)
论点的合理性(Plausibility)

原文注:并不是每一个因素都适合所有的 Web 站点,站点类型(例如,商业站点和个人站点)和接收者因素(信息搜索的目的和动机、Internet 经验和先前知识)使得哪些因素起作用与哪些因素在评价中得到利用区别开来。另外,有些因素或多或少对不同层面上的可信性评价有帮助(例如,在 Web 站点整体层面上或 Web 站点上的信息层面上)。举例来讲,与站点设计和导航相关的因素将与站点可信性评价更为相关,而论点的合理性和作者资历在站点信息的可信性评价中显得更为重要。

(表格来源:METZGER M J. Making Sense of Credibility on the Web:Models for Evaluating Online Information and Recommendations for Future Research[J]. Journal of the American Society for Information Science and Technology,2007,58(13):2082.)

其他研究还有希利戈斯和里尔①提出的概念、启发和交互三个层次的可信性

① Hilligoss B. Rieh S. Y. Developing a unifying framework of credibility assessment:Construct,heuristics,and interaction in context[J]. Information Processing and Management,2008,44(4):1467-1484.

评价的统一框架。

综上知,互联网信息可信性评价判据所指的对象不尽相同,有的是针对整个Web站点或Web页面而言,有的是针对站点上的文本内容而言,也有的是同时针对两者而言。尽管要把它们完全区分开来比较困难①,但根据判据所指的侧重点,本文可大致将其分为站点、内容、站点/内容三大类,具体见附录1中的表1。

2.2.3　国外互联网信息可信性影响因素研究综述

依据影响因素所指的对象,互联网信息可信性影响因素研究大致可分为网站特征因素研究和用户特征因素研究两大类。其中,网站特征因素研究又可分为外观与视觉设计、来源等外部特征和内容因素研究三个部分。

1. 网站特征因素研究

第一部分外观与视觉设计因素研究主要指对Web站点(包括博客)和Web页面的样式、布局、颜色和图画(imagery)效果等视觉因素的研究。例如,福格和特森②发现,界面设计对可信性存在影响。某些界面特征,如冷色调、平衡而有条不紊的版面编排,会增强用户对界面的可信赖性。

波兰斯基(W. L. Polanski)③通过操纵(manipulation)商业Web站点的颜色、图画和布局这三个元素设计了三个具有不同视觉效果的Web站点界面,在线调查了32名普通Internet用户。研究发现,Web站点的颜色、图画和布局都能影响Web站点可信性,颜色鲜明的站点比颜色灰暗的站点看上去更愉快,有图画的站点比没有图画的站点看上去更有趣,平衡、整洁的站点布局和清晰的内容组织能使用户更舒适地使用站点。作者认为,站点的视觉设计和吸引力影响用户对站点的可信性评价,视觉效果好的站点的可信性要高于视觉效果差的站点。

霍姆斯(J. Holmes)和罗宾斯(D. Robins)④利用在线实验研究了20个高校学生(本科生和研究生)对Web页面的设计/美学处理(design/aesthetic treatment)对

---

① Oliver K. M. Wilkinson G. L. Bennett L. T. Evaluating the Quality of Internet Information Sources(1997)[J/OL]. ED-MEDIA/ED-TELECOM1997,1997,June 15. Calgary,Alberta,Canada,1997:142 - 150.[2010 - 7 - 17]. http://eric.ed.gov/ERICDocs/data/ericdocs2sql/content_storage_01/0000019b/80/15/05/9c.pdf.

② Fogg B. J. Tseng S. The Elements of Computer Credibility[J]. Proceeding of the CHI 99 Conference on Human Factors,1999,May 15 - 20. Pittsburgh PA USA,1999:80 - 87.

③ Polanski W. L. The Effect of Visual Appeal on the Perception of the Credibility of a Web Site For a Student-Run Consulting Business[M]. Edmonton:University of Alberta,2005.

④ Holmes J. Robins D. Visceral and Cognitive Levels of Credibility Judgment in an Authorless Environment:A Factor Analysis of the Influence of Visual Design[J]. Proceedings of the American Society for Information Science and Technology,2007,44(1):1 - 10.

可信性判断的影响。研究发现,高视觉设计水平的 Web 页面的可信性比低视觉设计水平的 Web 页面要高。随后,罗宾斯等①对 34 名年龄均大于 35 岁的普通 Internte 用户进行观察、访谈和问卷调查,探讨了健康 Web 站点视觉设计与可信性之间的关系。研究发现,健康 Web 站点的视觉设计与其可信性显著正相关,而且,拥有著名商标的站点的可信性也比较高。

其他研究还有汉密尔顿(M. Hamilton)②、沃森(C. N. Wathen)和伯克尔(J. Burkell)③的研究、帕里拉(K. Pariera)④对 70 名本科生的在线实验、林(J-H. Lin)⑤对共 676 名本科生和研究生的在线调查。

第二部分来源等外部特征因素研究主要指对 Web 站点创办者和文章作者的声誉和资历等特征、来源类型、来源信息的有无、是否包含参考资料或表格/图片等因素的研究。例如,福格等⑥利用在线实验分别对 484 名和 164 名普通 Internet 用户研究发现,作者的正式照片比非正式照片使人们更加相信该文章。与作者照片相比,作者的姓名对文章可信性的影响有限,文章上的非正式署名(casual byline)比作者的正式名字更值得相信。另外,低声誉的横幅广告(例如,赌博广告)比高声誉的横幅广告(例如,Lexus 汽车广告)更能显著地降低用户对 Web 内容的可信性评价。

弗拉纳金和梅茨格⑦通过对 574 名 Internet 用户(274 名普通 Internet 成人用户和 300 名本科生)进行在线实验研究发现,对 Web 站点创办者的熟悉程度只对新闻站点创办者的可信性存在显著影响(对站点创办者越熟悉,站点创办者的可信性

---

① Robins D. Holmes J. Stansbury M. Consumer health information on the Web: The relationship of visual design and perceptions of credibility[J]. Journal of the American Society for Information Science and Technology, 2010, 61(1): 13 – 29.

② Hamilton M. Message Variables that Mediate and Moderate the Effect of Equivocal Language on Source Credibility[J]. Journal of Language and Social Psychology, 1998, 17(1): 109 – 143.

③ Wathen C. N. Burkell J. Believe It or Not: Factors Influencing Credibility on the Web[J]. Journal of the American Society for Information Science and Technology, 2002, 53(2): 134 – 144.

④ Pariera K. Information literacy on the Web: How Visual and Textual Cues Contribute to Website Credibility Assessments[M]. Washington, D. C.: School of Communication, Culture & Technology in Georgetown University, 2009.

⑤ Lin J-H. College Students' Perceptions of Credibility of Blogs and Traditional Media as a Function of their Blog Usage[M]. East Lansing: Department of Journalism in Michigan State University, 2007.

⑥ Fogg B. J. Marshall J. Kameda T. Solomon J. Rangnekar A. Boyd J. Brown B. Web Credibility Research: A Method for Online Experiments and Early Study Results[J]. SIGCHI'01 (ACM Special Interest Group on Computer-Human Interaction 2001), 2001, March 31 – April 5. Seattle, WA, USA, 2001: 295 – 296.

⑦ Flanagin A. J. Metzger M. J. The role of site features, user attributes, and information verification behaviors on the perceived credibility of web-based information[J]. New Media & Society, 2007, 9(2): 319 – 342.

越高),而对电子商务类和特殊兴趣小组站点创办者的可信性均没有显著影响。并且,对 Web 站点创办者的熟悉程度对消息可信性和 Web 站点可信性也都没有显著影响。该研究证实了可信性依赖于信息类型(不同信息类型对应不同的站点类型)而变化的结论。

其他研究还有杰尼格(W. B. Jaehnig)①对共 105 名本科生和研究生的在线实验、伊斯汀②对 125 名高校学生的在线实验、弗里曼和斯派里戴克斯③对 188 名本科生的在线实验、切斯尼(T. Chesney)和苏(D. K. S. Su)④利用在线实验对 482 名本科生关于博主是否匿名对博客可信性评价的影响研究。

第三部分内容因素研究主要指对 Web 站点上文章的文字内容的完整性、合理性、时效性、语法与组织/结构等质量特征的研究。例如,许尔塔(E. Huerta)⑤利用在线现场实验对 134 名 Internet 用户研究发现,内容的质量和 Web 站点所有者的声誉对 Web 消息可信性有显著影响。

达特—伯格曼(M. J. Dutta-Bergman)⑥对 246 名本科生进行在线实验,探讨了在不同 Web 使用动机下电子健康信息的完整性对来源可信性判断的影响。作者将 Web 使用动机操纵在冲浪(surfing)和搜索两个水平,假设冲浪产生较低程度的投入,而搜索产生较高程度的投入。信息完整性操纵在完整的、行业术语(jargon)、不完整的信息三个水平。研究发现,Web 使用动机和信息完整性对来源可信性没有交互作用,但拥有完整信息的来源比拥有不完整信息但有行业术语信息的来源以及拥有不完整信息且没有行业术语信息的来源都要更可信,完整信息与不完整信息、完整信息与行业术语信息之间均存在显著差异,但不完整信息和行业术语信息之间不存在显著差异。而且,Web 使用动机和信息完整性对 Web 站点可信性存在交互作用。在冲浪情景下,拥有完整信息的 Web 站点的可信性要显著高于拥有不完整或行业术语信息的 Web 站点,在搜索情景下也得到类似的结果。并且,不

---

① Jaehnig W. B. Whose Bias is No Bias? The Impact of Source Types on Perception of Online News Credibility [D]. Carbondale: School of Journalism in the Graduate School in Southern Illinois University, 2005.

② Eastin M. S. Credibility Assessments of Online Health Information: The Effects of Source Expertise and Knowledge of Content[J/OL]. Journal of Computer-Mediated Communication, 2001, 6(4). [2010-7-25]. http://jcmc.indiana.edu/vol6/issue4/eastin.html.

③ Freeman K. S. Spyridakis J. H. Effect of Contact Information on the Credibility of Online Health Information [J]. IEEE Transactions on Professional Communication, 2009, 52(2): 152-166.

④ Chesney Y. Sudks. The impact of anonymity on weblog credibility[J]. International Journal of Human-Computer Studies, 2010, 68(10): 710-718.

⑤ Huerta E. The Credibility of Online Information[D]. Claremont: The Claremont Graduate University, 2003.

⑥ Dutta-Bergman M. J. The Impact of Completeness and Web Use Motivation on the Credibility of e-Health Information[J]. The Journal of Communication, 2004, 54(2): 253-269.

论是冲浪还是搜索情景下,完整信息与不完整信息以及完整信息与行业术语信息之间都存在显著差异,但不完整信息与行业术语信息之间不存在显著差异。另外,冲浪者比搜索者显著地更倾向于认为拥有完整信息的 Web 站点具有更高的可信性,而拥有行业术语或不完整信息的 Web 站点则不存在显著差异。

其他研究还有梅茨格等①对 109 名普通 Internte 用户的焦点访谈、里安斯(S. A. Rains)和卡迈克尔(C. D. Karmikel)②利用在线实验对 86 名本科生关于健康 Web 站点的消息特点和结构特征对站点可信性评价的影响研究。

2. 用户特征因素研究

用户特征因素主要指用户的人口统计学变量(年龄、性别、教育水平、收入等)、Internet 使用经验、对媒介的依赖(reliance)、行为习惯和态度立场等因素。人口统计学变量因素的研究例如福格等③的研究,他们发现,年龄大的组对 Web 站点修饰的可信性评价要显著高于年龄小的组,男性的可信性评价总体上比女性低,具有研究生教育水平的组对 Web 站点信赖的评价显著高于没有接受过高等教育的组,收入高的组对 Web 站点修饰的可信性评价显著高于收入低的组。

弗拉纳金和梅茨格④通过对共 156 名受调查者(本科生和选举投票者)进行在线现场实验研究发现,男性对消息可信性和个人 Web 站点可信性的评价要显著高于女性,而两者对站点创办者的可信性评价则不存在显著差异。而且,反性别(opposite-sex)的可信性评价(例如,男性评价女性创办的个人 Web 站点)要高于同性别可信性评价(例如,男性评价男性创办的个人 Web 站点)。

其他研究还有阿姆斯特朗(C. L. Armstrong)和麦克亚当斯(M. J. McAdams)⑤对 1 732 名本科生的在线实验研究。

此外,其他用户特征因素的研究例如 T. 约翰森(T. J. Johnson)和凯(B. K.

① Metzger M. J. Flanagin A. J. Medders R. B. Social and Heuristic Approaches to Credibility Evaluation Online [J]. Journal of Communication,2010,60(3):413 - 439.

② Rains S. A. Karmikel C. D. Health information-seeking and perceptions of website credibility: Examining Web-use orientation, message characteristics, and structural features of websites[J]. Computers in Human Behavior, 2009,25(2):544 - 553.

③ Fogg B. J. Marshall J. Laraki O. Osipovich A. Varma C. Fang N. Paul J. Rangnekar A. Shon J. Swani P. Treinen M. What makes Web sites credible?: A report on a large quantitative study[J/OL]. SIGCHI'01(ACM Special Interest Group on Computer-Human Interaction 2001),2001, March 31 - April 5. Seattle, WA, USA,2001,3(1): 61 - 68. [2010 - 7 - 21]. http://edtech2.boisestate.edu/allyp/edtech_582/WebCredible.pdf.

④ Flanagin A. J. Metzger M. J. The perceived credibility of personal Web page information as influenced by the sex of the source[J]. Computers in Human Behavior,2003,19(6):683 - 701.

⑤ Armstrong C. L. Mcadams M J. Blogs of Information: How Gender Cues and Individual Motivations Influence Perceptions of Credibility[J]. Journal of Computer-Mediated Communication,2009,14(3):435 - 456.

Kaye)的一系列研究,他们以对政治感兴趣的 Web 用户为对象,利用在线调查对相关变量对在线新闻(总统选举相关信息)来源(媒介)可信性评价的影响进行了一系列研究,在线新闻来源包括在线报纸、在线新闻杂志、在线新闻电视、在线新闻广播、在线候选人资料、在线政治议题导向的来源和博客。主要结论包括:对在线媒介和传统媒介的依赖是在线来源可信性最重要的指标,且对传统媒介的依赖对对应的在线媒介可信性的预测效果总体上要高于对 Web 的依赖。另外,受教育程度越低,认为在线来源的可信性越高①;对传统媒介的依赖是预测在线媒介可信性的最佳指标,但对 Web 的依赖对在线媒介可信性没有显著影响②;所有的在线媒介都具有中等水平的可信性,博客和在线报纸的可信性要高于在线广播和有线新闻,对在线来源的依赖是判断来源是否可信的最强指标③。

还有,T. 约翰森等以对政治感兴趣的博客用户为对象,利用在线调查对相关变量对政治信息相关(伊拉克战争新闻和总统选举相关信息)博客的可信性的影响进行了一系列研究。主要结论包括:博客依赖是博客可信性唯一显著的指标,传统媒介来源和 Internet 其他信息来源具有中等水平的可信性,且博客比传统媒介来源有更高的可信性④;动机也能预测博客可信性,但比依赖的预测效果要弱,信息(informational)动机(例如,信息查寻)是比娱乐动机(例如,休闲)更强的预测指标。而且,使用过博客的受调查者对博客可信性的判断要高于没有使用过博客的受调查者⑤。

其他研究还有乔伊(J. H. Choi)等⑥对 481 名 Internet 用户(对战争持支持态度的用户占 71%,反对者占 19%,中立者占 10%)就 Internet 上关于伊拉克战争新闻

---

① Johnson T. J. Kaye B. K. Using is Believing: The Influence of Reliance on the Credibility of Online Political Information among Politically Interested Internet Users[J]. Journalism and Mass Communication Quarterly, 2000, 77(4): 865 - 879.

② Johnson T. J. Kaye B. K. Webelievability: A Path Model Examining how Convenience and Reliance Predict Online Credibility[J]. Journalism & Mass Communication Quarterly, 2002, 79(3): 619 - 642.

③ Johnson T. J. Kaye B. K. Choosing is Believing? How Web Gratifications and Reliance Affect Internet Credibility among Politically Interested Users[J]. Atlantic Journal of Communication, 2010, 18(1): 1 - 21.

④ Johnson T. J. Kaye B. K. Wag the Blog: How Reliance on Traditional Media and the Internet Influence Perceptions of Credibility of Weblogs among Blog Users[J]. Journalism & Mass Communication Quarterly, 2004, 81(3): 622 - 642.

⑤ Johnson T. J, Kaye B. K. Bichard S. L, Wong W. J. Every Blog Has Its Day: Politically-interested Internet Users' Perceptions of Blog Credibility[J]. Journal of Computer-Mediated Communication, 2008, 13(1): 100 - 122.

⑥ Choi J. H. Watt J. H. Lynch M. Perceptions of News Credibility about the War in Iraq: Why War Opponents Perceived the Internet as the Most Credible Medium[J]. Journal of Computer-Mediated Communication, 2006, 12(1): 209 - 229.

可信性的在线调查。

另外,除网站特征和用户特征因素两大类研究之外,许多学者对 Internet 与其他媒介之间可信性的高低进行比较,并探讨了相关变量对可信性高低的影响。例如,弗拉纳金和梅茨格①以 1 041 个 Internet 用户(718 名本科生和 323 名普通用户)为对象,利用在线调查探讨了不同媒介形式(报纸、电视、杂志、广播和 Internet)和不同信息类型(新闻、参考信息、娱乐信息和商业信息)之间可信性的区别。研究发现,媒介形式对可信性有显著影响,报纸的可信性显著高于 Internet、电视、杂志、广播,而后四者之间的可信性没有显著差异。信息类型也对可信性有显著影响,新闻、参考信息、娱乐信息的可信性均要显著高于商业信息。而且,媒介形式与信息类型两者对可信性的交互作用分析发现,对不同的信息类型来讲,媒介形式对可信性存在显著影响。同时,对不同的媒介形式来讲,信息类型对可信性也存在显著影响。再者,Internet 经验与可信性、信息的核实程度均显著正向相关。另外,信息类型显著影响信息核实行为,参考信息和新闻得到同等程度的核实,但都要显著高于商业或娱乐信息,新闻的核实程度显著高于娱乐信息。

综合以上分析,本文得出互联网信息可信性影响因素的一览表,具体见附录 1 中的表 2。

2.2.4 国外互联网信息可信性与信息查寻行为的关系研究综述

过去的 20 年中,许多学者都对可信性与信息查寻行为②的关系进行了探讨。20 世纪 90 年代,"可信性"一词出现在信息查寻与检索文献中,分析发现,不管是在工作还是日常生活的信息查寻环境中,用户都对信息和信息来源的可信性表示关注。

近年来,信息查寻与检索领域中的可信性研究成为关注的焦点。由于缺乏印刷环境下的质量控制机制,互联网成为一个独特的信息查寻环境,大多数研究都着力探讨互联网信息查寻环境下用户对信息可信性的认识和判断。

延续了人类信息行为研究对不同人口学特征和职业的用户群体进行分类研究的传统,信息查寻与检索领域中的可信性研究也重点关注了一些用户群体,其中以

① Flanagin A. J. Metzger M. J. Perceptions of Internet Information Credibility[J]. Journalism and Mass Communication Quarterly, 2000, 77(3): 515 – 540.

② 本文认为,信息查寻行为是信息行为的一个子类,信息搜索行为又是信息查寻行为的一个子类。具体可参见:Wilson T. D. Exploring models of information behaviour: the 'uncertainty' project[J]. Information Processing and Management, 1999(35): 839 – 849.

高校学生、高校教师和科研人员为调查对象的研究居多。例如,里尔等①②对15名学者(高校教师和博士生)进行访谈、观察和日志搜集,探讨了他们在Web搜索中对信息质量和认知权威的评价问题。作者发现,来源的特点是学者对信息质量作出判断的最主要的依据。学者将来源分为机构和个人两个层次,他们将更多的注意力放在机构权威上,更加信赖学术和政府机构。同时,学者也考虑作者或内容创造者的身份和资历,它们认为教授、医生和图书馆员等领域专家具有较高的权威。并且,在Web环境下,学者在评价信息时比传统印刷环境下更加看重和依赖信息来源的权威,来源权威涉及的范围更加宽广。

里尔和希利戈斯③利用Web日记和访谈法研究了24位本科生如何在日常信息查寻过程中进行可信性判断以及信息查寻目标、信息使用环境对信息可信性判断的影响,日常信息查寻环境包括学校、工作和个人感兴趣的信息查寻活动,信息渠道有Web站点、图书馆、图书、报纸等媒介以及人际渠道。研究发现,信息查寻目标与动机(提高学术能力、娱乐、查找论文、准备考试、休闲放松)和预期的信息使用后果会影响信息可信性判断。并且,意识到信息查寻环境的边界能帮助学生选择信息来源和合适地评价信息的可信性,例如,一些学生认为从学校老师那里获取的可信的信息在教室之外的社会环境中未必可信。另外,在信息查寻中,学生反复地、交替地对信息进行预测判断、评价判断和核实。

其他研究还有伊斯科菲里(C. Escoffery)等④对743名本科生的调查。

此外,也有学者对其他群体进行了研究。麦肯齐⑤通过访谈调查了19位孕妇对来源权威的看法。研究发现,她们并不会盲目地接受所谓的"权威知识",相反,她们会利用个人的条件去核实或质疑信息来源的权威性,"她们把自己当做权威,把自己的推理、身体和经验作为证据来检验其他信息来源的权威性"。

再者,不少文献对查寻不同类型信息的过程中的可信性评价进行了系统研究。

---

① Rieh S. Y. Information quality and cognitive authority in the World Wide Web[D]. Rutgers: The State University of New Jersey, 2000.

② Rieh S. Y. Judgment of Information Quality and Cognitive Authority in the Web[J]. Journal of the American Society for Information Science and Technology, 2002, 53(2): 145-161.

③ Rieh S. Y. Hilligoss B. College Students' Credibiltiy Judgments in the Information-Seeking Process[M]// Metzger M. J. Flanagin A. J. Digital Media, Youth, and Credibility. Cambridge, Massachusetts: The MIT Press, 2008: 49-71.

④ Escoffery C. Miner K. R. Adame D. D. Butler S. Mccormick L. Mendell E. Internet Use for Health Information Among College Students[J]. Journal of American College Health, 2005, 53(4): 183-188.

⑤ Mckenzie P. J. Justifying cognitive authority decisions: Discursive strategies of information seekers[J]. Library Quarterly, 2003, 73: 261-288.

例如,E. Angela① 利用邮寄问卷对 410 名打算去度假的旅游者进行调查,探讨了信息来源可信性、先前知识、信息需要与旅游者的信息搜索行为之间的关系。研究发现,来源可信性对信息来源的选择和使用有着最为关键的影响。

洪②对 84 名本科生进行搜索任务观察,探讨了信息查寻环境下健康有关 Web 站点的感知可信性问题。研究表明,信任(覆盖)范围和公正(fairness)是可信性的两个维度。并且,以前在 Web 上搜索过健康信息以及在 Web 上透露(disclose)过个人信息的用户比没有参与这些活动的用户认为健康有关的 Web 站点更加可信。

塞耶(J. Thayer)③对 92 名本科生进行实验研究发现,在 Web 上查寻金融信息时,个人投资者(shareholders)一般搜索他们认为明显可信的信息。

同时,也有学者探讨了用户的认知差异与来源可信性之间的关系。例如,惠特迈尔(E. Whitmire)④通过对 15 名大学新生的访谈研究了学生的认识信念(epistemological beliefs)与思考判断(reflective judgments)之间的关系,以及他们如何在数字环境下搜索信息。作者认为,当用户在数字环境中接触到信息时,他们脑海中的关于如何看待和构建知识的观念就开始发挥作用:他们在这些认识信念的基础上对信息作出判断。作者还利用了思考判断模型来检验认识信念如何影响思考和推理过程。依据"认识思考测量(Measures of Epistemological Reflection)"的分数,作者将学生分成了绝对相信者(absolute believers)和过渡相信者(transitional believers)两类。绝对相信者选择与自己观点一致的信息来源而排斥那些与他们观点不一致的来源,当他们碰到有冲突的信息来源时,他们会询问教师等权威人物来帮助决定该来源的权威而不是依靠自己解决问题。而过渡相信者则会使用各种判据来评价 Web 来源,例如,检查 Web 站点的 URL、评价作者的机构背景和查看印刷来源的出版商资历等。

最后,也有学者对互联网环境下可信性评价的工具和方法表示了关注。例如,

① Angela E. The Role of Prior Knowledge, Need for Information and Credibility of Information Sources in Tourists' Information Search Behavior[D]. Central County:College of Health and Human Development in Pennsylvania State University,2001.

② Hong T. The Perceived Credibility of Health-related Web Sites within an Information-Seeking Context[D]. Los Angeles:Graduate School in University of Southern California,2002.

③ Thayer J. Determinants of Shareholders' Information Search:Credibility and Confirmation[D]. Atlanta:Emory Universit,2008.

④ Whitmire E. The relationship between undergraduates' epistemological beliefs, reflective judgment, and their information-seeking behavior[J]. Information Processing & Management,2004,40(1):97-111.

梅茨格等①利用焦点小组法对109名普通 Housernte 用户进行访谈，探讨了互联网信息查寻中可信性评价的工具/应用(例如，维基百科、博客和可信性等级排列系统)和策略。作者认为，可信性评价的互联网环境不同于传统环境，Internet 信息查寻者常用的可信性评价策略是使用启发(heuristics)评价来最小化认知努力和节省时间。

综上所述，国外互联网学术信息可信性及相关研究不断增加，成果迭出。对互联网学术信息可信性研究而言，主要有以下几点特征：

(1)评价判据和影响因素是两个主要的研究取向。而且，与其他信息类型相比，互联网学术信息可信性有其特定的评价判据和影响因素；

(2)注重已有研究成果的运用。例如，刘、马特斯将福格和特森提出的四种可信性类型应用到评价判据研究中；

(3)研究多由情报学和人类信息行为学的学者所开展。这也与情报学学科视角关注信息资源相吻合，即聚焦学术信息资源的属性与价值，主要从用户角度(也包括服务者角度)探讨他们如何看待这些信息资源，并以此为基础探索如何更加充分有效地开发利用信息资源，以提供更好的信息服务。互联网学术信息可信性研究的人类信息行为学视角分析见下文，在此不再展开；

(4)通常以高校学生和学者为调研对象。这是因为互联网学术信息的用户群体相对比较固定，主要为高校学生和学者；

(5)研究方法多样化和综合化。评价判据研究将定性与定量方法相结合，定性方法主要有访谈、观察和日志等，定量方法主要是问卷(发放方式)和内容分析，影响因素研究则主要利用在线实验进行定量分析。

另外，国外互联网信息可信性研究的总体性质与特点主要体现在以下几个方面：

一是互联网信息可信性是多学科研究领域。与本文理论背景中提到可信性具有多学科领域背景相一致，国外互联网信息可信性研究呈现多学科领域研究的特点，传播学、情报学、人类信息行为学、商学、医疗健康、社会心理学、信息系统与计算机科学、语言学等都在不同程度上对其进行了探讨。由此，互联网信息可信性研究就不可避免地或多或少带有其他学科领域的烙印。本文以传播学和人类信息行为学为例进行说明。

具有传播学教育和科研背景，梅茨格和弗拉纳金、T. 约翰森和凯的许多研究就

① Metzger M. J. Flanagin A. J. Medders R. B. Social and Heuristic Approaches to Credibility Evaluation Online [J]. Journal of Communication, 2010, 60(3): 413 – 439.

对Web媒介(包括博客、维基百科等)与传统媒介或传统媒介对应的在线来源之间的可信性进行比较,以及探讨媒介依赖和媒介使用等与可信性之间的关系。类似地,互联网信息可信性与信息查寻的关系研究多集中在人类信息行为学领域,带有明显的学科视角,具体而言,体现在这几个方面:①从用户的角度切入,探讨用户的信息需求、信息来源选择、信息查寻目标与动机和信息使用等人类信息行为学的基本范畴与信息可信性评价之间的关系,且利用认知心理学和社会心理学的相关理论进行分析,强调用户认知特征、具体情景和社会环境在其中所起的作用;②遵循对用户群体进行细分的思路分别研究不同群体的可信性问题;③与注重考察信息的特征与属性的研究取向一致,倾向于将可信性作为信息的一种属性进行研究,使可信性带有较强的客观成分,尤其是早期的研究将可信性作为相关性判断的判据之一,只是由于后来可信性的地位日益凸显而从相关性研究中脱离出来单独作为一种信息评价判据。

二是研究对象进一步多元化、专门化和精细化。一方面,从信息类型来看,除泛指一般的互联网信息外,健康、新闻、政治、学术、商业、金融、旅游和环境等信息类型的可信性均有专门研究。其中,健康、新闻和政治这三类信息研究最多,特别是可信性影响因素研究中,新闻和政治信息还进一步精细化,例如,T. 约翰森和凯(2004)、乔伊等的研究专门对政治信息中的战争政治信息的可信性进行了探讨。另一方面,从媒介工具类别来看,研究对象也进一步细分,除Web站点信息研究最多外,不少学者还专门探讨了博客和维基百科等工具的信息可信性。并且,信息类型和媒介工具类别之间有时也存在交叉,例如T. 约翰森等(2004,2008)对博客上的政治信息的可信性研究。

三是调研对象以分类趋向为主的同时兼顾普适性。国外互联网信息可信性研究的调研对象以分类考察为主,包括高校学生(本科生和研究生)、教师、博士生、青少年和孕妇等。其中,高校学生占绝大多数,这一方面是因为研究的目的本身就是要考察高校学生的可信性评价等问题,另一方面是因为许多特定信息类型(例如,金融信息)的主要用户群体的数据难以搜集,权衡考虑之计而选择相对容易操作的高校学生作为调研对象。另外,调研对象兼顾普适性是指不少学者也对普通互联网用户进行考察,尤其是在可信性评价判据研究中,例如,福格等(2000,2001,2002,2003)、弗拉纳金和梅茨格(2000)对Internet用户的大规模调查。

四是研究方法总体上以定量研究为主，定量与定性[①]研究相结合，并呈现多元和融合的特点。这在不同的研究主题中又存在差异，具体而言，从用户角度来看：在互联网信息可信性评价判据研究中，小规模调研通常以访谈、观察、焦点小组、日记等定性方法为主，也辅以实验和内容分析等定量方法，而大规模调研几乎全部使用问卷方法（包括在线和发放方式）；在互联网信息可信性影响因素研究中，在线实验结合问卷方法占绝大多数，也有少数研究在问卷（包括在线和发放方式）数据基础上进行因子分析和回归分析，或在访谈和焦点小组数据基础上进行内容分析和回归分析；在互联网信息可信性与信息查寻的关系研究中，访谈、观察和日志等定性方法居多，也有问卷（包括发放和邮寄方式）、内容分析和实验等定量方法。可见，国外互联网信息可信性相关主题的研究都有相对固定的方法，且经常同时采用多种方法，将定量和定性方式相融合。

2.3　国内互联网学术信息可信性及相关研究综述

2.3.1　国内互联网学术信息可信性研究综述

国内互联网学术信息可信性研究的文献很少，且几乎全是探讨评价判据。

例如，黄晓斌等[②]于2003年11月至2004年初以135名中山大学学生（本科生和硕士生）为对象，利用问卷探讨了我国高校学生如何评价Web学术信息可信性，并将其与上文提到的刘（2004）的研究的调查结果进行比较，分析了中美高校学生评价互联网学术信息可信性的异同点。主要研究发现包括：①中美学生使用的内容方面的判据大致相同，主要包括趋同性、新颖性、内容可信赖和质量等判据，只是美国学生认为内容可信赖最为重要，而中国学生则看重自我经验，并且，前者比后者认为新颖性更重要；②美国学生对学术机构的认同度很高，他们把一些有名的、权威的机构看作学术信息可信的判据，而中国学生则对作者所在单位并没有显示

① 需要指出的是，“定量”与“定性”并不是研究方法的绝对二分法。一般认为，统计调查和实验法属于定量方法，访谈、观察、日记和文献调研等属于定性方法，但许多访谈和观察等方法的数据也进行定量的统计分析。定量方法和定性方法各有长处和缺陷，其在社会研究中相互补充、相互依赖且又独立地发挥各自的作用。具体可参见：Holsti O. R. Content analysis for the Social Sciences and Humanities[M]. Ontario, London: Addison-Wesley Publishing Company, Inc.，1969：5－12.；袁方，王汉生. 社会研究方法教程[M]. 北京：北京大学出版社，2003：145－148.

② 黄晓斌，朱滔，刘子明. 中美大学生对网上学术信息的可信性认识的调查与比较[J]. 图书情报知识，2006(109)：89－93.

出特别的信赖,后者认为作者本身的知名度显得更加重要,当作者是著名专家时,中国学生会更信赖该信息;③中美学生都认为文章中是否包含参考文献非常重要、文档中的链接错误对可信性有消极影响。并且,文档中是否包含表格或图片对美国学生可信性评价的影响不大,而对中国学生的影响相对较大,后者认为这些表格或图片可以表明该资料来源的客观真实性。再者,中国学生比美国学生更加重视文档篇幅,前者认为篇幅较长的文章更值得信赖,而后者对篇幅则不是特别关注。最后,中美学生对网络信息的外观和布局都有所关注,认为拥有好的外观和布局的文档中的信息更加可信;④中国学生认为网络文档中的访问数是增加可信性的一个积极因素,而美国学生却认为它会降低该网络信息的可信性。另外,中美学生对网站口碑、是否发表在印刷期刊中以及是否链接到一个可信资源对可信性影响的认识一致,当一个网络信息同时也发表在印刷期刊中时,双方均认为其可信。

另外,美国学生认为判断网络学术信息可信性的判据还包括:该信息是否包括可以证实的材料(例如,作者的联系信息和认证标准等)、信息是否已被其他人所评估、文档是否被一个可信资源所链接、该信息是否被其他作者在其他文献中证实,以及该信息是否被图书馆员所评估、是否有拼写或语法错误、是否有商业意图、是否收费、是否有广告等。类似地,中国学生认为增加网络学术信息可信性的判据还包括:信息的内容逻辑性强、具有独创性、观点专业性强、资料来源可信、网站规模较大、链接效果良好等。此外,中国学生认为降低可信性的判据还包括:信息内容与自己所相信的相违背、与其他已知信息相冲突、内容与网站相冲突、网站规模较小、无作者介绍、不是知名作者、资料来源不清、信息内容专业性不强等。

紧接着,在相同的研究主题下,刘和黄(X. B. Huang)①于2004年春季和夏季又对145名中山大学学生(本科生和硕士生)进行了调查。研究发现,假定可信性、声誉可信性和表面可信性对本科生的影响要比硕士生大,硕士生比本科生倾向于认为经验可信性更有价值。本科生评价Web学术信息可信性的判据主要是作者的知名度、所属单位以及Web站点的声誉,而硕士生更加注重信息的精确度和质量。

2.3.2 国内互联网学术信息可信性相关研究综述

在此对国内互联网信息可信性研究进行综述,总的看来,文献数量较少,研究主题主要包括以下几个方面:

---

① Liu Z. M. Huang X. B. Evaluating the credibility of scholarly information on the web: A cross cultural study [J]. The International Information & Library Review, 2005, 37(2): 99 – 106.

一是网络口碑可信性的影响因素。例如,徐琳[①]以当当网为对象,对 162 名高校学生进行了问卷调查。研究发现,消费者与消息发布者的关系强度、消费者对于网络口碑传播平台的依赖程度、消费者感知的网站有用性、消费者风险感知程度和消费者的信任倾向都显著正向影响消费者的网络口碑可信性。

另外,徐琳[②]在其博士论文中对网络口碑可信性的影响因素和作用结果进行了较为深入的探讨。首先,作者通过实证分析证明了网络口碑可信性是信源可信性对消费者影响的中介变量,网络口碑信源可信性是通过网络口碑可信性对消费者产生作用。而且,作者还发现,不同购物动机下,网络口碑可信性的影响因素有所不同:在任务型购物动机下,信源专业性、网站信任是影响网络口碑可信性的因素,而在享乐购物动机下,信源相似性、信源专业性、网站信任、信任倾向和网络使用依赖都和网络口碑可信性显著正相关。再者,购物动机是个体信源和网络口碑可信性之间的调节变量(moderating variable):当网络口碑接收者为任务型购物动机时,信源专业性比信源相似性对于网络口碑可信性的影响更大;而当网络口碑接收者为享乐型购物动机时,信源相似性比信源专业性对于网络口碑可信性的影响更大。另外,专业性在任务型购物动机下对网络口碑可信性的影响比在享乐型购物动机下的影响更加明显,相似性在享乐型购物动机下对网络口碑可信性的影响比在任务型购物动机下的影响更加明显。最后,作者提出了网络口碑可信性的预设机制、权衡机制和惯性机制等三种可信性相成机制和网络口碑可信性的作用机制,并发现任务型购物动机下,网络口碑可信性是通过评估机制来实现的,而享乐型购物动机下,网络口碑可信性可以通过预设、评估和惯性等三种机制来实现。此外,研究还表明不管在哪种购物动机下,网络口碑信源都是通过可信性作用于网络口碑的接收者。

其他研究还有孙春华和刘业政[③]对 397 名高校学生的在线实验、艾青[④]对 205 名网络社区用户的调查。

二是消费者网络信息可信性的影响因素。例如,刘玉明[⑤]以网上销售的手机品牌为对象,利用在线问卷调查了 633 名网络用户,探讨了感知风险对品牌可信性与价格敏感性之间关系的作用。研究发现,感知风险对品牌可信性与价格敏感性

---

① 徐琳. 网络口碑可信度影响因素的实证研究[J]. 财贸研究,2007(5):113 – 117.

② 徐琳. 网络口碑可信度的影响因素和结果研究[D]. 上海:上海财经大学国际工商管理学院,2007.

③ 孙春华,刘业政. 网络口碑信息可信度的实验研究[J]. 财经论丛,2009(145):96 – 102.

④ 艾青. 中国网络口碑可信度的影响因素探索研究[M]. 西南财经大学工商管理学院,2009.

⑤ 刘玉明. 网上感知风险对品牌可信性与价格敏感性的调节作用研究[M]. 大连:大连理工大学管理与经济学部,2005.

关系起到正向调节作用,感知风险不同维度的调节作用强度不同。

其他研究还有孙曙迎①对共451名高校学生和企业员工的问卷调查、包敦安和董大海②的研究等。

三是在线评论可信性的影响因素。例如,何飞③对201名在线论坛用户进行问卷调查,探讨了在线评论可信性的影响因素。研究发现,评论者资信度(指评论者的信用等级)、评论质量、接收者个人信任倾向和评论共识性对在线评论的可信性存在正向影响。而且,对不同类型的信息接收者而言,可信性影响因素的作用程度不同,具体地,对网站非常熟悉、经常参与各种活动、经常和网站其他成员交流的内部人员型接收者更注重评论者的资信度。

其他研究还有王楠④对购物网站在线评论的可信性研究。

四是网络用户对网络信息的可信性评价及其影响因素。例如,张明新⑤利用问卷调查了435名网络用户。研究发现,在不同媒介(网络、电视、报纸和杂志)和不同类型的网络信息之间,可信性评价都存在显著差异。用户对网络和广播可信性的评价显著低于电视和报纸,同时,他们认为网上的新闻和参考信息最为可信,其次是娱乐信息,而商业信息最不可信。并且,网络使用、网络依赖、信息投入程度与网络可信性显著相关,网络便利、传统媒介使用和依赖等因素与网络新闻信息可信性显著相关。最后,性别、年龄与网络可信性显著相关,而教育程度、收入水平并不与所有类型的网络信息的可信性都显著相关。

五是研究网络健康信息可信性评价的影响因素。例如,曾洁⑥对共388名中专生和高校学生(除1名硕士生外,其余为专科生和本科生)进行问卷调查,利用精细加工可能性模型探讨了影响用户对网络健康信息可信性评价的因素。研究发现,健康Web站点和信息的专业性、表面权威对用户的可信性评价意义重大。另外,专业知识程度不同的用户选择的路径和评价判据也不相同,专业知识程度高的用户更倾向采用中心路径,依赖信息的质量来评价可信性。

---

① 孙曙迎.消费者网络信息可信度感知影响因素的实证研究[J].北京理工大学学报(社会科学版),2008,10(6):50-54.

② 包敦安,董大海.基于ELM的网络评论信息可信性影响因素研究[J].现代管理科学,2009(11):107-109.

③ 何飞.在线评论的感知可信度影响因素研究——以第三方评论网站为例[M].中国人民大学,2009.

④ 王楠.网站零售在线评论的可信性及其评论方式比较研究[M].北京:中央财经大学信息学院,2009.

⑤ 张明新.网络信息的可信度研究:网民的视角[M].武汉:华中科技大学新闻与信息传播学院,2004.

⑥ 曾洁.网络健康信息可信性研究——以江西赣州学生群体为例[M].汕头大学长江新闻与传播学院,2008.

六是博客可信性评价及其影响因素。例如,梁春秋[①]运用精细加工可能性模型等理论,通过问卷调查了用户对博客信息的可信性评价以及信源、信息本身、用户三方面因素的影响。研究发现:①用户认为博客信息整体上介于“半信半疑”与“比较可信”之间;②博客上不同类型信息的可信性之间存在显著差异,可信性由高到低依次为参考信息、学术信息、新闻信息、商业信息和娱乐信息;③尽管网络信息可信性的研究方法和理论对博客有一定适用性,但也呈现出了新的特征:整体上看,信源、信息本身和用户三方面的特性确实对博客信息的可信性有显著影响,但性别、年龄、博客使用频率、对网络的熟悉程度、网络及传统媒介依赖这几个人口统计学变量对博客信息的可信性没有显著影响;④与预期相反,网络使用频率显著负向影响新闻信息的可信性;⑤特别地,研究还发现受自身特性的影响,博客上参考信息的可信性不受任何用户因素的影响。

七是上市公司财务和会计信息可信性识别与评估。例如,吴艳文[②]在对中美两国上市公司会计信息可信性进行比较的基础上,概括出制度租金、产权结构和会计信息的监管是影响中国上市公司会计信息可信性的几个重要因素。同时,作者归纳出评价上市公司会计信息可信性的变量体系,提出初步的模糊评价模型。

其他研究还有苑秀娥等[③]、臧秀清[④]、王雄元等[⑤]的研究。

八是电子商务网站或平台可信性的评估。例如,黄洪[⑥]首先建立了 B2B 电子商务平台可信性影响因素指标体系,包括交易保障、企业特征、平台技术、平台特征四个方面,并从信度方面验证了指标体系的合理性。接着,作者选用熵权灰色组合评价法,建立了 B2B 电子商务平台可信性的评估模型。最后,选择了国内两个较知名的 B2B 电子商务平台进行了实证分析。

其他研究还有潘勇和孔栋[⑦]、张志和和徐峰[⑧]的研究。

九是企业网站可信性的维度构成及影响因素。例如,徐华林[⑨]指出,影响用户

---

① 梁春秋. 博客信息可信度评价及其影响因素研究[M]. 中山大学资讯管理系,2007.

② 吴艳文. 上市公司会计信息可信度研究[M]. 西安:西安石油学院经济管理学院,2003.

③ 苑秀娥,李伟,牛东晓,李芳. 电力上市公司财务报告可信度的综合评价[J]. 华北电力大学学报,2004,31(4):79 - 81.

④ 臧秀清. 上市公司会计信息可信度识别研究[J]. 中国流通经济,2009(11):75 - 78.

⑤ 王雄元,陈文娜,顾俊. 会计信息可信度、信息披露管理与资源有效配置[J]. 中国注册会计师,2008(6):76 - 78.

⑥ 黄洪. B2B 电子商务平台的可信性评估[M]. 浙江工业大学经贸管理学院,2009.

⑦ 潘勇,孔栋. 电子商务网站可信度评价模型[J]. 情报杂志,2007(7):81 - 83.

⑧ 张志和,徐峰. B2B 电子商务平台可信性评估研究[J]. 商场现代化,2008(560):151.

⑨ 徐华林. 中国企业网站可信度现状及建设探究[J]. 西昌学院学报(自然科学版),2008,22(3):93 - 95.

对企业网站可信性评价的主要因素包括网站运营实体的可靠性、网站设计的专业性、网站内容的可信性以及表达方式的合理性与网站口碑四个方面。郝玉清[①]认为企业网站可信性可以分为网站结构可信性、网站服务可信性和网络营销可信性三个组成部分。

除上述主题外,也有研究者探讨了计算机网络对抗(CNO)情报信息可信性的评估技术和系统实现[②]和 Web 竞争情报的可信性评价问题[③]。

综上所述,国内互联网学术信息可信性及相关研究近几年来快速增加,主题日益丰富。对互联网学术信息可信性研究而言,文献较少,几乎全部是情报学领域的学者在开展讨论,主要利用问卷方法探讨可信性的评价判据,影响因素研究非常少见。

另外,国内互联网信息可信性研究则有以下几个方面的总体性质和特点:

一是具有多学科研究背景,研究主题集中且学科性质明显。主要有商学、传播学和情报学三个学科领域的学者探讨互联网信息可信性,其中商学最多,多从专业领域的视角选择主题和研究问题,网络消费信息(口碑和评论)可信性的影响因素、网络金融信息(上市公司财务和会计信息)和商务信息(电子商务与企业网站信息)是三个主要的研究主题。其次是传播学,研究者对网络媒介使用、依赖等媒介因素与信息可信性的关系、网络健康信息可信性影响因素等问题进行了研究。最后是情报学,主要探讨互联网学术信息和博客信息的可信性。需要指出的是,国内互联网信息可信性评价判据的研究不多,且主要为情报学领域的学者所关注。

二是研究对象呈现多元化的同时有一定程度的专门化和精细化。除一般互联网信息外,其他的信息类型也有专门研究,包括金融、商务、消费、健康和学术等信息,这在很大程度上由研究者的学科背景所决定。另外,除 Web 站点外,也有学者对博客这一新兴的网络媒介工具进行了考察。

三是用户调研对象以高校学生为主,同时也包括企业员工和中专生等群体以及普通用户。除高校学生容易取样外,这与研究目的也有很大关系。例如,张明新要研究网络信息的可信性就选择普通网络用户作为调研对象。并且,由于高校学生除使用网络学术信息外,也是网络消费、健康等信息的使用群体,因此,此类研究也多将高校学生作为调研对象。

四是总体上定量研究方法占绝大多数,定性方法非常少。定量方法在不同主

① 郝玉清. 企业网站可信度的三维构成及其识别[J]. 商场现代化,2007(522):146-148.

② 孙芸芸. CNO 情报信息可信度评估系统研究与实现[M]. 北京航空航天大学计算机学院,2010.

③ 赵洁. Web 竞争情报可信性评价:问题分析与研究框架[J]. 情报学报,2010,29(4):586-596.

题中又略有差异,具体地:网络消费、健康和学术等信息可信性研究的数据搜集主要采用问卷方法(发放和在线方式),也有少数采用在线实验,而上市公司财务和会计信息、电子商务网站或平台信息的可信性研究多利用数学模型进行统计检验。另外,访谈、观察和日志等定性方法在国内互联网信息可信性研究中几乎没有出现。

还有,需要指出的是,与国外研究的结论类似,国内互联网学术信息可信性及相关研究得出的评价判据和影响因素并不完全一致。这一方面可能是由研究方法所导致。目前采用的方法几乎都是在可信性评价判据和影响因素的候选集合中通过因子分析或内容分析来核实和确定最终的判据或影响因素,候选集合一般是通过文献回顾、用户调研或研究者自己判断得出。由于候选集合是下一步研究的基础,而候选集合一般又不同,就造成了最后得出的结论可能也不相同。另一方面可能是判据和影响因素本身也在变化。受用户 Internet 经验增加等因素的影响,可能过去的判据现在不再倚重或过去的影响因素现在不再重要,也可能出现新的判据和影响因素。例如,上文提到,T·约翰森和凯 2000 和 2002 年的研究均发现,对传统媒介的依赖是预测在线媒介可信性的最佳指标,而 2010 年的研究却发现,判断在线来源可信性的最强指标是对在线来源的依赖。

最后,分析国内外已有结论发现,互联网学术信息可信性的评价判据与互联网上的一般信息或其他类型信息的可信性评价判据存在区别,前者用得最多的判据是信息内容方面的判据,其次是来源等外部特征方面的判据,而后者主要是网站外观和视觉设计等方面的判据。

2.4 国内外研究评价及研究问题

国内外互联网学术信息可信性及相关研究为本文提供了丰富的借鉴资料和颇具启迪价值的研究视角和方法,具体地:

首先,研究成果是进一步深入考察互联网学术信息的评价判据、影响因素以及可信性与信息行为之间关系的基础和参考。

接着,研究的多学科视角从不同方位和研究路径多角度地考察互联网信息的可信性问题,使本文对该问题的认识更加全面和丰满,为更加深刻和系统地探讨互联网学术信息可信性提供有益的借鉴。

再者,不仅研究对象多元化、专门化和精细化的趋向是本文选择互联网学术信息为对象进行深入探讨的文献基础和理论依据,而且前者的研究成果又是后者的参照。

最后,研究方法的日趋成熟为互联网学术信息可信性研究的方法的选取提供参考。

然而,国内外互联网学术信息可信性及相关研究也存在一些不足,主要表现在以下几个方面:

第一,尽管国内外尤其是国外研究从服务者和用户这两个角度探讨问题,加深了以服务者的角色对互联网学术信息可信性问题的理解,也为从用户角度把握这一问题提供了一定程度的帮助,但从实践层面上看,用户在实际的互联网信息行为中究竟如何看待和评价学术信息的可信性这一问题仍没有得到很好的解决,给人们呈现的只是一种零星、模糊的印象。

第二,上述实践层面上的问题反映在理论上就是互联网学术信息可信性研究的系统研究偏少,理论不够深入。

互联网学术信息可信性研究的系统研究偏少主要表现在互有交叉的两个层面:第一个层面,如表2-16,不仅研究的总量很少,而且没有同时对评价判据和影响因素的系统研究,只是探讨评价判据或影响因素的单一主题;第二个层面,缺乏对科研和学习活动中互联网学术信息主要使用群体的系统研究。为论述方便,在此先提出互联网信息可信性的“研究趋向三维分析框架”。

由弗拉纳金和梅茨格(2000)和张明新的研究可知,媒介类型与信息类型对互联网信息可信性都存在显著影响,且不同媒介工具之间信息可信性也可能存在差异(例如,博客可信性的评价判据和影响因素与Web站点可能存在差异①)。再者,资料表明,不同用户群体之间的可信性评价判据及影响因素通常也不相同。因此,本文认为,媒介/工具、信息类型和调研对象是三个应加以区别的维度,它们的组合构成了互联网信息可信性研究趋向的三维分析框架(下称三维分析框架)。具体地,媒介/工具是指传播和承载信息的媒介类型或工具类型,媒介类型有报纸、杂志、电视、广播、互联网和手机等,工具类型有Web页面、博客、维基百科和可信性等级排列系统等。信息类型是指依据某种属性划分的信息类别,如依据内容范围将信息分为金融、商务、消费、健康和学术等类别,此外,还可依据呈现格式将信息分为文本、音频和视频等类别。调研对象是指研究所考察的用户群体类别。需要指出的是,大部分特定信息类型通常都具有稳定的用户群体,因此,严格来讲,国内外许多研究采取“权衡之计”选择调研对象并不能准确地反映事物的真实面貌。媒介/工具、信息类型和调研对象这三个维度取值的不同组合决定了互联网信息可

① Chesney Y. Sud K. S. The impact of anonymity on weblog credibility[J]. International Journal of Human-Computer Studies,2010,68(10):710-718.

信性的研究趋向。

由此，运用三维分析框架对国内外互联网学术信息可信性研究进行整理。如表2－16，分析发现，目前大多只是探讨本科生和硕士生，博士生、高校教师和科研人员（下用“博士用户”指代）少有研究，而以本科生和硕士生为调研对象的研究结论可能又不适用博士用户。这是因为博士用户通常比本科生和硕士生对学科领域知识更为了解，而用户对话题非常了解时对可信性的判断要显著高于对话题不了解的情况①。因此，博士用户对互联网学术信息可信性的评价判据很可能与黄晓斌等（2006）、刘和黄（2005）、刘（2004）、马特斯（2007）对本科生和硕士生研究得出的判据存在差异。再者，虽然目前有针对博士用户的探讨，如里尔和贝尔金（2000，2002）的研究，但该研究的主题是“信息质量”和“认知权威”，尽管其与“信息可信性”紧密相关，但并不完全等同。而且，即使等同，受黄晓斌等（2006）的研究结论的启示，可能由于文化方面的差异，国内外博士用户对互联网学术信息可信性的评价判据很可能存在差异。

表2－16 国内外互联网学术信息可信性研究趋向维度分析

文献	媒介/工具	信息类型	调研对象	研究主题
S. Y. Rieh 和 N. J. Belkin（1998，2000，2002）	互联网/Web 站点	学术信息	教师和博士生	评价判据
D. Treise 等（2003）	互联网/Web 站点	科学信息	本科生	影响因素
Z. M. Liu（2004）	互联网/Web 站点	学术信息	本科生和研究生	评价判据
M. Mattus（2007）	互联网/Web 站点、搜索引擎、数据库	学术信息	本科生和研究生	评价判据
黄晓斌等（2006）	互联网/Web 站点	学术信息	本科生和硕士生	评价判据
Z. M. Liu 和 X. B. Huang（2005）	互联网/Web 站点	学术信息	本科生和硕士生	评价判据

注：虽然 S. Y. Rieh 和 N. J. Belkin（2000，2002）的研究的主题是“信息质量”和“认知权威”，但由于它们与“信息可信性”密切相关，在此也将这些研究统计在内。

此外，从研究方法来看，弗拉纳金和梅茨格②分析发现，自我报告（self-repor-

---

① Eastin M. S. Credibility Assessments of Online Health Information: The Effects of Source Expertise and Knowledge of Content[J/OL]. Journal of Computer-Mediated Communication, 2001, 6(4). [2010-8-7]. http://jcmc.indiana.edu/vol6/issue4/eastin.html.

② Flanagin A. J. Metzger M. J. The role of site features, user attributes, and information verification behaviors on the perceived credibility of web-based information[J]. New Media & Society, 2007, 9(2): 319-342.

ted)的核实行为与信息查寻中观察到的核实行为之间显著负相关,这说明那些自称经常核实 Web 信息的用户实际上很少真正去核实信息,也就是说,自我报告的数据可能并不可靠。其他一些学者也得出了类似的结论,例如,肖尔茨—克兰①发现,虽然用户知道许多可信性评价判据,但是他们在实际的互联网信息查寻中并不一定使用了这些判据。贝茨(B. R. Bates)等②发现,自我报告的结果与实际观察的结果之间存在不一致。而目前国内互联网学术信息可信性评价判据研究几乎全是采用问卷搜集"自我报告"数据,这可能使得数据的真实性降低而影响研究结论。正如梅茨格所提倡,大多数可信性评价研究都没有调查实际的(actual)Internet 用户③,研究者要致力于直接观察用户的在线行为④。

接着,互联网学术信息可信性研究的理论不够深入主要体现在影响因素研究上。由于影响因素一般比较固定(见 2.2 节中对"判据"和"影响因素"的辨析),本文归纳发现(包括从评价判据中提炼和抽象),互联网学术信息可信性的影响因素主要有网站特征和用户特征因素两个方面:网站特征方面的因素具体有 Web 站点(页面)外观、来源等外部特征和内容三大类(类别具体包含的因素见 2.2.3 节中的归纳),用户特征方面的因素具体有人口统计学变量、Internet 使用经验和 Internet 依赖程度等。本文重点研究网站特征方面的影响因素。如表 2-16,这些文献或多或少地提及、识别和检验了网站特征方面的部分因素。然而,不仅是学术信息,目前国内外所有类型信息的可信性的影响因素研究大多都只是识别存在哪些因素、检验因素不同水平或取值(例如,因素存在或不存在、正相关或负相关、程度高或程度低等)对可信性的影响,很少探讨因素如何作用于用户对可信性的评价,而且,大多都是针对单个或两个因素的研究,很少有两个以上因素的系统研究。换言之,目前的研究主要只是简单地探讨"是什么"的问题,对该问题的系统研究很少,更少研究"为什么"的问题。

第三,国外人类信息行为领域的学者是互联网学术信息可信性的一支重要的

① Scholz-Crane A. Evaluating the Future: A Preliminary Study of the Process of How Undergraduate Students Evaluate Web Sources[J]. Reference Services Review, 1998, 26(3/4): 53-60.

② Bates B. R. Romina S. Ahmed R. Hopson D. The effect of source credibility on consumers' perceptions of the quality of health information on the Internet[J]. Medical Informatics & the Internet in Medicine, 2006, 31(1): 45-52.

③ Metzger M. J. Making Sense of Credibility on the Web: Models for Evaluating Online Information and Recommendations for Future Research[J]. Journal of the American Society for Information Science and Technology, 2007, 58(13): 2078-2091.

④ Flanagin A. J. Metzger M. J. The role of site features, user attributes, and information verification behaviors on the perceived credibility of web-based information[J]. New Media & Society, 2007, 9(2): 319-342.

研究力量,而国内该领域的学者对互联网学术信息可信性的研究很少。

综上所述,国内外互联网学术信息可信性研究至少还有以下四个理论问题尚未得到很好的解决:

第一,国内用户在实际的互联网信息行为中评价学术信息可信性的判据是什么?

第二,Web 外观、来源等外部特征和内容因素如何影响用户对互联网学术信息的可信性评价?

第三,上述判据和影响因素在博客和维基百科等 Web 工具上的学术信息可信性评价中的具体表现是什么?

第四,国内外用户评价互联网学术信息可信性的判据和影响因素的作用机制有何不同?

结合研究目的,本文拟解决上述第一和第二个问题,即本研究的两个研究问题为:

其一,用户在实际的互联网信息行为中评价学术信息可信性使用的判据是什么?

其二,Web 外观、来源等外部特征和内容因素是通过怎样的作用机制影响用户对互联网学术信息的可信性评价的?

第三章 互联网学术信息可信性及其评价模型构建

针对研究问题,现有研究尚无直接可供使用的理论模型,因此需要建立适用于本研究的理论模型,本章拟致力于解决这个问题。本章首先对互联网学术信息可信性的概念内涵和特性作进一步探讨,接着构建互联网学术信息可信性评价的理论模型。具体地,从两条线路来推演互联网学术信息可信性评价的理论模型,第一条线路的理论依据是威尔森信息行为模型(1997),另一条线路的理论依据是精细加工可能性模型。通过上述两条线路的推演,最后提出互联网学术信息可信性评价的"唤醒—启发—思考"模型。

3.1 互联网学术信息可信性探析

互联网学术信息可信性是指用户对学术 Web 站点或页面上的信息的可相信程度的认识,下面进一步分析互联网学术信息可信性的概念内涵和特性。

作为特定的研究对象,互联网学术信息的可信性概念也具有可信性概念的一般特性,具体体现为:

首先,评价是互联网学术信息可信性的关键特征。由评价是态度的关键特征(critical feature)①、且可信性是人对对象的一种态度可知,评价也是可信性的关键特征,从而评价是互联网学术信息可信性的关键特征。进一步地,"评价"是将好或坏的一定程度归于某个实体(entity)②,那么,互联网学术信息可信性的概念内涵的实质是将可信性高或低的一定程度归于互联网学术信息。由此,本文认为,在这个意义上讲,"互联网学术信息可信性评价"与"互联网学术信息可信性"是同义词,在本文中可互用。同理,"可信性评价"与"可信性"也是同义词。

其次,互联网学术信息可信性具有用户相对性。这主要有两个方面的含义:一是互联网学术信息可信性与用户不可分割。由评价是互联网学术信息可信性的关

---

① Eagly A. H. Chaiken S. The Psychology of Attitudes[M]. Fort Worth, TX: Harcourt Brace Jovanovich, 1993: 3.

② Eagly A. H. Chaiken S. The Psychology of Attitudes[M]. Fort Worth, TX: Harcourt Brace Jovanovich, 1993: 3.

键特征可知,其必存在评价主体,这里的评价主体主要是科研和学习活动中获取和使用互联网学术信息的用户,互联网学术信息可信性与用户不可分割。若没有用户的评价,就不存在对互联网学术信息可相信程度的认识,正如学者们普遍认为的那样,“可信性是一种感知质量,它并不存在于某一具体的物体、人或信息本身之中”;二是互联网学术信息可信性的大小可能因用户的不同或评价情景的改变而变化。也就是说,不同的用户对同一互联网学术信息的可信性评价可能不同,也可能由于用户的评价动机发生改变或对信息内容的知识增多以及 Internet 使用技能增加,用户对同样的互联网学术信息的可信性评价发生改变。然而,对具有相同或相似属性的用户构成的群体而言,他们对同样的互联网学术信息的可信性评价一般比较稳定。

最后,互联网学术信息可信性具有可测量性。尽管互联网学术信息可信性是人对互联网学术信息的一种态度,并不能被直接观察到,但可以通过最终的认知、情感和(或)行为反应对其进行测量。具体见 3.2.2 节和 3.3 节的分析,在此不再展开。

此外,除具有可信性概念的一般特性外,互联网学术信息可信性还具有特殊性,其特殊性至少表现在以下两个方面:

一是互联网学术信息可信性的评价判据独特性。作为互联网信息的一种类型,用户评价互联网学术信息可信性所使用判据所属的范畴与互联网上的一般信息或其他类型信息可信性的判据范畴类似,具体包括网站外观、来源和信息内容特征等范畴。但与互联网其他类型信息的可信性评价不同的是,互联网学术信息的用户通常对信息内容的知识较为熟悉,这样,他们使用的评价判据与其他类型信息的判据会存在差异,上文文献综述说明了这一点。

二是互联网学术信息可信性的影响因素及作用机制独特性。同上理,互联网学术信息可信性评价的影响因素所属的范畴与互联网上的一般信息或其他类型信息可信性评价的影响因素范畴类似,具体包括外观与视觉设计、来源等外部特征、内容和用户特征因素等范畴,但前者的影响因素与后者会存在差异,进一步地,影响因素的作用机制也会存在差异。

至此,本文更加深入地探讨了互联网学术信息可信性的概念内涵和特性,那么,用户评价互联网学术信息可信性的判据究竟是什么?存在哪些影响因素以及这些影响因素的作用机制是怎样的?这也是本文所致力于解决的研究问题。为解决这些问题,下文先构建互联网学术信息可信性评价的理论模型。

3.2 互联网学术信息可信性评价模型构建的理论基础

3.2.1 威尔森信息行为模型与互联网学术信息可信性

本文的研究问题是要弄清用户在实际的信息行为中评价互联网学术信息可信性的判据及影响因素，而互联网学术信息可信性评价包含在用户的信息行为过程中，下面以威尔森信息行为模型为依托进一步分析两者之间的关系。

威尔森信息行为模型是指 T. 威尔森（T. D. Wilson）[①]于 1997 年提出的信息行为模型，其是众多信息行为模型中理论较为全面、颇具影响力的一个模型。该模型是综合利用心理学、市场营销、组织理论和卫生医疗等领域的研究成果和理论，在其早先提出的模型的基础上修正而来。如图 3－1，信息行为是一个完整的反馈回路：在一定的信息环境下，用户遇到了需要解决的问题而产生信息需求，在一系列激发机制和影响变量的作用下，用户进行信息查寻，接着对查寻到的信息进行处理[②]和使用，然后根据信息需求满足和问题解决的情况又可开始新一轮的信息行为。

其中，信息需求的激发机制包括压力/对付理论[③]、风险/奖赏理论[④]和社会学习理论[⑤]。压力/对付理论说明了为什么有些信息需求最终没有体现在信息查寻

① Wilson T D. Information Behaviour：An Interdisciplinary Perspective［J］. Information Processing & Management，1997，33（4）：551－572.

② “processing”在信息行为文献中一般译成“处理”，在心理学文献中一般译成“加工”，本文认为两者的含义等同，为符合惯例，此处译成“处理”。

③ 压力/对付理论来源于心理学，在健康传播领域应用较多。“压力”是指某人与他/她所估计的环境之间的关系，这个环境可能会加重其负担、超过其所掌握的资源能力或威胁其福利。“对付”是指掌控、减少或忍受由压力情景所引起的内在或外在要求（demands）的认知和行为举措。具体可参见：WILSON T D. Information Behaviour：An Interdisciplinary Perspective［J］. Information Processing & Management，1997，33（4）：551－572.

④ 风险/奖赏理论来源于经济学，可以作为信息查寻行为的一个通用理论，指人们在信息查寻时会权衡该行为所带来的收益与所花费的成本（经济、时间、心理、体力等成本），从而作出理性选择。具体可参见：Wilson T. D. Information Behaviour：An Interdisciplinary Perspective［J］. Information Processing & Management，1997，33（4）：551－572.

⑤ 社会学习理论来源于心理学，其核心概念是自我效能，自我效能高是指个人确信能够成功地执行某种行为，该行为能产生一定的结果。对信息查寻行为而言，自我效能高的用户确信该行为能为他/她带来预期的结果而进行信息查寻，而自我效能低的用户则虽然知道信息查寻能获得有用的信息，但由于担心自己不能很好地执行搜索行为而放弃查寻信息。具体可参见：WILSON T D. Information Behaviour：An Interdisciplinary Perspective［J］. Information Processing & Management，1997，33（4）：551－572.

行为中,风险/奖赏理论和社会学习理论说明了用户作出某些信息查寻决策的原因。信息需求的影响变量包括心理、人口统计学、角色相关或人际、周围环境和信息来源特征等因素,有些因素阻碍信息查寻行为,有些因素则有助于信息查寻。

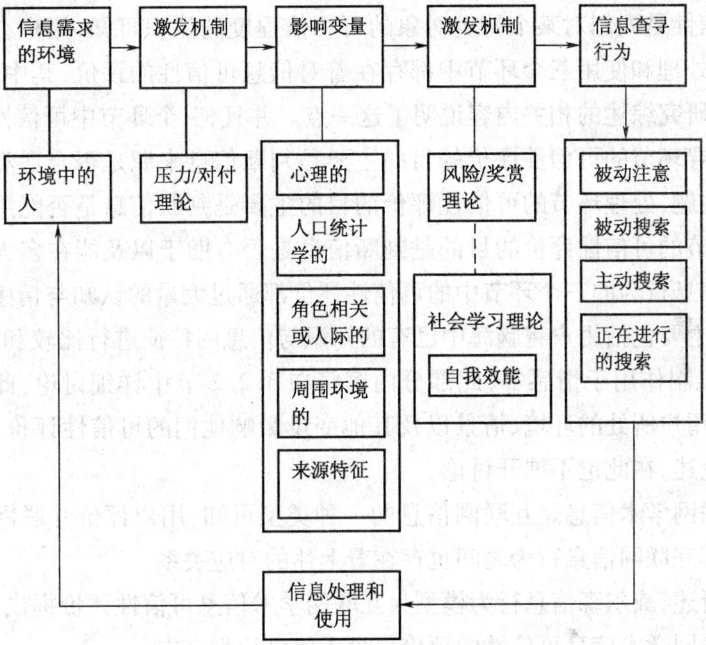

图 3-1 威尔森信息行为模型(1997)

注:图中部分字词对应的英文原文如下:信息需求的环境(Context of information need)、环境中的人(Person-in-context)、激发机制(Activating mechanism)、压力/对付理论(Stress/coping theory)、影响变量(intervening variables)、角色相关或人际的(Role related or interpersonal)、周围环境的(Environmental)、风险/奖赏理论(Risk/reward theory)、社会学习理论(Social learning theory)、自我效能(Self-efficacy)、正在进行的搜索(Ongoing search)。

(此图来源:Wilson T. D. Information Behaviour: An Interdisciplinary Perspective[J]. Information Processing & Management, 1997, 33(4): 569.)

另外,信息的查寻、处理和使用是信息行为的三个主要环节。信息查寻包括被动注意、被动与主动搜索、正在进行的搜索等不同的形式。研究表明,每个信息查寻阶段中都伴随着用户的认知和情感活动①。信息处理是指对获取到的信息进行心理加工,例如,将信息整合到用户的知识、信念或价值框架中。信息使用是指受

① Kuhlthau C. C. Inside the Search Process: Information Seeking from the User's Perspective[J]. Journal of the American Society for Information Science, 1991, 42(5): 361-371.

使用动机的驱使而表现出的信息使用活动,从使用的结果来看,信息使用行为表现为问题解决行为,问题解决活动包含大量的心理过程。① 信息使用一般会导致用户的知识、行为、价值或信念状态的改变。需要说明的是,"查寻"、"处理"和"使用"三个环节并不能截然分开,信息行为包含这三个环节的往复过程。

由可信性是人们对某个特定对象的可相信程度的认识可知,用户在互联网信息的查寻、处理和使用三个环节中都存在着对信息可信性的评价,其中,处理环节最多,上文研究综述的相关内容说明了这一点。并且,三个环节中可信性评价的目的不同:查寻环节的可信性评价的目的主要是判断信息来源是否合适和信息是否符合查寻主题,处理环节的可信性评价的目的主要是判断信息是否能用于解决问题,使用环节的可信性评价的目的是判断信息是否有助于以及能在多大程度上解决问题。信息行为的三个环节中的可信性评价都通过大量的认知与情感等心理活动来完成,主要包括用户将脑海中已有的知识与信息的特征进行比较和评判、信息通过某种机制作用于情感等,此部分内容将在 3.2.2 节中详细讨论,此处不再展开。另外,用户所处的环境、情景以及其他变量影响他们的可信性评价,下文相关部分会有论述,在此也不展开讨论。

由互联网学术信息是互联网信息的一种类型可知,用户评价互联网学术信息可信性与其互联网信息行为之间也存在着上述的对应关系。

综上所述,威尔森信息行为模型为互联网学术信息可信性评价提供理论依据,用户对互联网学术信息可信性的评价包含于信息行为之中。

3.2.2 精细加工可能性模型与互联网学术信息可信性

在互联网信息可信性评价研究中,精细加工可能性模型(Elaboration Likelihood Model, ELM)("Elaboration"和"Likelihood"分别取"精细加工"和"可能性"的译

① 陈建龙.信息市场经营与信息用户[M].北京:科学技术文献出版社,1994:157-165.

法①)是应用最多的模型②,鉴于互联网学术信息是互联网信息的一种类型,本研究选择 ELM 作为互联网学术信息可信性的另一个理论依据③。为此,本文首先分析 ELM 对互联网信息学术可信性研究的适用性,然后对 ELM 中的投入概念进行界定,最后对 ELM 的作用机制进行评析。

1. 精细加工可能性模型的适用性分析

ELM 是心理学者佩蒂(R. E. Petty)和卡乔波(J. T. Cacioppo)④⑤在文献分析和多年实证研究的基础上提出的描述态度改变机理和过程的理论模型。如图 3-2,ELM 认为,态度改变有两条性质不同的作用路径,即中心路径(central route)和外围路径(peripheral route):当消息接收者仔细审查(scrutinize)消息中的论点(arguments)⑥的动机和能力很高时,说服过程遵循中心路径,接收者将通过高程度努力

---

① "elaboration"在文献中并没有一个统一的译法,笔者查阅了若干心理学词典发现(词典具体信息见下文对"involvement"的脚注),主要有"精细加工"、"精密性"、"精心加工"和"精心制作"几种译法。结合 ELM 模型,本文采用《心理学词典》(上海译文出版社 1996)的"精细加工"的译法,其将"精细加工"解释为"认知方面任何一种使得对一刺激的特定记忆被诠释、被精细化、同其他刺激联合起来,或以任何一种别的方式'显示出来'的过程"。另外,"likelihood"主要有"可能性"、"似然"、"或然"这三种译法,本文认为"可能性"最为贴切,并采用这一译法。

② 启发—系统模型(Heuristic-Systematic Model,HSM)是另一个来自态度研究领域中的常用模型。HSM 的主要内容是:人们的态度改变或社会判断(社会判断的概念见下文对社会判断—投入理论的说明)在其启发和系统加工的基础上产生。启发加工是指利用习得的(learned)和存储在记忆中的简单的规则或"启发"进行判断,例如,"专家的论断能够相信"、"消息的长度意味着说服力(strength)"、"一致的意见是正确的"等。系统加工是指对信息的内容进行思考。系统加工需要较高的认知能力和花费较多的认知资源,而启发加工则只需要很少的能力和资源。通常地,当人们感到在启发加工基础上的判断所产生的实际信心(actual confidence)的水平达到其想望信心(desired confidence)的水平时,人们不再进行系统加工,否则,人们会进一步进行系统加工来试图消除实际信心与想望信心之间的差距。HSM 还指出,启发加工和系统加工都能单独发生,也能同时发生。具体可参见:Chen S. Chaiken S. The Heuristic-Systematic Model in Its Broader Context[M]// Chaiken S. Trope Y. Dual-Process Theories in Social Psychology. New York:Guilford Press,1999:73-96.

③ 本研究之所以选择 ELM 而不是 HSM 作为理论依据是因为:ELM 的理论框架中包含和明确提及情感对态度改变的作用机制,HSM 则不然,而变量如何通过情感机制来影响可信性是本文所要重点探讨的问题。并且,下文要提出的互联网学术信息可信性评价的"唤醒-启发-思考"模型需要借鉴 ELM 的相关理论内核。事实上,ELM 的中心路径和外围路径分别包含 HSM 的系统和启发加工,ELM 是更为通用的模型。

④ Petty R. E. Cacioppo J. T. The Elaboration Likelihood Model of Persuasion[M]// BERKOWITZ L. Advances in Experimental Social Psychology. New York :Academic Press,Inc. ,1986,19:124-205.

⑤ PETTY R E,RUCKER D D,BIZER G Y,CACIOPPO J T. The Elaboration Likelihood Model of Persuasion[M/OL]. 1986:65-89. [2010-8-7]. http://osil. psy. ua. edu:16080/~Rosanna/Soc_Inf/week8/ELM%20Chapter001. pdf.

⑥ 佩蒂和卡乔波将"论点"定义为"传播中包含的少量(bits of)信息,这些信息与个人对消息提出的立场的真实价值(true merits)的主观决定(subject determination)有关"。需要强调的是,在 ELM 中,并不只有消息的内容才能作为论点,某些外围线索(例如,来源吸引力)也能作为论点(见下文相关内容)。具体可参见:Petty R. E. Cacioppo J. T. The Elaboration Likelihood Model of Persuasion[M]// BERKOWITZ L. Advances in Experimental Social Psychology. New York :Academic Press,Inc. ,1986,19:133.

的(high-effort)认知加工(cognitive process)[①]来思考消息的内容、来源、背景以及他们自身等与议题(issue)有关的信息;当接收者的动机或(和)能力很低时,说服过程遵循外围路径,接收者通过一个或多个相对低程度努力的(low-effort)加工影响态度,例如,只思考少数几个论点或通过数论点个数进行判断、将态度与说服环境中的积极的或消极的外围线索(cues)相联系等。常见的外围线索有消息来源的专业性或被喜爱程度、背景音乐、视觉效果和消息中包含论点的数目等。需要强调的是,中心路径也包括对说服环境中的线索进行简单地推理,外围路径也包括对消息内容进行低程度地思考(见下文相关内容)。另外,ELM是包含两种路径的多作用(multiple-roles)说服理论,在大部分条件下,中心路径和外围路径同时发挥作用。而且,中心路径引起的态度改变比外围路径更加持久、更不易改变和更能预测行为的发生。

可见,ELM主要探讨变量如何影响态度。"态度"是社会心理学重点探讨的概念之一,其是"通过用赞同(favor)或不赞同(disfavor)的某种程度来评价某个特定的实体而表示的一种心理趋势(psychological tendency)",该心理趋势是一种偏向,该偏向使个人预先倾向(predisposes)积极的或消极的评价反应(evaluative responses),"评价"是态度的关键特征。[②] 由可信性是评价者通过评价过程形成的对某个特定对象的可相信程度的认识可知,互联网学术信息可信性是人对互联网学术信息的一种态度。

---

① 尽管佩蒂等没有具体解释"cognitive process"的含义,但仍可从他们频繁使用"evaluate the true merits of arguments contained in the message"、"thinking of the arguments"或"information scrutiny"等词汇中窥其端倪。用佩蒂自己的话来说,"'思考(认知加工)'表示消息接收者将他们自己的东西(something)加入到具体的信息中,而不仅仅是对信息进行逐字地解码(verbatim encoding)或学习(learning)信息"。由此,至少在概念理解上,能将"认知加工"和"非思考加工"这两种不同性质的作用机制区别开来。与ELM文献中一样,如没有特别说明,本文认为"认知加工"、"思考消息有关信息"和"思考"是同义词,"非思考加工"和"非认知加工"是同义词。具体可参见:Petty R. E. Wegener D. T. The Elaboration Likelihood Model:Current Status and Controversies [M]// CHAIKEN S,TROPE Y. Dual-Process Theories in Social Psychology. New York:Guilford,1999:46.

② Eagly A. H. Chaiken S. The Psychology of Attitudes[M]. Fort Worth,TX:Harcourt Brace Jovanovich,1993:1-3.

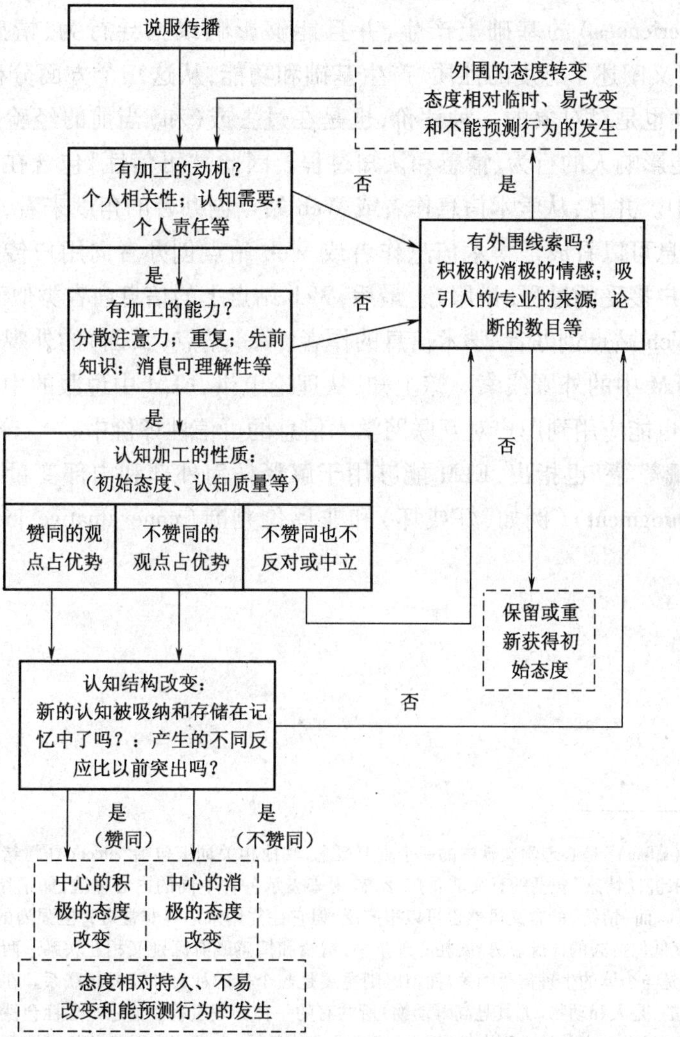

图 3-2　精细加工可能性模型的中心与外围路径

此图来源：Petty R. E, Cacioppo J. T. The Elaboration Likelihood Model of Persuasion[M]// Berkowitz L. Advances in Experimental Social Psychology. New York：Academic Press, Inc.，1986, 19：126.

在 ELM 中，"态度"定义为"人们持有的关于他们自己、他人、对象和议题的总体评价。这些总体评价能够在各种各样的行为(behavioral)、情感(affective)[①]和认知经验(experiences)的基础上产生,并且能够影响或指导行为、情感和认知过程”。[②] 该定义阐述了态度的性质、产生基础和功能,从这三个方面分析“可信性”发现,可信性也是对对象的一种评价,也是在过去或(和)当前的经验的基础上产生,而且也能影响人的行为、情感和认知过程。因此,“可信性”包含在ELM的“态度”范畴之中。并且,从学术信息作者或Web站点创办者的角度来看,用户查找互联网学术信息可以看成是学术信息作者或Web站点创办者向用户传播学术信息并试图让用户接受的过程(说服)。最后,Web站点上的信息内容类似于ELM中消息的论点,Web站点创办者、学术信息的作者、Web站点(页面)的外观和视觉设计等类似于ELM中的外围线索。综上知,从理论上讲,ELM中说服的中心和外围路径分析思路也能应用到用户对互联网学术信息的可信性评价中。

另外,佩蒂等[③]也指出,ELM能够用于解释任何外部和内部变量对评价判断(evaluative judgment)(例如,好或坏)和非评价判断(nonevaluative judgment)(例

① “情感(affect)”是心理学文献中的一个重要概念,其他相关词汇包括“emotion(情绪)”和“mood(心境)”等。一般来讲,“情感”包括的意义非常广泛,被用来表示各种不同的内心体验,如情绪、心境和“偏好(preference)”等。而“情绪”的含义虽然也可以很广泛,但它往往用来形容非常短暂但强烈的体验。“心境”则用来描述强度低但持久的体验。另外,在心理学中,情绪和情感既有区别又相互联系。两者的区别是:第一,情绪更多地是与个体的生理需要相关,而情感则主要是与个体的社会性需要相联系。在起源上,情绪是自然性的、原始的,是人和动物(尤其是高等动物)所共有的一种心理过程。情感则是社会性的、人类所独有的高级心理过程,具有一定的社会历史性;第二,情绪具有外显性,常常伴有明显的外部表现,而情感则比较内隐,常常以微妙的方式流露出来,其生理变化并不明显;第三,情绪是不稳定的,容易随情景的变化而变化,具有明显的情境性,而情感则相对稳定,因为在情感中更多地包含着认知的客观成分,一种感情一旦形成,就具有一定的稳定性。同时,情绪和情感之间的联系很紧密:一方面,情绪依赖于情感,即情绪的各种不同变化一般都受制于已形成的情感及其特点;另一方面,情感又依赖于情绪,即人的情感总在各种不断变动着的情绪中得以表现。本文对“情感”和“情绪”不作严格区分,除尊重原文和特殊说明外,一般使用“情感”的表述。具体可参见:艾森克 M.W.基恩 M.T.认知心理学[M].高定国,肖晓云,译.第四版(下册).上海:华东师范大学出版社,2003:749-750.;张朝,李天思,孙宏伟.心理学导论[M].北京:清华大学出版社,2008:169-170.

② Petty R. E. Cacioppo J. T. The Elaboration Likelihood Model of Persuasion[M]// Berkowitz L. Advances in Experimental Social Psychology. New York :Academic Press,Inc.,1986,19:127.

③ Petty R. E. Wegener D. T. The Elaboration Likelihood Model: Current Status and Controversies[M]// Chaiken S. Trope Y. Dual-Process Theories in Social Psychology. New York: Guilford,1999:41-72.

如,可能(likely)或不可能(unlikely))[①]的作用,模型自提出以来已指导了一系列基础和应用研究。这其中也包括互联网信息可信性评价研究。事实上,国内外许多经验研究也证明了 ELM 适用于互联网信息可信性评价。例如,弗里曼和斯派里戴克斯[②]、里安斯和卡迈克尔[③]、曾洁[④]的研究都表明,ELM 为研究在线健康信息的可信性提供了一个可行的、有用的框架;莱因哈德(M-A. Reinhard)和斯波勒(S. L. Sporer)[⑤⑥]证实了 ELM 能应用于日常生活信息(租房信息)的可信性评价研究。那么,由互联网学术信息是互联网信息的一种类型可知,ELM 也能应用于其可信性评价研究。

综上知,ELM 适用于用户对互联网学术信息的可信性评价研究。

2. 精细加工可能性模型中的投入概念界定

作为动机变量(motivational variable),“投入(involvement)”(“involvement”取

---

① 许多心理学者使用语义分化(semantic differential)量表(指包含“好—坏”、“强—弱”、“黑—白”、“上—下”、“主动的—被动的”和“美好的(nice)—可怕的(awful)”等内涵维度(dimensions)的量表)对对象(任何字词、事物或想法)的内涵意义(connotative meaning)进行测量,并通过因子分析发现了一致的结论,即“评价”、“活动力(activity)”和“效力(potency)”是对象内涵意义的基本因素。其中,“评价”是人们看待(think of)事物的最重要的因素,与其相关联的内涵维度包括“好 - 坏”、“愉快的 - 不愉快的”、“快乐的 - 悲伤的”和“道德的 - 不道德的”等。另外,与“活动力”因素相关联的内涵维度包括“主动的 - 被动的”和“快 - 慢”等,与“效力”因素相关联的内涵维度包括“强 - 弱”等。佩蒂等并未具体说明评价判断和非评价判断的含义,但根据其相关论述可以推断出,评价判断很可能是指对对象的“好与坏”的判断,非评价判断是指除“好与坏”以外的内涵维度判断,这既包括对“评价”因素中的“愉快的 - 不愉快的”等维度的判断,也包括对“活动力”和“效力”因素中维度的判断。不少学者也将类似“愉快的 - 不愉快的”的“评价”因素的维度称为情感状态,这也为下文所论述的“评价反应”中的“情感”组成部分提供了经验证据。具体可参见:Tesser A. Martin L. The Psychology of Evaluation[M]// Higgins E. T. Kpuglanski A. W. Social Psychology:Handbook of Basic Principles. New York:The Guilford Press,1996:400 - 403.

② Freeman K. S. Spyridakis J. H. An Examination of Factors That Affect the Credibility of Online Health Information[J]. Technical Communication,2004,51(2):239 - 263.

③ Rains S. A. Karmikel C. D. Health information-seeking and perceptions of website credibility:Examining Web-use orientation,message characteristics,and structural features of websites[J]. Computers in Human Behavior,2009,25(2):544 - 553.

④ 曾洁. 网络健康信息可信性研究——以江西赣州学生群体为例[M]. 汕头大学长江新闻与传播学院,2008.

⑤ Reinhard M-A,Sporer S. L. Verbal and nonverbal behaviour as a basis for credibility attribution:The impact of task involvement and cognitive capacity[J]. Journal of Experimental Social Psychology,2008,44(2):477 - 488.

⑥ Reinhard M-A,Spoper S. L. Content Versus Source Cue Information as a Basis for Credibility Judgments:The Impact of Task Involvement[J]. Social Psychology,2010,41(2):93 - 104.

“投入”的译法[①])是ELM中最重要的核心概念之一,其调节(moderates)消息内容质量和外围线索对态度改变的作用。在ELM中,佩蒂和卡乔波将“个人投入(personal involvement)”与“个人相关性(personal relevance)”相互代替使用[②],且利用社会判断—投入(social judgment-involvement)理论来解释ELM中的某些现象,引起了其他学者的质疑和争议。例如,B.约翰森(B.T.Johnson)和伊格利(A.H.Eagly)[③]认为,ELM中的“投入”实质是指“议题投入(issue involvement)”,而佩蒂和卡乔波使用“个人相关性”的表述代替“议题投入”使得概念超出了操作性定义的范畴,给理解带来了混淆。并且,社会判断-投入理论中的投入与ELM中的投入性质不同,使用前者来解释ELM中的某些现象并不合适。[④] 由于投入是本文要着重探讨的变量,且投入概念在许多文献中含混不清,而投入的内涵和外延决定着ELM应用的范围和边界,因此,在进一步分析ELM的作用机制之前需要对ELM中的投入进行界定。

“投入”概念起源于心理学,广泛应用于其他许多学科领域。由于研究视角、目标和方法等方面的差异,不同学科领域中的投入具有不同的内涵和外延,投入目前并没有统一的定义。

投入在心理学研究中主要集中于人格(personality)研究、认知心理学和社会心理学这三个领域[⑤],其有多种不同的相关表述形式,例如,自我[⑥]投入、议题投入、反

---

① “involvement”在文献中的译法较为混乱,并没有一个统一的译法。笔者查阅了若干心理学词典(《英汉心理学词典》(机械工业出版社2000)、《心理学词典》(上海译文出版社1996)、《心理学大辞典》(上海教育出版社2004)、《现代英汉—汉英心理学词汇》(中国轻工业出版社2006)),发现词典中的译法主要有“投入”、“卷入”、“介入”三种。接着,笔者又查阅了《COBUILD英汉双解词典》(上海译文出版社2002)、《英汉百科翻译大词典》(人民日报出版社1992)、《牛津高阶英汉双解词典》(第6版,商务印书馆2005)、《综合英汉文科大辞典》(译林出版社1997),发现“卷入”和“介入”多用于某人牵涉或牵连到某一事件,“投入”则用于某人使感情或(和)思考全身心地从事一项任务的情景。结合本研究中“involvement”所要表达的含义,本文取“投入”这一译法。

② 佩蒂和卡乔波使用“Personal Relevance/ Involvement”作为文章章节的标题,且从其论述中分析发现,作者将“个人投入”与“个人相关性”两个概念相互代替使用。具体可参见:Petty R. E. Cacioppo J. T. The Elaboration Likelihood Model of Persuasion[M]// Berkowitz L. Advances in Experimental Social Psychology. New York: Academic Press, Inc., 1986, 19: 144 - 148.

③ Johnson B. T. Eagly A. H. Effects of Involvement on Persuasion: A Meta-Analysis[J]. Psychological Bulletin, 1989, 106(2): 290 - 314.

④ Johnson B. T. Eagly A. H. Involvement and Persuasion: Types, Traditions, and the Evidence[J]. Psychological Bulletin, 1990, 107(3): 375 - 384.

⑤ Greenwald A. G. Ego Task Analysis: An Integration of Research on Ego-Involvement and Self-Awareness[M]//HASTORF A H, ISEN A M. Cognitive Social Psychology, New York: Elsevier/ North-Holland, 1982: 143.

⑥ “自我”对应的英文单词有“ego”和“self”,本文对两者不作概念上的辨析,认为它们的含义相同,并都译成“自我”。

应投入(response involvement)和个人投入等。然而,即使在心理学领域,学者对投入的含义也没有达成一致的认识。并且,由于投入与个人内在的价值、目标、标准和规范紧密相关,因此,许多学者认为“投入”与“自我”是相互依存的两个概念,或直接采用“ego-involvement”来表述“involvement”[①②③]。然而,由于“自我”概念本身的模糊性和多样性[④],这样更加增加了“投入”概念理解的难度。不过,下面两组研究对投入概念的回顾和梳理有助于认识这个概念。

格林沃尔德(A. G. Greenwald)[⑤]对20世纪30年代中期至70年代中期这40年中研究自我投入的文献进行了回顾,区分出了三条研究路线:

第一条路线也是最主要的路线将自我投入理解为对自尊(self-esteem)的一种威胁。该路线起源于20世纪20年代末期蔡加尼克(B. Zeigarnik)[⑥]的打断任务(interrupted-task)法[⑦],在打断任务研究领域中探讨了近20年。该领域的学者大多采用蔡加尼克的实验方法或该方法的变体形式,这种方法的标准化操作之一是事先告知实验参加者将会对任务打分来测量他们的技能(通常是智力)。因此,此路

---

① Allport G. W. The ego in contemporary psychology[J]. Psychological Review, 1943, 50(5): 451 - 478.

② Sherif M. Cantril H. The Psychology of Ego-Involvements[M]. New York: Wiley & Sons, Inc., 1947.

③ Greenwald A. G. Ego Task Analysis: An Integration of Research on Ego-Involvement and Self-Awareness [M]//HASTORF A H, ISEN A M. Cognitive Social Psychology, New York: Elsevier/ North-Holland, 1982: 109 - 147.

④ 奥尔波特(G. W. Allport)列举了心理学领域中八种主要的关于自我的含义:作为认识者(knower)的自我、作为知识对象的自我、作为原始利己主义(primitive selfishness)的自我、支配冲动的(dominance-drive)自我、作为精神过程的消极组织的自我、作为为目的而斗争的自我、作为行为系统的自我和作为文化的主观组织的自我。具体可参见:ALLPORT G W. The ego in contemporary psychology[J]. Psychological Review, 1943, 50(5): 451 - 478.

⑤ Greenwald A. G. Ego Task Analysis: An Integration of Research on Ego-Involvement and Self-Awareness [M]//Hastorf A. H. Isen A. M. Cognitive Social Psychology, New York: Elsevier/ North-Holland, 1982: 109 - 147.

⑥ Zeigarnik B. On finished and unfinished tasks[M]// ELLIS W D. A Source Book of Gestalt Psychology. New York: Humanities Press, 1938: 300 - 314. 注:原始文献最早以俄语形式发表于1927年。

⑦ 打断任务法是蔡加尼克开创的一种著名的实验方法,她要求实验参加者在约1小时的时间段内做18 - 22个任务。任务的内容多种多样,包括制作或拖动某一个物体等手动任务和字谜或算术等智力任务。在半数的任务的操作过程中,当参加者看上去非常忙碌地做某个任务时,实验人员打断参加者,并在这个时刻要求参加者从另一任务开始做。在做完一系列任务后,实验人员要求参加者回想在实验过程中做过的任务(参加者事先不知道),最后计算参加者回想起来的打断任务数与回想起来的完成任务数的比例作为实验结果。对不同的实验对象而言,蔡加尼克发现这个比例都接近2.0,也就意味着,可能被回想起的打断任务数是完成任务数的大约两倍。蔡加尼克认为,产生该现象的原因是在参加者被要求回想任务时还存在着未被满足的准需要(quasi-need),这种准需要对应的紧张状态(tension)不仅表现在参加者渴望去完成被打断的工作,而且表现在该工作在他们的记忆中占据突出的位置。蔡加尼克对该现象的解释被称为著名的蔡加尼克效应(Zeigarnik effect)。具体可参见:ZEIGARNIK B. On finished and unfinished tasks[M]// Ellis W. D. A Source Book of Gestalt Psychology. New York: Humanities Press, 1938: 300 - 314.

线的自我投入表明了一种动机状态(motivational state),该动机状态在其他许多心理学文献中也被称为评价顾忌(evaluation apprehension)。

第二条路线是在第二次世界大战至70年代中期,社会心理学者着重强调自我投入的态度基础。该理论的代表人物是M.谢里夫(M. Sherif)和坎特里尔(H. Cantril),在著作《自我投入心理学》①中,他们系统阐述了自我投入理论。M.谢里夫和坎特里尔认为,大多数态度有属于"我(me)"的特点,作为"我"的一部分在心理上被体验到,即自我态度(ego-attitudes),因此,态度是"自我"的主要成分。自我发生在一定的参考框架(referential frameworks)内,我们学习或决定什么是我们所合意的(desirable)价值、目标、标准或规范,这些事物被我们吸收变成"我们的(our)"价值、目标、标准或规范,即这些主要态度构成了自我的参考框架。这个参考框架或判断标准如此重要以至于决定着个人的社会行为和反应。当个人有意或无意地将任何刺激或情景与该参考框架或判断标准相联系时,就发生了"自我投入"。该路线的中心结论是自我投入的态度倾向于抗拒改变。

第三条路线以20世纪40年代中期奥尔波特(G. W. Allport)②的研究为代表,他将自我投入定义为"自我完全参与的一种情形(condition)"。虽然该定义很少操作化,也缺乏相应的经验证据,但其理论探讨在教科书中占据了重要地位。

投入是说服研究中重点关注的变量,B.约翰森和伊格利③对20世纪40年代中期至20世纪80年代中期这40年间的说服研究文献进行了元分析(meta-analysis)④,区

① Sherif M. Cantril H. The Psychology of Ego-Involvements[M]. New York:Wiley & Sons, Inc.,1947:93-94,114,117.

② Allport G. W. The ego in contemporary psychology[J]. Psychological Review,1943,50(5):451-478.

③ Johnson B. T. Eagly A. H. Effects of Involvement on Persuasion:A Meta-Analysis[J]. Psychological Bulletin,1989,106(2):290-314.

④ 元分析是通过一定的统计技术与原则将针对某一既定主题的大量研究结果进行再分析,其目的在于整合各个研究结论,得出一个对该主题的综合认识。元分析要具有可复制性,研究者不仅应尽可能多地检验搜集来的研究样本,观察它们是否可以凸显出某种单项研究显现不出的潜藏规律,还应该清楚地描述自己是如何发现这些研究及如何对它们作分析的,以便他人进行评价。因此,元分析必须遵循详尽、严格的研究步骤。元分析的研究步骤包括确定研究目的、彻底的文献搜索、确定适合的研究、定义变量及对变量编码、研究数据的录入和运用多种统计技术探索与展现数据。元分析目前在心理学、教育学、民族学、行为科学及医学等领域得到越来越广泛的应用。具体可参见:王沛,冯丽娟.元分析方法评介[J].西北师大学报(社会科学版),2005,42(5):59-63.

分出了三个研究传统(research traditions)①,这三个研究传统分别对应着三种不同类型的投入:

第一种类型是价值范畴的投入(value-relevant involvement),是指与重要价值相联系的态度受到激发而产生的一种心理状态,这些价值是自我的一部分,非常重要和持久。价值范畴的投入是20世纪50年代初至60年代初的社会判断—投入理论②中的重要基础概念,社会判断—投入理论由M.谢里夫、C.谢里夫(C.W.

① “研究传统”是美国新科学哲学家拉瑞·劳丹(L.Laudan)提出的一个概念。拉瑞·劳丹在谈到研究传统的共同特征时指出:①每一个研究传统都有若干具体理论,它们或可作为研究传统的例子,或是部分地构成研究传统,这些理论有的同时存在,有的前后相继;②每一个研究传统都显示出某些形而上学和方法论的信条,它们作为一个整体,表现出这个研究的个性并从而与其他研究传统相区别;③每一个研究传统都经历过若干不同的、稳定的(常常是相互矛盾的)阶段,并且一般有着相当长的历史(对比之下,理论往往是短命的)。研究传统为具体理论的发展提供了一组指导原则,这些指导原则的一部分构成了本体论,这一本体论一般规定了存在于该研究传统所在领域基本实体的类型。而且,研究传统勾勒出了这些实体所能相互作用的不同方式。再者,研究传统还通常规定了某些程序方式,这些程序方式构成了该领域的研究者所能使用的研究方法,这些方法论规则范围极广,如实验技术、理论检验和评价方式等。与理论相比,研究传统既不能用于说明,也不能用于预测,也不可直接检验,它们的普遍性和规范性使它们无法对具体的自然过程作出详细说明。最后,除了在极抽象的水平上阐明世界是由何物构成以及应如何予以研究,研究传统并不能为具体问题提供详细的答案。概言之,研究传统是一组本体论和方法论规则,规定“能做什么”和“不能做什么”,一个人若企图去做被一个研究传统的本体论和方法论所禁止的事,那么他就已置身于这一研究传统之外,他已否定了这一研究传统。具体可参见:拉瑞·劳丹.进步及其问题[M].刘新民,译.北京:华夏出版社,1998:80-84.

② 社会判断—投入理论具体阐述了价值范畴的投入对态度改变的影响。该理论认为,“自我态度”为个人提供了一个对与这些态度有关的刺激或情景作出反应或判断的内在参考框架。在该研究传统中,态度连续体(attitudinal continuum)被划分为三个不同的区域(范围):①接受区域,包含个人内在的立场和其他个人可以接受的立场;②拒绝区域,包含个人反对的立场;③非明确立场区域,包含个人既不接受也不拒绝的立场。这些区域的宽度和位置决定了态度是否能够被说服,对于那些所持的立场落在受众的态度接受区域内的消息而言,受众则很可能被成功地说服,而对于那些所持的立场落在接受区域之外的消息而言,消息的立场与受众的个人立场相差越大,受众越不可能被说服,当消息的立场落在拒绝区域内时,受众则几乎不可能被说服。相应地,价值范畴的投入通过影响这些区域的宽度来影响说服效果,高程度投入反映在态度连续体上是相对较宽的拒绝区域和较窄的或甚至没有非明确立场区域,相反,低投入则代表着较窄的拒绝区域和较宽的非明确立场区域。具体而言,当受众高度投入与其态度相反的消息中时,该消息的立场很有可能落在拒绝区域内,因为拒绝区域在态度连续体上覆盖了相对较宽的范围,这样,受众几乎不可能被该消息说服。相反,低程度投入的消息的说服难度要小,因为其拒绝域相对较窄。具体可参见:Hovland C. I. Harvey O. J. Sherif M. Assimilation and contrast effects in reactions to communication and attitude change[J]. Journal of Abnormal and Social Psychology, 1957, 55:244-252.;Sherif M. Hovland C. I. Social judgment:Assimilation and contrast effects in communication and attitude change[M]. New Haven:Yale University Press, 1961.;Sherif C. W. Kelly M. Rodgers H. L. Sarup J. G. Tittler B. I. Personal Involvement, Social Judgment, and Action[J]. Journal of Personality and Social Psychology, 1973, 27(3):311-328.

Sherif)和霍夫兰等学者[1][2][3]所创立,系统阐述了个人内在价值与态度改变的关系。

第二种类型是印象范畴的投入(impression-relevant involvement),是指个人关注其观点给别人造成的印象的一种心理状态。印象范畴的投入是在反应投入这个概念的基础上修正而来。在费斯廷杰(L. Festinger)提出的认知失调(cognitive dissonance)理论框架[4]下,津巴多(P. G. Zimbardo)[5]区分了反应投入与议题投入这两种不同的投入类型对说服的不同作用。津巴多指出,议题投入是指某个议题与个人的需要和兴趣相关的一种关系,只要某个议题能足够引起个人的关注和兴趣,就可以说发生了议题投入,而反应投入则表示某个既定观点或反应与达成合意的目标之间的重要关系,此时的观点变成了获得奖赏(赞同或认可)、逃避惩罚或提高个人自尊的一种手段。后来的许多研究者采用了津巴多关于反应投入的表述和其实验操纵方法(告知实验参加者随后将讨论该消息或他们对消息的反应将被用来测量智力)来探讨反应投入在说服研究中的重要作用。与议题投入相比,反应投入对态度改变的作用显著不同。例如,利皮(M. R. Leippe)和坎尔金(R. A. Elkin)[6]进一步分析指出,反应投入使得个人注意让自己持有能被社会上的潜在评价者接受的观点,并可能非常留意消息的细节,从而使自己的观点更加有见地或趋同于社会上中立的观点来赢得他人的赞同。鉴于此,B. 约翰森和伊格利[7]认为,津巴多提出的反应投入概念已超出了实验操作中的范畴,其主要强调个人观点给别人造成的印象,因此使用“印象范畴的投入”代替“反应投入”的表述。

第三种类型是结果范畴的投入(outcome-relevant involvement),是指由于议题

---

① Sherif M. Cantril H. The Psychology of Ego-Involvements[M]. New York: Wiley & Sons, Inc. ,1947.

② Hovland C. I. Harvey O. J. Sherif M. Assimilation and contrast effects in reactions to communication and attitude change[J]. Journal of Abnormal and Social Psychology, 1957, 55: 244 - 252.

③ Sherif M, Hovland C. I. Social judgment: Assimilation and contrast effects in communication and attitude change[M]. New Haven: Yale University Press, 1961.

④ 认知失调理论的主要观点是,只要一个人同时产生两个自相矛盾的认知或信念时,认知失调就会存在。“认知要素(cognitive element)”是该理论的基本概念,指“某人知道的关于自己、自己的行为和周围环境的事情”。认知要素之间可能存在不一致(disharmony)或不适合(nonfitting)的关系,这种不一致的关系会产生要减少不一致的心理压力和活动,避免不一致继续增加。这些减少不一致的活动的表现形式包括行为改变、认知改变和谨慎小心地接触新的信息和新的观点。另外,不一致的强度会随着认知要素重要性的增加而增强。具体可参见:FESTINGER L. A theory of cognitive dissonance[M]. Stanford, California: Stanford University Press, 1957.

⑤ Zimbardo P. G. Involvement and Communication Discrepancy as Determinants of Opinion Conformity[J]. Journal of Abnormal and Social Psychology, 1960, 60(1): 86 - 94.

⑥ Leippe M. R. Elkin R. A. When Motives Clash: Issue Involvement and Response Involvement as Determinants of Persuasion[J]. Journal of Personality and Social Psychology, 1987, 52(2): 269 - 278.

⑦ Johnson B. T. Eagly A. H. Effects of Involvement on Persuasion: A Meta-Analysis[J]. Psychological Bulletin, 1989, 106(2): 290 - 314.

的主张与个人当前的重要目标或可能产生的结果相关而激发的一种心理状态。该研究传统以佩蒂和卡乔波等的研究①②③为代表，认为投入程度增强能增加个人对消息的认知加工，强调个人对消息的认知反应（cognitive response）。佩蒂和卡乔波使用“议题投入”来表述这种类型的投入，认为议题投入涉及到“正在考虑的议题对个人的重要程度”④。该类型的投入在文献中常用的变量操纵方法是将议题有关的建议（例如，实施毕业班综合考试制度、提高学费等）在实验参加者（大学本科生）的学校施行（高投入⑤）或在另一个与参加者的学校相当的、距离遥远的学校施行（低投入），抑或将建议很快（例如，下一年）施行（高投入）或在较远的未来（例如，10年后）施行（低投入）。此外，佩蒂和卡乔波⑥使用社会判断—投入理论来解释上述类型的投入概念，但B.约翰森和伊格利⑦认为，佩蒂和卡乔波所说的投入与社会判断—投入是性质不同的两种类型，后者来源于议题与个人内在的根深蒂固的价值之间的联系，而前者来源于议题与个人希望相对很快实现的结果之间的联系，并且，前者涉及的议题很可能并不与个人持有的重要的社会价值紧密联系。因此，B.约翰森和伊格利认为使用“结果范畴的投入”来表述佩蒂和卡乔波等所指的投入概念更为合适⑧。

---

① Petty R. E. Cacioppo J. T. Effects of Forewarning of Persuasive Intent and Involvement on Cognitive Responses and Persuasion[J]. Personality and Social Psychology Bulletin, 1979, 5(2): 173 - 176.

② Petty R. E. Cacioppo J. T. Issue Involvement can Increase or Decrease Persuasion by Enhancing Message-Relevant Cognitive Responses[J]. Journal of Personality and Social Psychology, 1979, 37(10): 1915 - 1926.

③ Petty R. E. Rucker D. D. Bizer G. Y. Cacioppo J. T. The Elaboration Likelihood Model of Persuasion[M/OL]. 1986: 65 - 89. [2010 - 8 - 7]. http://osil.psy.ua.edu:16080/~Rosanna/Soc_Inf/week8/ELM%20Chapter001.pdf.

④ Petty R. E. Cacioppo J. T. Issue Involvement can Increase or Decrease Persuasion by Enhancing Message-Relevant Cognitive Responses[J]. Journal of Personality and Social Psychology, 1979, 37(10): 1915 - 1926.

⑤ 为叙述简便，下文“高程度投入”简称“高投入”，同样地，“低程度投入”简称“低投入”。

⑥ Petty R. E. Cacioppo J. T. The Elaboration Likelihood Model of Persuasion[M]// BERKOWITZ L. Advances in Experimental Social Psychology. New York: Academic Press, Inc., 1986, 19: 124 - 205.

⑦ Johnson B. T. Eagly A. H. Effects of Involvement on Persuasion: A Meta-Analysis[J]. Psychological Bulletin, 1989, 106(2): 290 - 314.

⑧ 佩蒂和卡乔波后来撰文批驳B.约翰森和伊格利对其研究成果的理解和分析，并认为“结果范畴的投入”与“价值范畴的投入”属于性质相同的投入，不应该区分为两种不同的投入类型，因为这两种不同研究传统中的投入都是通过影响消息处理的程度来影响说服效果，当结果范畴的投入或价值范畴的投入增大时，消息中论点的质量越发成为影响说服的决定因素。随即，针对佩蒂和卡乔波的批驳，B.约翰森和伊格利撰文一一进行了回应，认为后者并没有正确理解自己的论述和分析方法，并再一次证实了依据现有的文献资料和证据，说服研究存在三种不同的研究传统，分别对应着上述三种不同的投入类型，并且，与佩蒂和卡乔波的研究结论不同的是，在消息中的论断的说服力较弱（weak）的情况下，结果范畴的投入对说服的影响效果并不稳定。本文认同说服研究有三种不同研究传统的划分以及其对应着三种不同的投入类型。具体可参见：Petty R. E. Cacioppo J. T. Involvement and Persuasion: Tradition Versus Integration[J]. Psychological Bulletin, 1990, 107(3): 367 - 374.; Johnson B. T. Eagly A. H. Involvement and Persuasion: Types, Traditions, and the Evidence[J]. Psychological Bulletin, 1990, 107(3): 375 - 384.

若姑且将"自我"看成是一个通用的基础概念,那么,从关注的"自我"的侧重点的角度进行分析可以发现,上述三种投入类型①与三条研究路线能很好地吻合。具体地,价值范畴的投入、印象范畴的投入分别与第二条研究路线、第一条研究路线对应。另外,由于结果范畴的投入研究主要集中在20世纪70年代中期至80年代中期,超出了研究路线的文献回溯时期,因此不包括在后者的划分中。而且,由于第三条研究路线主要是理论探讨,因此没有反映在三种投入类型的元分析中。

综合以上分析,本文中的"投入"是指"个人的需要、价值或兴趣由刺激或情景激发而产生的一种心理状态",并且认为ELM中的投入属于结果范畴的投入的研究传统,其在实验中使用的议题(消息)都涉及到参加者当前的重要目标或可能产生的结果,并且,ELM中的投入不属于价值范畴的投入的研究传统(第二条研究路线)或印象范畴的投入的研究传统(第一条研究路线)。对本研究而言,本文在任务观察、实验和调查中所要使用的议题正是属于结果范畴的投入而不属于价值范畴的投入或印象范畴的投入。

3.精细加工可能性模型作用机制分析及评论

上文简要描述了ELM的中心和外围路径的总体思路,接下来对其作用机制进行深入探讨。

(1)ELM中的变量通过"思考消息有关信息(consider the information about message)"和"非思考加工(non-thoughtful process)"两种方式影响态度,前者需要花费较多的认知资源(cognitive resources),后者包括启发和情感作用机制。

ELM在七个假定(postulates)的基础上阐述其作用机制②,如表3-1。佩蒂和卡乔波假定,人们都想要获得正确的态度(假定Ⅰ),但是他们加工消息论点的程度和性质依赖于动机和能力(假定Ⅱ)。ELM包含许多不同性质的作用机制(假定Ⅲ),"精细加工"的程度是ELM不同作用机制的基准。"精细加工"是ELM中最核心的概念,是指消息接收者对消息中包含的与议题相关的论点的"思考"。精细

① B.约翰森和伊格利将三种类型投入之间的差异归结为它们关注的"自我"的侧重点各不相同:对价值范畴的投入而言,与自我有关的方面是个人内在的持久价值,信息激发了与个人价值相联系的某种态度,该价值先于实验而存在或在实验过程中变得与个人的态度相联系;对印象范畴的投入而言,与自我有关的方面是"公众自我(public self)"或个人给他人造成的印象,个人要表达的关于消息的态度与其公众自我相联系,且预知该态度将会被他人评价;对结果范畴的投入而言,与自我有关的方面是个人获取合意的结果的能力,议题提供的信息以及个人在该信息基础上形成的态度与获取相应的结果相关。具体可参见:Johnson B. T. Eagly A. H. Effects of Involvement on Persuasion: A Meta-Analysis[J]. Psychological Bulletin, 1989, 106(2): 290-314.

② Petty R. E. Cacioppo J. T. The Elaboration Likelihood Model of Persuasion[M]// Berkowitz L. Advances in Experimental Social Psychology. New York: Academic Press, Inc., 1986, 19: 124-205.

加工是一个连续体(continuum)。如图3-3,ELM认为,沿着精细加工连续体,变量有许多不同的作用方式①:

在连续体的高端,思考程度较高,态度改变遵循中心路径,变量对态度有两种作用方式:一种是花费较多的认知资源去思考消息有关信息,思考的对象包括消息的内容和某些来源线索(例如,外表吸引力)。另一种方式是对来源线索的"非思考加工"②。

表3-1 精细加工可能性模型的七个假定

序号	具体内容
假定Ⅰ	人们有持有正确(correct)态度的动机
假定Ⅱ	尽管人们想要持有正确的态度,但他们愿意或能够用于仔细思考与议题相关的消息的数量(amount)和性质(nature)依据个人和情景因素而变化
假定Ⅲ	变量能通过以下方式影响态度改变的数量和方向:①作为说服的论点;②作为外围线索;③影响议题和论点思考的程度和方向
假定Ⅳ	变量能以相对客观的方式影响消息加工,它们通过影响动机和(或)能力来提高或降低仔细审查论点的程度来发挥作用
假定Ⅴ	变量能以相对有偏向性的方式影响消息加工,它们通过影响动机和(或)能力产生积极的(赞同的)或消极的(不赞同的)、带有偏向性的动机和(或)能力来影响议题相关的思考
假定Ⅵ	当加工论点的动机和(或)能力减少时,外围线索成为说服的相对更加重要的决定因素。相反,当仔细审查论点的程度增加时,外围线索成为说服的相对不重要的决定因素
假定Ⅶ	主要从加工议题相关的论点产生的态度改变(中心路径)将比主要从外围线索产生的态度改变显示更长的时间持续(temporal persistence)、更能预测行为的发生和产生更强的对反方向说服的抵抗力(resistance to counterpersuasion)

(内容来源:Petty R. E, Cacioppo J T. The Elaboration Likelihood Model of Persuasion[M]// Berkowitz L. Advances in Experimental Social Psychology. New York :Academic Press, Inc. ,1986,19:124-205.)

① Petty R. E. Wegener D. T. The Elaboration Likelihood Model: Current Status and Controversies[M]// Chaiken S. Trope Y. Dual-Process Theories in Social Psychology. New York: Guilford, 1999:48-52.

② 佩蒂等对中心路径中"非思考加工"的外围线索如何影响态度并没有给出清晰的解释,虽然作者倾向于认为,在高投入(高程度思考)条件下,来源吸引力等特征作为论点而被仔细审查(见下文),但作者又指出,在高程度思考条件下,并不是所有的外围加工都会被仔细审查。作者认为,高程度思考条件下,外围线索被仔细审查的可能的必要条件之一是个人意识到(have conscious access to)该外围线索。这样,被意识到的某些外围机制会被仔细审查,但另一些没有被意识到的外围机制则不会,作者认为后者对态度的影响可能能检测,但具体措施目前还不太明晰。具体可参见:Petty R. E. Wegener D. T. The Elaboration Likelihood Model: Current Status and Controversies[M]// Chaiken S. Trope Y. Dual-Process Theories in Social Psychology. New York: Guilford, 1999:67.

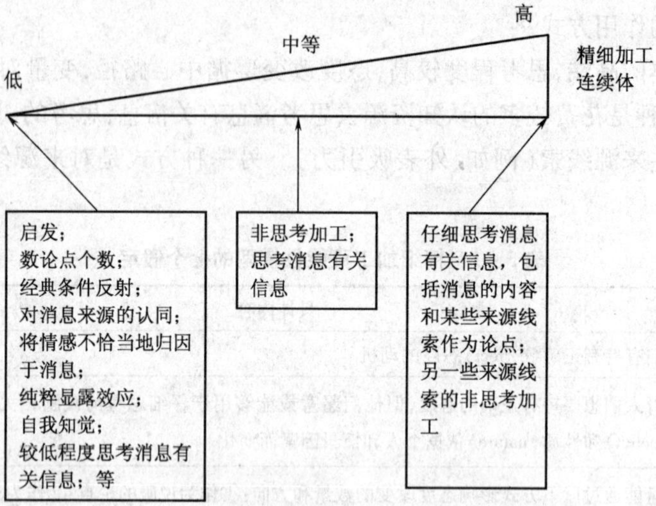

图 3-3　变量沿着精细加工连续体的作用方式

注：此图根据 ELM 中相关内容整理。

在连续体的低端，思考程度较低，态度改变遵循外围路径，变量对态度的作用主要有两种方式①：一种方式也是对消息有关信息进行思考，但思考的程度比中心路径要低，即只是思考的量上存在差别。例如，对包含 8 个论点的消息而言，高程度思考的消息接收者可能思考每一个论点，而低程度思考的接收者可能只思考其中的 2~3 个论点②，或者前者对每个论点都思考出 2~3 个含义，而后者可能只思考出 1~2 个含义；另一种方式是根本不像中心路径那样对消息有关信息进行思考，即变量作用机制的性质不同。具体而言，低程度思考时，变量的作用机制可能包括从记忆提取中得到的启发（例如，我赞同人们喜欢的事物）③、接收者通过数论点的个数作出

① Petty R. E. The Evolution of Theory and Research in Social Psychology: From Single to Multiple Effect and Process Models of Persuasion[M]// Mcgarty C. Haslam S. A. The Message of Social Psychology: Perspectives on Mind in Society. Oxford: Blackwell, 1997: 280-281.

② Petty R. E. Cacioppo J. T. The Effects of Involvement on Responses to Argument Quantity and Quality: Central and Peripheral Routs to Persuasion[J]. Journal of Personality and Social Psychology, 1984, 46(1): 69-81.

③ 佩蒂所指的启发机制是指 HSM 中的"启发加工"。HSM 认为，当启发被激发后如果与某个判断任务（judgmental task）相关或适用就能对该任务发挥（exert）判断作用（impact），这个过程叫"启发加工"。具体可参见：Chen S. Chaiken S. The Heuristic-Systematic Model in Its Broader Context[M]// Chaiken S. Trope Y. Dual-Process Theories in Social Psychology. New York: Guilford, 1999: 82-83.

推断(越多越好)、经典条件反射(classical conditioning)①、对消息来源的认同(identification)②、将情感不恰当地归因于消息(misattribution of affect to the message)③、

---

① 经典(或巴甫洛夫)条件反射是俄国生理学家伊万·巴甫洛夫(Ivan Pavlov)在研究当给动物食物时它们能分泌多少唾液时偶然发现的。他将食物带入房间时刚好呈现铃声,这样训练狗听到铃声就分泌唾液。最后只听到铃声,狗就开始分泌唾液。经典条件发射包括将由一个刺激引起的自发反应与另一个先前是中性的刺激引起。这种转换有四种基本要素:①无条件刺激(US),通常是食物,它总是引起有机体以特定方式作出反应;②无条件反应(UR),总是由无条件刺激引起的反应(例如,分泌唾液);③条件刺激(CS),是最初并不能带来期望反应的刺激(例如,铃声),但是,在条件反射过程中,当单独呈现时,CS 能引起期望反应;④条件反应(CR),是呈现条件刺激时,有机体学会表现的行为;A. W. Staats 和 C. K. Staats 研究证实,由有社会意义的文字刺激(socially significant verbal stimuli)引起的态度(态度被看成为概念的总体意义的一部分,是对概念的意义反应(meaning response))能够在消息接收者没有察觉(awareness)的情况下通过经典的调节作用改变,在该过程中,其他的字词(words)作为非条件刺激(unconditioned stimuli)。例如,在"Dutch people are honest(荷兰人民是诚实的)"这个句子中,由"honest"这个词引发的对"Dutch"的积极态度能够形成条件反射。如果在一个人的经历中,许多能引发积极态度的字词与"Dutch"配对(paired),那么,对这个国籍的非常积极的态度将会产生。具体可参见:查尔斯·莫里斯(Charles G. Morris),阿尔伯特·梅斯托(Albert A. Maisto).心理学导论[M].张继明,王蕾,童永胜,等,译.第 12 版.北京:北京大学出版社,2007:162 - 166,191.;Staats A. W. Staats C. K. Attitudes Established by Classical Conditioning[J]. Journal of Abnormal and Social Psychology,1958,57(1):37 - 40.

② 对消息来源的认同是指个人接受社会议题(例如,废除种族隔离)有关的观点的影响是因为他(她)希望和某人或组织建立和保持满意的自我定义(self-defining)的关系,而与消息的具体内容不太相关。这个关系可能以经典认同(classical identification)的形式呈现,即承袭(take over)他人的角色或以一种互惠(reciprocal)角色的方式呈现。对消息来源的认同只有在接收者与消息传播者的关系非常突出(salience)时才发生。凯尔曼(H. C. Kelman)证实,当有影响的消息传播者(influencing agent)的力量(power)是建立在吸引力的基础上时,个人倾向于通过对消息来源的认同来改变态度。具体可参见:Kelman H. C. Compliance,identification,and internalization:Three processes of attitude change[J]. Journal of Conflict Resolution,1958,2(1):51 - 60.

③ 将情感不恰当地归因于消息是指消息接收者会使用暂时的心境(momentary moods)对不相关的事物作出评价。在实验中,施瓦茨(N. Schwarz)和克洛里(G. L. Clore)要求被试写下过去生活中感到积极或消极的事件,并对自己生活的快乐(happiness)和满意(satisfiaction)程度作出评价。研究发现,坏心境的被试倾向于将坏心境归因于与生活的幸福程度不相关的临时的(transient)来源(在实验中这样的来源指隔音的房间或下雨的天气),而好心境的被试则不会有这样的倾向。具体可参见:SCHWARZ N,CLORE G L. Mood,Misattribution,and Judgments of Well-Being:Informative and Directive Functions of Affective States[J]. Journal of Personality and Social Psychology,1983,45(3):513 - 523.

纯粹显露效应(mere-exposure effects)[①]和自我知觉(self-perception)[②]等。

可见,外围路径和中心路径都包括“思考消息有关信息”和“非思考加工”的外围线索[③]作用,前者需要花费较多的认知资源,后者包括启发(例如,经典条件反射、对消息来源的认同等)和情感作用机制(例如,纯粹显露效应等)。

此外,佩蒂和卡乔波以“论点质量(argument quality)[④]”这个变量为基准来测量

① 纯粹显露效应是指这样一个假说:个人对某刺激纯粹地重复接触足够增强他(她)对该对象的态度,“纯粹显露”的条件是指仅仅使得既定的刺激能到达(accessible)个人的知觉(perception)。在支持纯粹显露效应的研究中,实验者给被试非常快速地呈现像音乐或图画这样一些刺激,呈现速度快到连被试也意识不到刺激的存在,或者在被试完成其他任务时给他们呈现这些刺激。尽管被试随后不能再认出这些出现过的刺激,但当要求他们挑选出更喜欢的物品时,他们还是会更有可能挑选那些先前出现过的刺激,而不太可能选择新刺激。因此,可以说被试对前面呈现过的刺激存在积极的情感反应(根据被试的偏好判断评定),但没有证据表明被试对刺激进行了认知加工(根据再认记忆成绩评定)。有关纯粹显露效应的研究很少涉及被试的一般情绪状态,在这些研究中,被试对那些无意义的、与现实生活无关的刺激作出了非常表面的偏好判断,因此在他们的反应中仅包含最少量的情感成分。具体可参见:Zajonc R. B. Attitudinal Effects of Mere Exposure [J]. Journal of Personality and Social Psychology Monograph Supplements,1968,9(2):1-27.;艾森克 M W,基恩 M T. 认知心理学[M]. 高定国,肖晓云,译. 第四版(下册). 上海:华东师范大学出版社,2003:750-751.

② 自我知觉的主要观点是指人们依靠他们自己的行为来告知(inform)他们自己的态度是什么。当代表内在心理状态的内在线索非常微弱(weak)、模糊或不可理解时,人们必须依靠他们自己的行为作为理解他们内在心理状态的向导(guide)。例如,父母会通过观察孩子的行为(例如,坐立不安(restlessness)或一时的坏情绪)和考虑与孩子有关的外在线索(距离上次进食的时间)来判断孩子是否饿了。具体可参见:Ben D. J. Self-Perception Theory[M]// Berkowitz L. Advances in Experimental Social Psychology. San Diego, CA: Academic Press,1972,6:1-61. 转引自:Eagly A. H. Chaiken S. The Psychology of Attitudes[M]. Fort Worth, TX: Harcourt Brace Jovanovich,1993:538-540.

③ 值得指出的是,“外围线索”与“外围路径”这两个概念并不一一对应,ELM 文献中的“外围线索”是指不影响“仔细审查消息有关信息”但能影响态度改变的任何变量。不仅外围路径,中心路径中也包括“外围线索”。但在文献中的某些地方,分析上下文发现,外围路径专指“非思考加工”机制,中心路径专指“思考消息有关信息”。具体可参见:Petty R. E. Cacioppo J. T. The Elaboration Likelihood Model of Persuasion[M]// Berkowitz L. Advances in Experimental Social Psychology. New York :Academic Press, Inc. ,1986,19:134.

④ 佩蒂和卡乔波设计了一套生成“强(strong)或弱(weak)”论点质量的经验方法。该方法的具体步骤是:首先,研究者生成一个关于某个话题(例如,提高学费)直觉上(很)强和(很)弱的论点集合。接着,部分先期被试根据他们自己的判断对这些论点的说服性的等级进行打分,在这些分值的基础上,研究者选择一些具有高和低等级的论点组成至少一个“强消息”和一个“弱消息”。然后,要求另一部分被试对组成的某个消息进行仔细的思考和评价,并随后完成一个“想法列举任务”(见“认知反应”脚注)。那么,通过上述程序得到的“强消息”被操作化为那些主要引出(elicit)被试对消息立场持赞同想法的消息,相应地,“弱消息”被操作化为那些主要引出被试对消息持不赞同想法的消息。可见,论点质量的实质是消息接收者感知到某个消息的论点(很)强和有说服力(cogent)或(很)弱和似是而非(specious)。具体可参见:Petty R. E. Cacioppo J T. The Elaboration Likelihood Model of Persuasion[M]// BERKOWITZ L. Advances in Experimental Social Psychology. New York :Academic Press, Inc. ,1986,19:133.

对消息有关信息的“认知思考①”，并借鉴了格林沃尔德的“认知反应”②概念，认为认知反应是论点质量对态度作用的中介变量（mediating variable）。

最后，动机③和能力调节处理变量对态度的作用。认知思考的动机有多种，假定Ⅰ（人们有持有“正确”态度的动机）是最主要的动机。为保持正确的态度，人们或仔细思考对象相关的信息，或不去思考而简单地接受专家的观点，前者需要花费较多的认知资源，后者能节约（conserve）认知资源。除此之外，思考的动机还包括从思考得到“享乐的回报（hedonic consequences）”和“内心的愉快（intrinsic enjoyment）”。“能力”是指人们思考所要具备的智力（intelligence）和知识。④

（2）ELM中存在模糊和值得商榷的地方，某些变量的作用机制不明晰。

首先，佩蒂等⑤认为，“非思考加工”机制（图3-3左边方框中除“较低程度思考消息有关信息”以外的内容）在精细加工较低时发生，并且，不同的“非思考加工”机制对态度发生作用（the impact of the process on attitudes）所需要的最小量的动机和能力水平（临界点）并不相同。当动机和（或）能力增加但没有达到临界点时，“非思考加工”机制的作用可能会增加，而一旦动机和（或）能力超过了临界点并继续增加时，“非思考加工”机制的作用会变小。然而，具体哪个“非思考加工”

① “认知思考”即“认知反应”，在文献中，“思考”或“思考消息有关信息”是认知思考的同义词。

② 格林沃尔德首次清晰地阐述了认知反应如何影响态度改变。作者认为，消息接收者积极地（actively）将消息中包含的信息与他们关于该消息话题（topic）的、现存的（existing）感情和信念相联系，认知反应代表了消息传播在接收者方面的内在内容，并被假定为接收者产生的、不仅仅是重复消息内容的想法（thoughts），更重要地，该理论假定认知反应是消息对态度改变作用的中介变量。格林沃尔德和同事设计了被后来的研究者广泛使用的评测（assess）“认知反应”的“想法列举任务（thoughts-listing task）”方法。在该方法中，要求被试列举与消息话题相关的想法或观点，随后，这些列举出来的想法被编码者编码（code）成各种不同的类别。包括ELM在内的许多说服研究中，想法往往被分成赞同和不赞同消息的总体立场两大类，并使用赞同或不赞同的想法的数目来表示认知思考的程度大小。具体可参见：Greenwald A. G. Cognitive learning, cognitive response to persuasion and attitude change[M]// Greenwald A. G. Brock T. C. Ostrom T. M. Psychological Foundations of Attitudes. San Diego, CA: Academic Press, 1968. 转引自：Eagly A. H. Chaiken S. The Psychology of Attitudes[M]. Fort Worth, TX: Harcourt Brace Jovanovich, 1993: 280-297.

③ 动机是指一种驱使人进行活动，从而满足需要、达到目标的内部动力。动机一般具有三种功能：①激活功能。动机能激发有机体产生某种活动，使个体由静止状态转向活动状态；②指向功能。指将行为指向一定的对象或目标；③维持和调节功能。当活动产生以后，动机维持着这种活动针对一定的目标，并调节着活动的强度和维持时间。如果活动达到了目标，动机促使有机体终止这种活动。如果活动尚未达到目标，动机将驱使有机体维持（或加强）这种活动，或转换活动方向以达到某种目标。具体可参加：张朝，李天思，孙宏伟. 心理学导论[M]. 北京：清华大学出版社，2008：67-68.

④ Petty R. E. Wegener D. T. The Elaboration Likelihood Model: Current Status and Controversies[M]// Chaiken S. Trope Y. Dual-Process Theories in Social Psychology. New York: Guilford, 1999: 44-45.

⑤ Petty R. E. Wegener D. T. The Elaboration Likelihood Model: Current Status and Controversies[M]// Cahiken S. Trope Y. Dual-Process Theories in Social Psychology. New York: Guilford, 1999: 67.

机制发生作用、动机和(或)能力超过临界点后该机制的作用一直变小到什么程度,以及其对应的动机和(或)能力是否会超过佩蒂等所指的"低精细加工"的条件,ELM并没有直接明确说明。正如伊格利和蔡金(S. Chaiken)[①]所指出,ELM只是指出当思考程度较低时"非思考加工"机制将发挥作用,但并没有解释哪个"非思考加工"机制发挥作用和为什么发挥作用。此外,从中心路径也包括"非思考加工"的外围线索机制来看,在高精细加工条件下,至少也存在某些"非思考加工"机制,这些机制为什么会在高精细加工条件下发生并不清楚。

而且,某些外围线索变量对态度的作用机制也不明晰。以来源因素为例。尽管佩蒂和卡乔波[②]指出,在动机和(或)能力都非常低时,来源因素(例如,来源吸引力、专业性等)作为相对简单的线索来决定是接受或拒绝消息中的观点。当动机和(或)能力处于中等水平(moderate)时,来源因素决定思考消息的程度。当思考程度非常高时,来源因素将帮助(help)[③]判断论点(如果来源因素发挥作用的话)的质量和决定消息观点的"真实价值"。但是,来源因素为什么在思考程度非常高时会作为论点被仔细审查并没有得到清晰的阐述。

再者,依据佩蒂等[④]的论述,在"低程度思考"条件下,当思考程度增加时,"非思考加工"机制对应的变量(例如,来源吸引力、心境等)可能减少、不变、增加或甚至彻底反向(reversed)。然而,为什么会出现这样的情况并不太明朗。

最后,来源等因素的"非思考加工"机制对应的变量是否通过中介变量影响态度也不太清楚。

(3)ELM中存在模糊和值得商榷的地方的症结在于ELM似乎总倾向于使用"思考加工"理论来解释来源特征等变量对态度的作用以及解释某些变量对态度的情感作用,而这样的做法很可能并不妥当。

---

① Eagly A. H. Chaiken S. The Psychology of Attitudes[M]. Fort Worth, TX: Harcourt Brace Jovanovich, 1993: 320 - 324.

② Petty R. E. Cacioppo J. T. Source factors and the elaboration likelihood model of persuasion[J]. Advances in Consumer Research, 1984, 11: 668 - 672.

③ 佩蒂和卡乔波并没有具体阐述"帮助"的含义,即并没有说明在思考程度非常高时,来源因素(如果发挥作用的话)将通过什么机制发挥作用。从其他相关文献可以推断出,此时的来源因素很可能作为论点而通过"认知思考"机制影响态度。具体可参见:Cacioppo J. T. Petty R. E. Persuasiveness of Communications is Affected by Exposure Frequency and Message Quality: A Theoretical and Empirical Analysis of Persisting in Advertising [M]// Leigh J. H. Martin C. R. Current Issues and Research in Advertising. Ann Arbor, MI: University of Michigan, 1980: 97 - 122. 转引自:Petty R. E. Cacioppo J. T. Schumann D. Central and Peripheral Routes to Advertising Effectiveness: The Moderating Role of Involvement[J]. Journal of Consumer Research, 1983, 10: 135 - 146.

④ Petty R. E. Wegener D. T. The Elaboration Likelihood Model: Current Status and Controversies [M]// Chaiken S. Trope Y. Dual-Process Theories in Social Psychology. New York: Guilford, 1999: 59 - 60.

ELM总倾向于使用"思考加工"理论来解释来源特征等变量对态度的作用以及解释某些变量对态度的情感作用，这样的意图在文献中多次体现。例如：

The high-involvement individuals considered all information—including source attractiveness—and *determined that the attractiveness of a person using a beauty product was a relevant consideration in judging the merit of the product*; Thus source attractiveness, when processed as an argument, added to the impact of the other (verbal) arguments presented for the product. ①(3－1)

译文：高投入的个人对所有的信息进行了仔细思考（包括来源吸引力），将使用漂亮产品的个人的吸引力作为判断产品真实价值的依据，并对该依据进行了仔细思考。这样，当被当做论点进行加工时，来源吸引力增加了其他（言语）论点对产品的作用。

Thus, a high elaboration individual might consider factors such as whether the message arguments presented are really cogent and compelling, but might also attempt to evaluate the merits of the position advocated by considering the information value of the source of the message (i. e., "*Is the source legitimate to consider and helpful in judging the true merits of the object*?"), his or her own currently experienced internal feelings (i. e., "*are my feelings legitimate to consider and helpful in judging the true merits of the object*?"), and all other factors relevant to judging the merits of the position advocated. ②(3－2)

译文：这样，高精细加工的个人可能仔细思考诸如消息的论点是否令人信服等因素，也可能尝试通过仔细思考信息来源的信息价值（例如，"来源适合进行仔细思考吗？其对判断对象的真实价值有帮助吗？"）、当前体验到的内在感情（例如，"我的感情适合进行仔细思考吗？其对判断对象的真实价值有帮助吗？"）和其他所有有关因素来评价所提倡的立场的真实价值。

---

① Cacioppo J. T. Petty R. E. Persuasiveness of Communications is Affected by Exposure Frequency and Message Quality: A Theoretical and Empirical Analysis of Persisting in Advertising[M]// Leigh J. H. Martin C. R. Current Issues and Research in Advertising. Ann Arbor, MI: University of Michigan, 1980: 97－122. 转引自：Petty R. E. Cacioppo J. T. Schumann D. Central and Peripheral Routes to Advertising Effectiveness: The Moderating Role of Involvement[J]. Journal of Consumer Research, 1983, 10: 135－146.

② Petty R. E. Wegener D. T. The Elaboration Likelihood Model: Current Status and Controversies[M]// Chaiken S. Trope Y. Dual-Process Theories in Social Psychology. New York: Guilford, 1999: 46.

而且,佩蒂等强调,ELM能解释与“思考加工”不同性质的变量作用机制(指变量的“非思考加工”机制),关键问题在于究竟(ever)是否需要这样解释。如果所有的研究结果都能被“思考加工”机制解释,则不需要假定不同性质的“非思考加工”机制来解释态度改变。然而,他们自己又指出,经验证据表明“思考加工”机制不足以解释所有的研究结果。①

本文认为,ELM总倾向于使用“思考加工”理论来解释来源特征等变量对态度的作用以及解释某些变量对态度的情感作用是这些变量的作用机制不明晰的根源所在。

以卡乔波和佩蒂的一个广告对态度影响的研究②为例。作者发现,产品代言人(endorser)外表吸引力在高投入(即高程度思考)和低投入(即低程度思考)条件下具有同等重要性(即产品代言人外表吸引力对态度的影响在高投入和低投入条件下没有显著差异),这与作者预期的结果相反。

卡乔波和佩蒂预期:高投入条件下对消息来源的“思考加工”对态度的影响比低投入条件下该消息来源对态度的影响要强。作者持这样的观点是源于假定Ⅶ,正如佩蒂等指出:

Thus, carefully processing three message arguments will lead to stronger attitudes than carefully processing just one argument, and carefully processing just one argument will lead to stronger attitudes than less effortfully basing one's attitude on one salient heuristic retrieved from memory, or on one inference (e. g., self-perception) generated on-line. ③(3-3)

译文:这样,仔细加工3个消息论点比仅仅仔细加工1个论点形成更强的态度,并且,仅仅仔细加工1个论点形成的态度比通过建基于从记忆中提取到一个重要的启发或从网上产生一个推断(例如,自我知觉)而形成的使用较少努力的态度要强。

---

① Petty R. E. Wegener D. T. The Elaboration Likelihood Model: Current Status and Controversies[M]// Chaiken S. Trope Y. Dual-Process Theories in Social Psychology. New York: Guilford, 1999: 50.

② Cacioppo J. T. Petty R. E. Persuasiveness of Communications is Affected by Exposure Frequency and Message Quality: A Theoretical and Empirical Analysis of Persisting in Advertising[M]// Leigh J. H. Martin C. R. Current Issues and Research in Advertising. Ann Arbor, MI: University of Michigan, 1980: 97-122. 转引自: Petty R. E. Cacioppo J. T. Schumann D. Central and Peripheral Routes to Advertising Effectiveness: The Moderating Role of Involvement[J]. Journal of Consumer Research, 1983, 10: 135-146.

③ Petty R. E. Wegener D. T. The Elaboration Likelihood Model: Current Status and Controversies[M]// Chaiken S. Trope Y. Dual-Process Theories in Social Psychology. New York: Guilford, 1999: 61.

也即，同等数量态度改变条件下，对消息有关信息（包括消息的内容、来源、背景和他们自身因素等）的仔细思考比低程度思考或“非思考加工”对态度的影响强，因为他们认为，高努力、中心路径加工通常比外围路径加工要求更大的认知努力，而该认知努力与各种态度强度的指标有关（例如，对相反观点的抵抗力）。① 据此，上述广告对态度影响的研究中，不论低投入条件下代言人外表吸引力是通过“思考加工”还是“非思考加工”机制对态度产生影响，它都比高投入条件下对态度的影响要弱，因为前者比后者花费更小的认知努力。

然而，研究结果与预期相反，作者对该结果解释为：在高投入条件下，代言人外表吸引力作为产品性能的有说服力的论点；在低投入条件下，产品代言人外表吸引力除了作为外围线索外，也可能为产品性能提供有说服力的视觉证据（persuasive visual testimony）。也就是说，作者认为，高投入条件下，消息接收者对代言人外表吸引力进行“思考加工”，而低投入条件下，不仅代言人外表吸引力通过“非思考加工”机制影响态度，而且还对代言人外表吸引力进行了“思考加工”。那么，低投入条件下对代言人外表吸引力同时进行“非思考加工”和“思考加工”对态度的影响的总和则有可能与高投入条件下对代言人外表吸引力的“思考加工”对态度影响的大小相当。

尽管卡乔波和佩蒂的上述解释有可能说明“产品代言人外表吸引力在高投入和低投入条件下为什么具有同等重要性”，但这样的解释难免有牵强附会之嫌。其原因在于，低投入条件下对代言人外表吸引力的“非思考加工”和“思考加工”对态度影响大小的总和很可能比高投入条件下“思考加工”对态度的影响显著要小，因为不仅低投入条件下对代言人外表吸引力的“思考加工”比高投入条件下对其的“思考加工”对态度的影响要小，而且低投入条件下对代言人外表吸引力的“非思考加工”对态度的影响很可能“非常弱（rather weak）②”。

事实上，本文认为，使用“思考加工”理论来解释来源特征等变量对态度的作用以及解释某些变量对态度的情感作用很可能并不妥当，因为无论是在动机和（或）能力较低或较高的情况下，来源特征和情感等外围线索都很可能根本不以“思考加工”机制对态度产生影响。以上文的广告对态度的影响为例，无论是高投入还是低投入条件下，代言人外表吸引力都很可能没有以“思考加工”的方式影响

① Petty R. E. Cacioppo J. T. The Elaboration Likelihood Model of Persuasion[M]// Berkowitz L. Advances in Experimental Social Psychology. New York ：Academic Press，Inc. ，1986，19：175.

② Petty R. E. Wegener D. T. The Elaboration Likelihood Model：Current Status and Controversies [M]// Chaiken S. Trope Y. Dual-Process Theories in Social Psychology. New York：Guilford，1999：49.

态度,而一直是以某种"非思考加工"的机制影响态度。并且,佩蒂等所认为的"在其他条件相同的情况下,对消息有关信息进行'思考加工'比变量通过'非思考加工'机制对态度的影响强"的假定也值得商榷,很可能后者的影响与前者一样强或甚者更强。这样,可能就有"产品代言人外表吸引力在高投入和低投入条件下具有同等重要性"。

(4)本文认为,在 ELM 中,来源特征等因素通过启发机制作用于态度,某些变量能通过意识水平以下的情感机制作用于态度。ELM 的许多见解是互联网学术信息可信性评价模型构建的依据。

本文认为,在 ELM 中,来源特征等因素通过启发机制作用于态度,与"思考加工"不同,其只需要花费很少的认知资源。而某些变量能通过情感机制影响态度,情感作用机制不需要进行思考加工,能在意识水平以下①作用于态度。例如,"纯粹显露效应"表明了可能存在一条独立于认知路径的、以某种情感机制为中介的非认知(noncognitive)路径影响态度②。

而且,类似"纯粹显露效应"的情感作用机制表明,在态度的形成中,情感和认知是两个自主的系统(autonomous systems)③。并且,这两个系统之间能相互影响。不仅"情绪的认知决定因素"、"多水平理论"和"心境与认知的关系"等理论都说明

---

① "意识水平以下"是对自己的活动没有觉知的状态。意识具有不同的水平,意识水平是指在某一时刻个人对自己的活动能够觉知的程度。意识水平主要包括前意识水平、非意识水平(nonconscious level)和无意识水平(unconscious level):前意识水平是指保持在人脑中的过去经验或信息,在当前瞬间虽未被意识到,但在需要时或被注意时,可以复现或提取而达到觉知。例如,人的长时记忆中存储着大量信息,语言、运动、地理、天文知识以及经历过的事件和主观体验等,平时一般不使用这些信息,可能也意识不到这些信息存在。当人面临某种问题时,就会把长时记忆中的信息资料提取到前意识之中,此时前意识担当了需要意识出现的阶梯,它类似于计算机的缓冲区域,从而使人有意识地利用信息资料完成当前的任务。非意识水平是指人对某些内在身心活动状态以及周围环境变化没有觉知。无意识水平是指对正在进行的某种心理活动和行为表现,人本身并没有觉知或毫无觉知。处于无意识水平的经验比处于前意识水平的经验更难以被觉知。具体可参见:Zajonc R B. Feeling and thinking: Preferences need no inferences[J]. American Psychologist, 1980, 35(2): 151 - 175.;张朝,李天思,孙宏伟. 心理学导论[M]. 北京:清华大学出版社,2008:211.

② Zajonc R. B. Feeling and thinking: Preferences need no inferences[J]. American Psychologist, 1980, 35(2): 151 - 175.

③ Eagly A. H. Chaiken S. The Psychology of Attitudes[M]. Fort Worth, TX: Harcourt Brace Jovanovich, 1993: 427.

了认知和情感两个系统之间能相互影响①,许多经验研究也表明态度的形成和改变过程中存在着认知和情感的相互作用(interplay)②。

当然,尽管存在着上述一些不足,ELM 仍有许多值得肯定和称道的地方。其中,最为重要的一点是将变量的认知和情感作用看成是两种不同性质的机制,并将两者集成到同一个框架中③。除此之外,动机和能力对变量的调节作用、认知反应是论点质量对态度作用的中介变量等见解也具有很大的启迪价值,其都成为互联网学术信息可信性评价模型构建的依据。

3.3　互联网学术信息可信性评价的"唤醒—启发—思考"模型

在 3.2 节的分析的基础上,在此就变量对互联网学术信息可信性评价的作用机制进行分析。

首先,互联网学术信息可信性是人对互联网学术信息的一种态度,类比 ELM 可知,动机和能力是影响用户评价互联网学术信息可信性的重要变量。

相应地,本文认为,用户评价互联网学术信息可信性的动机有两个来源,主要来源是"人们要持有正确的认识"。除此之外,动机来源还包括从思考得到"享乐的回报"和"内心的愉快",这属于用户评价过程中的情感活动。

与 ELM 类似,本文在此使用"投入"来表示用户评价互联网学术信息可信性的动机。资料显示,20 世纪中期以来,广告、消费者行为和市场营销领域就将投入作为一个重要变量研究其对商品态度的影响。例如,消费者行为领域的学者主要探

---

① "情绪的认知决定因素"是指对外部刺激或情景的评价、身体反应(如唤醒(arousal)水平)、面部表情和行动倾向这四个独立因素决定情绪体验;"多水平理论"旨在解释情绪的认知加工机制,其假设情绪反应可以被注意前加工或自动化加工所引发;"心境与认知的关系"中最著名的"语义网络理论"认为,情绪结点的激活导致许多语义网络中与之相连的结点也被激活。这样的激活模式导致心境状态依存性记忆(当回忆和学习时的心境匹配时,回忆效果最好)、心境一致性(当情绪性质与学习者(或回忆者)当前的心境状态一致时,包含情绪信息的学习或提取效果最好)和思维一致性(个体的自由联想、解释、思维和判断往往在主题上与个体的心境状态一致)效应出现。具体可参见:艾森克·M. W. 基恩·M. T. 认知心理学[M]. 高定国,何凌南,译. 第五版. 上海:华东师范大学出版社,2009:662 - 695.

② Eagly A. H. Chaiken S. The Psychology of Attitudes[M]. Fort Worth, TX: Harcourt Brace Jovanovich, 1993: 427 - 498.

③ 需要指出的是,将某些"非思考加工"机制不加限定或说明地放置到 ELM 框架下的处理方法值得商榷。因为 ELM 中的投入属于"结果范畴的投入",而 ELM 所要集成的"非思考加工"机制中的不少心理活动不属于"结果范畴的投入"。例如,"对消息来源的认同"中的心理活动类似"印象范畴的投入",而"将情感不恰当地归因于消息"中的心理活动则类似"价值范畴的投入"。尽管如此,ELM 将情感机制与认知机制集成到同一个框架下的做法仍具有较大的启迪价值。

讨投入对消费者的信念、决策过程、品牌忠诚度和产品识别的影响。① 需要指出的是,20 世纪 80 年代中期至 90 年代中期,投入研究呈现出一个新的成果:上述领域的许多学者都认同投入有认知(理智的(rational)、思考)和情感(情绪的、享乐的)两个维度②。例如,帕克(C. W. Park)和扬(S. M. Young)③将高程度的投入划分为认知投入和情感投入两种类型,探讨了它们(还包括低程度投入)对消费者如何形成对商标的态度的影响。而且,20 世纪 90 年代中期以来,这一研究取向在互联网广告、网络营销和电子商务研究中显得愈发明显。例如,江(Z. H. Jiang)等④将投入划分为认知投入和情感投入两个方面,探讨了机器的(mechanical)交互活动(例如,Web 站点的技术特征)和社会化的(social)交互活动(例如,人们通过某种媒介交互)对消费者 Web 站点投入的影响。研究发现,无论对什么产品类型(实用类型或表达情感类型,例如,前者为非小说类图书,后者为贺卡)而言,高水平活动控制(active control)的 Web 站点(指消费者能够根据需要随时与 Web 站点进行交互,例如,点击超链接或浏览任何产品类别的信息)倾向于激发消费者更高的认知投入。而且,在消费者和卖主没有在线交流的情况下,高水平活动控制的 Web 站点能激发消费者对实用类产品更高的情感投入。类似地,下文将要提到的埃罗格鲁(S. A. Eroglu)等、库法里斯(M. Koufaris)的研究也是将投入分为认知投入和情感投入两个维度进行研究的例证。这些研究为本文从认知和情感这两个重要的心理方面对用户的互联网学术信息可信性评价的内在机理提供了颇有价值的见解和启示。

具体地,本文将投入分为认知投入和情感投入两个变量,分别考察它们对互联网学术信息可信性评价的影响。认知投入是指个人的需要、价值或兴趣由刺激或情景激发产生的心理状态的认知方面,情感投入则指该心理状态的情感方面。由此,本文用认知投入来表示用户对互联网学术信息可信性评价的主要动机来源"人们要持有正确的认识",并认为,认知投入能调节某些变量对互联网学术信息可信性的作用。若无特别说明,本文中的"动机"是指"人们要持有正确的认识"的主要动机来源,用"认知投入"测量;情感投入是视觉吸引力对可信性作用的中介变量,

---

① Huang C-Y, Chou C-J, LIN P-C. Involvement theory in constructing bloggers' intention to purchase travel products[J]. Tourism Management, 2010, 31(4): 513 – 526.

② Putrevu S. Lord K. R. Comparative and Noncomparative Advertising: Attitudinal Effects under Cognitive and Affective Involvement Conditions[J]. Journal of Advertising, 1994, 23(2): 77 – 91.

③ Park C. W. Young S. M. Consumer Response to Television Commercials: The Impact of Involvement and Background Music on Brand Attitude Formation[J]. Journal of Marketing Research, 1986, 23: 11 – 24.

④ Jiang Z. H. Chan J. Tan B. C. Y. Chua W. S. Effects of Interactivity on Website Involvement and Purchase Intention[J]. Journal of the Association for Information Systems, 2010, 11(1): 34 – 59.

视觉吸引力越高，越能唤醒（arousal）用户高的情感投入，从而对互联网学术信息的可信性评价也越高，这一活动在意识水平以下发生。“唤醒”是指由感觉兴奋性水平、腺和激素的水平，以及肌肉的准备性所决定的一种活动的方面，或者是活动的准备状态①，本文用唤醒来表示心理活动中的情感活动。另外，当用户在评价互联网学术信息的可信性时，除对信息内容的质量进行思考外，高质量的信息内容使得用户乐意去思考，其也能能唤醒用户高的情感投入，从而可信性评价也越高，即情感投入是内容质量对可信性作用的中介变量。这种作用机制的根源在于从思考得到“享乐的回报”和“内心的愉快”的动机。同样地，这一活动在意识水平以下发生。

同时，与 ELM 类似，能力主要指思考所要具备的智力和知识。除此之外，在互联网环境下，Internet 技能必不可少。能力也是用户评价互联网学术信息可信性的调节变量。

接着，依据上文对 ELM 作用机制的分析，本文认为，当用户的动机和（或）能力处于高低不同水平时，他们评价互联网学术信息所使用的判据会有所差别。而且，互联网环境下，许多变量能通过不同的作用机制影响用户对学术信息可信性的评价，包括上文指出的思考、启发和情感机制。

由此，具体地，如图 3－4，本文提出互联网学术信息可信性评价的“唤醒—启发—思考”模型（Arousal-Heuristics-Thinking Model，AHTM）：用户通过互联网信息行为获取学术信息的过程中，他们会对信息的可信性进行评价。Web 页面的视觉吸引力越高，用户对页面上的信息内容的可信性评价越高，高视觉吸引力能唤醒用户高的情感投入，情感投入是视觉吸引力对可信性作用的中介变量，这一活动在意识水平以下发生。并且，当用户评价互联网学术信息可信性的动机（认知投入）和能力都很高时，用户将主要通过思考信息内容的质量来评价可信性，认知反应是内容质量对可信性作用的中介变量。而且，情感投入也是内容质量对可信性作用的中介变量，高内容质量能唤醒用户高的情感投入。当用户评价信息的动机或能力很低时，用户将主要依据来源等外部特征通过启发来作出评价，同时，用户也有可能不通过启发进行判断或重新获取信息。

在此对几个主要概念进行简要解释。在本文中，视觉吸引力是指对某个对象

① 情绪唤醒理论（arousal theory of emotion）是一种著名的情绪理论，其假定情绪不是独特的状态，而只是聚集在神经生理的唤醒或激活维度的一个极点上，该极点与以昏迷和深眠为代表的极点正好相反。情绪唤醒理论有时也称情绪激活理论（activation theory of emotion），其也包含认知成分，但这不在本文的讨论范围之内。具体可参见《心理学词典》（上海译文出版社 1996）。

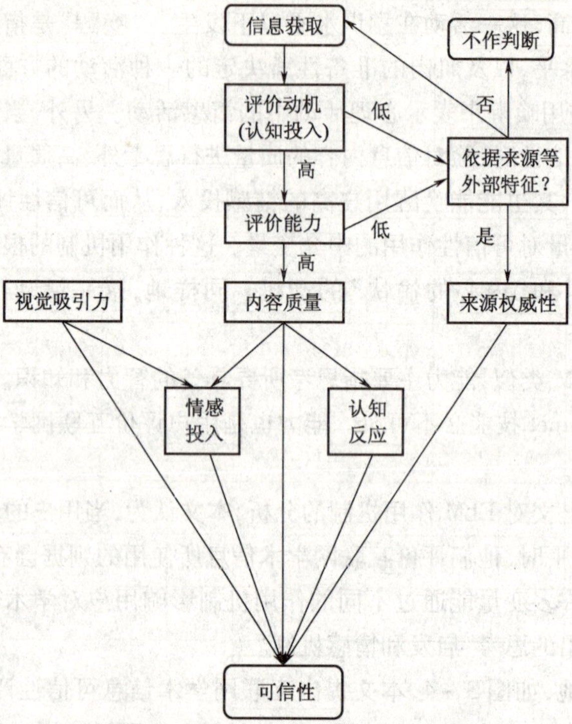

图3－4　初始"唤醒—启发—思考"模型

的瞬间的第一印象①，主要是指情感反应，不包括对该对象的内容的认知加工。在本文中，还有一个与视觉吸引力极为相近的概念是美学(aesthetics)。林德加德(G. Lindgaard)等②指出，"美学"是一个难以捉摸和容易混淆的概念。在对美学概念进行回顾的基础上，作者指出，目前用得较多的操作化定义是识别出美学的两个维度：一个是古典美学(classical aesthetics)，其追溯到古代，指设计的整洁性(orderliness)，包括干净、愉快、对称、悦目等概念。另一个是表达美学(expressive aesthetics)，反映了对设计者的创造力和原创性的感知，包括精致、有创造力、有特殊效果和迷人等概念。古典美学和表达美学都包含认知和情感反应。本文不区分这两个维度，也无意于定义美学概念，只借用美学的操作化定义进行研究设计，并认为视

① Lindgaard G. Fernandes G. Dudek C. Brown J. Attention web designers: You have 50 milliseconds to make a good first impression! [J]. Behaviour & Information Technology, 2006, 25(2): 115－126.

② Lindgaard G. Fernandes G. Dudek C. Brown J. Attention web designers: You have 50 milliseconds to make a good first impression! [J]. Behaviour & Information Technology, 2006, 25(2): 115－126.

觉吸引力与美学的含义相同。

站点权威性指网站被认可的影响力。

内容质量指 Web 页面上文章的文字内容的好坏。

下面对“唤醒—启发—思考”模型及关系图作进一步阐释。

互联网学术信息可信性评价包含在信息行为之中。变量对互联网学术信息可信性评价的作用机制之间存在认知和情感的相互作用,具体地,变量对可信性的影响存在三种相互影响的作用机制:

一是唤醒,即变量通过激发用户的情绪(情感投入)在意识水平以下影响可信性判断,其有两条路径,一是视觉吸引力能唤醒用户的情绪,二是内容质量也能唤醒用户的情绪。概念分析能为唤醒作用机制提供依据。通常地,态度通过认知加工、情感加工和行为加工(behavioral process)[①]三种不同的机制得以形成(态度具有认知、情感和行为前提因素(antecedents))[②],且具有认知反应、情感反应和行为反应三类反应[③]。由可信性是人对对象的一种态度可知,可信性也在认知、情感和行为前提因素的基础上通过认知加工、情感加工或行为加工中的一种或几种机制形成,也具有认知反应、情感反应和行为反应中的一种或几种反应。那么,视觉吸引力和内容质量都是可信性的情感前提因素(内容质量也是认知前提因素)。可信性的情感反应和认知反应是本文对可信性测量的理论依据。需要指出的是,本文的可信性研究不考虑行为加工或行为反应,只探讨情感加工和认知加工、情感反应和认知反应。

事实上,从互联网学术信息可信性评价的现实环境来看,互联网的交互性特征

① 态度的“行为加工”机制是指态度来源于过去的行为或行为反应。具体可参见:Eagly A. H. Chaiken S. The Psychology of Attitudes[M]. Fort Worth,TX:Harcourt Brace Jovanovich,1993:15 - 16.

② 尽管如此,态度也并不是必须同时在认知加工、情感加工和行为加工三个前提因素的基础上形成,其可以主要地或单独地在一个或几个前提因素的基础上形成。具体可参见:Eagly A. H. Chaiken S. The Psychology of Attitudes[M]. Fort Worth,TX:Harcourt Brace Jovanovich,1993:14 - 16.

③ 态度不能被直接观察到,但可以通过观察人们的评价反应来测量态度。一般地,态度能够或应该被划分为认知、情感和行为三个类别(社会心理学者通常认为它们是态度的三个组成部分)。相应地,评价反应被划分为认知反应、情感反应和行为反应三个类别:认知反应是指关于态度对象的想法或观点,情感反应是指人们体验到的、与态度对象有关的感情、心境、情绪和交感神经系统活动(sympathetic nervous system activity)等,行为反应是指与态度对象有关的、人们表现出来的明显的动作或“动作意向(intentions)”。行为(动作)意向是指并不必须表现在明显的行为中的动作意图。例如,某人打算(intend to)第二天去提交一个申请书,但是他(她)可能或也可能不实际地执行这个意图。另外,需要指出的是,经验研究表明,并不是所有情形下评价反应都具有认知、情感和行为三个组成部分,有时只有认知和情感两个类别或只有某个单一的类别或甚至只有某个单一的维度(不一定是认知、情感或行为维度)。具体可参见:Eagly A. H. Chaiken S. The Psychology of Attitudes[M]. Fort Worth,TX:Harcourt Brace Jovanovich,1993:10 - 14.

和图片、音乐等在线环境相比传统环境更能激发用户的情感状态,不少经验研究都证明了这一点。例如,埃罗格鲁等[①]发现,在线商店的音乐和颜色等周遭的线索(atmospheric cues)引起消费者的情感和认知的内在状态(internal states)。库法里斯[②]发现,消费者的在线购物活动能够同时引起(elicit)情绪反应和认知反应。

二是启发,即利用习得的和存储在记忆中的简单的规则进行判断[③],只需花费很少的认知资源。比如,学术机构或政府网站提供的信息的可信性比商业网站高、包含数据和图表的信息的可信性比没有数据或图表的信息要高。需要说明的是,启发既能进行有意识加工(conscious processes)又能进行无意识加工(unconscious processes):当感知者注意到和察知到(cognizant of)启发线索信息的判断含意(judgmental implications)且通过判断得知该信息与当前的任务相关时,启发是在意识水平上发生。当感知者没有觉知到(aware of)某个启发已被激发(该启发是接触到某个信息而产生的)或没有觉知到规则能应用于当前的任务时,启发在无意识水平上发生。[④]

三是思考,即对信息内容的质量进行思考,这需要花费较多的认知资源,这一活动在意识水平发生。此外,认知反应是内容质量对可信性作用的一个中介变量,20 世纪 80 年代中期的一些经验研究已表明了这一点[⑤](情感投入也是内容质量对可信性作用的一个中介变量)。

---

① Eroglu S. A. Machleit K. A. Davis M. Empirical Testing of a Model of Online Store Atmospherics and Shopper Responses[J]. Psychology & Marketing,2003,20(2):139 – 150.

② Koufaris M. Applying the Technology Acceptance Model and Flow Theory to Online Consumer Behavior[J]. Information Systems Research,2002,13(2):205 – 223.

③ Chen S. Chaiken S. The Heuristic-Systematic Model in Its Broader Context[M]// CHAIKEN S,TROPE Y. Dual-Process Theories in Social Psychology. New York:Guilford Press,1999:74.

④ Chen S. Chaiken S. The Heuristic-Systematic Model in Its Broader Context[M]// CHAIKEN S,TROPE Y. Dual-Process Theories in Social Psychology. New York:Guilford Press,1999:86 – 87.

⑤ Self C. S. Credibility[M]// Salwen M. B. Stacks D. W. An Integrated Approach to Communication Theory and Research. Mahwah,NJ:Lawrence Erlbaum Associates,Inc.,1996:434.

第四章　用户信息行为中的互联网学术信息可信性评价判据研究

针对研究问题,第四章和第五章对“唤醒—启发—思考”模型进行实证分析。本章拟解决第一个研究问题:用户在实际的互联网信息行为中评价学术信息可信性使用的判据是什么?

4.1　研究假设与设计

4.1.1　研究假设

归纳现有文献,依据评价判据所指的范畴,互联网学术信息可信性评价判据主要可分为三大类:一是信息的内容,其针对信息内容的特征进行评判,主要包括内容的合理性、客观性、完整性、质量①和语法与组织/结构的好坏等;二是来源等外部特征,其通过对网站创办者和信息作者等“非内容”的外部特征进行推理评判,主要包括 Web 站点的域名类型与声誉、是否显示了 Web 站点创办者或作者的资料、作者的知名度和所属单位、是否包含参考文献或表格/图片、信息内容的呈现格式(例如,论坛、通知或幻灯片)和信息的访问数等;三是外观与视觉设计,主要包括 Web 站点或文档的外观与布局等。据此,本文将判据所指的范畴作为下文内容分析中编录单制作的一种依据,将判据分为信息内容、来源等外部特征、外观与视觉设计和其他四类。此外,本文将判据的价值维度作为编录单制作的另一种依据,判据的价值维度是判据所指范畴下的具体构成,信息内容、来源等外部特征、外观与视觉设计和其他四类范畴都包括数种价值维度。由此,在对观察数据进行聚类和分类的基础上,结合相关文献中提及的判据,制定完成编录单。最终,编录单中的判据总体上分为信息内容、来源等外部特征、外观与视觉设计、其他四个范畴,每

---

① 严格来讲,质量包括合理性、客观性和完整性等价值特征,将质量与这些价值特征并列似乎有些重复,但由于这些判据大多都是受调查者口述或填写问卷得来,他们只是利用“质量”等词汇进行表述,并不一定准确地描述了自己真正要表达的意思,因此,此处不深究概念内涵之间的关系,将质量与合理性、新颖性并列作为具有同等权重的评价判据。

个范畴包括的具体判据依据判据的具体含义见表4-1。

表4-1 编录单判据分类与判据具体含义

范畴名称	判据名称	判据含义
信息内容	质量	文字内容的好坏程度
	合理性	内容含义用于说明主题是否恰当或符合逻辑
	客观性	内容含义在多大程度上不带个人主观偏向性地反映主题
	完整性	内容含义用于说明问题是否具有逻辑整体性
	新颖性	内容含义是否包括新的思路或观点等
来源等外部特征	有无来源信息	文档中是否标注有作者或作者单位等信息
	来源权威性	作者或作者单位等信息是否权威
	数据支撑	是否有调查统计数据来支撑论点
	支撑数据权威性	用来支撑论点的调查统计数据是否权威可靠
	文档格式	文档的存储和显示格式,例如网页、Word、PPT、PDF等
	元素规范性	文档中是否有摘要、关键词、参考文献、表格/图片等学术论文应有的元素
	引用推测	根据文档的被引用次数或是否被其他权威来源引用来推断
外观与视觉设计	外观	Web网页的背景颜色与版块布局、内容段落的排版方式以及字体类型与大小等要素的外表呈现
其他	有用性	文档内容对要解决问题的帮助程度
	学术性	文档内容的理论价值大小
	相关性	文档内容与主题的关联程度
	核实	通过其他资料对文档内容进行比较判断
	经验判断	依据评价者自身的经验来判断

里尔和贝尔金①研究发现,学者在评价Web信息质量和认知权威时使用的内容方面的判据多于来源等外部特征和外观与视觉设计方面的判据。刘和黄②发现,相对于本科生而言,硕士生更加注重信息的精确度和质量。本文认为,上述两种观点过于笼统,因为在不同的情境下,用户评价互联网学术信息可信性的主要判据可能会有所差别。具体地,当用户评价互联网学术信息可信性的动机很高时,他们主要使用内容方面的判据,看重信息的质量、合理性、客观性和完整性等。而当

① Rieh S. Y. Belkin N. J. Interaction on the Web: Scholars' Judgment of Information Quality and Cognitive Authority[J]. Proceedings of the 63rd ASIS Annual Meeting, 2000, 37: 25-38.

② Liu Z. M. Huang X. B. Evaluating the credibility of scholarly information on the web: A cross cultural study [J]. The International Information & Library Review, 2005, 37(2): 99-106.

用户的动机很低时,他们主要依据内容方面之外的判据进行评价,包括来源等外部特征、外观与视觉设计范畴的判据。

本文此处的调研对象选择在校博士生。由于被观察者均为博士生,他们对主题知识(专业的相关内容)都比较熟悉,且应该都具有较熟练的 Internet 技能,因此,此处假定被观察者评价互联网学术信息可信性的能力都很高,不再对“能力”进行单独分析。

那么,由上得出以下 2 个假设:

H1:在同一动机情景下比较(同为高动机情景或同为低动机情景):当用户评价互联网学术信息可信性的动机很高时,他们使用的信息内容范畴的判据均要多于来源等外部特征、外观与视觉设计、其他范畴的判据。当用户的动机很低时,他们使用的信息内容范畴的判据要少于来源等外部特征、外观与视觉设计或其他范畴的判据;在不同动机情景下比较(高动机情景与低动机情景比较):在其他条件相同的情况下,用户在高动机时比低动机时使用更多的信息内容范畴的判据,更少的来源等外部特征、外观与视觉设计、其他范畴的判据

H2:在同一动机情景下比较(同为高动机情景或同为低动机情景):当用户评价互联网学术信息可信性的动机很高时,至少存在这样一个属于信息内容范畴的价值维度的判据,用户使用该判据均要多于来源等外部特征范畴、外观与视觉设计范畴、其他范畴的价值维度的判据。当用户的动机很低时,至少存在这样一个属于来源等外部特征范畴、外观与视觉设计范畴或其他范畴的价值维度的判据,用户使用该判据均要多于信息内容范畴的判据;在不同动机情景下比较(高动机情景与低动机情景比较):在其他条件相同的情况下,至少存在这样一个属于信息内容范畴的价值维度的判据,用户在高动机时比低动机时使用该判据要多。另外,也至少存在这样一个属于来源等外部特征范畴、外观与视觉设计范畴或其他范畴的价值维度的判据,用户在低动机时比高动机时使用该判据要多。

4.1.2　研究设计

由于要获取用户在实际的互联网信息行为中的数据,因此采用实验室观察法。具体地,观察法需考虑的四个基本问题[①]设计如下:①观察的对象(下称参与者)为北京大学的在校博士生。由于观察一般不需要大规模的样本,通常采取小样本的

① 袁方和王汉生认为,任何观察都要考虑以下四个基本问题:(1)观察的对象、范畴和内容;(2)何时何地进行观察;(3)观察者与被观察者的关系;(4)如何得到准确的观察资料。具体可参见:袁方,王汉生. 社会研究方法教程[M]. 北京:北京大学出版社,2003:348－350.

方式，故本观察的样本为16名博士生。观察的内容为用户在互联网信息行为中评价学术信息可信性的判据；②观察时间为2010年11月16日至2010年12月11日，观察地点为北京大学静园三院213室；③观察采用局外观察[①]方式，参与者独立完成信息搜索任务和评价行为，但由于要控制数据质量，观察者会坐在参与者身旁给予必要的提示和指导[②]；④为得到准确的观察资料，利用有声思维和搜索日志法搜集数据，并采用内容分析法统计和分析数据。此外，本观察为非结构式观察[③]，即观察之前并不对观察的范畴进行详细的分类或制作观察卡片，只是在行为发生时进行全面的观察并作记录。

1. 样本选取

正式观察一共征召到16名北京大学的在读博士生[④]。考虑到学科差异，本文分别在理学、工学、人文和社会科学中选取若干学科，最后共选定8个学科，每个学科中选定同一专业的2名参与者参加观察。另外，为平衡性别比例，参与者安排男女各1名（心理学和力学分别为2名女生和2名男生）。

2. 实施步骤

参与者到达实验室，阅读“用户观察研究指导语与同意书”并签字。

向参与者说明相关事宜。要求每个参与者完成1个搜索任务。具体地，参与者必须在30分钟之内为指定任务至少找到8篇[⑤]与主题相关的Web页面信息（不包括图书馆电子期刊与数据库或CNKI等数据库服务商的网站上找到的信息或通

---

① 袁方，王汉生. 社会研究方法教程[M]. 北京：北京大学出版社，2003：335.

② 由于被观察者意识到观察者在对他们进行观察且观察者还会在适当的时候对他们进行提问，这不可避免地会使被观察者在不同程度上有意识或无意识地改变他们的习惯行为，从而影响观察的内在效度，但由于观察的内容不是敏感性行为（例如，违法活动或私下活动），本文认为该因素对数据有效性的影响不大。

③ 袁方，王汉生. 社会研究方法教程[M]. 北京：北京大学出版社，2003：335－336，339－342.

④ 心理学和力学两个专业最后分别只征召到1名参与者，由于寻找样本的难度很大和数据搜集进度的限制，最后安排这2名参与者分别参加了两次观察。两次观察使用的情景不同，为了尽量减小上一次情景对下一次观察的影响，两次观察间隔4天的时间。由此，本文将同1名参与者的两次观察当成两个独立的观察，将样本量看作16。另外，本研究拟观察的对象是博士研究生，而心理学参与者是在读的硕士研究生三年级学生，其理应不在调查范围之内。但考虑到搜索主题是该参与者参加的一个课题，她对课题的知识比较熟悉，再加上获知参加该课题的一名二年级研究生已成功转为硕博连读二年级学生，因此，本文认为可以将该参与者看作硕博连读三年级学生（博士生），这样处理对研究结论并无实质影响。

⑤ “30分钟”的时间限制和“至少8篇”的任务量是在试观察的基础上确定下来的，这样设定的预期是大多数参与者都完不成任务指标，正式观察的结果也证实了这一点。之所以要这样设定，是因为需要参与者在搜索和评价信息过程中保持一种时间紧迫感，这样的情景设计与可信性的概念相吻合。再者，内容分析的对象并不仅仅是保存下来的页面，还包括参与者在搜索任务中关闭的有声思维的页面（参与者并不知道该意图），而30分钟的时间能够保证每个参与者至少评价5个页面，因此，不会出现因为保存页面过少而导致分析页面数不足的情况。

过其他途径找到的有对应的正式出版的印刷版的网络文献)，将该信息以 Web 页面的格式保存下来。可以使用搜索引擎，也可以通过其他方式直接访问站点进行浏览。在参与者开始搜索之前，观察者(笔者担任)告知参与者在信息搜索过程中要使用有声思维法并说明具体操作方法。需要说明的是，在本文中，“Web 页面”比“Web 网页”的范畴要广，后者专指传统的普通网站网页，而前者除包括普通网页外，还包括博客页面、论坛页面以及从互联网上找到的 PDF、PPT、Word 等格式的文件。在第一个研究问题和第五章的模型应用检验中，评价对象主要是 Web 网页，还有少部分其他形式的 Web 页面，第二个研究问题的实验中的评价对象是 Web 网页。

每个搜索任务分别对应着评价互联网学术信息的高动机或低动机两种虚拟情景。参与者评价互联网学术信息的高动机情景设计如下：

请想象这样的情景：您目前在写一篇题目为《×××》的博士学位论文[①]，正撰写国内外研究现状综述部分，由于图书馆的数据库和信息服务商正式出版的网络数据库不能完全满足需要，现需要从互联网上检索一些 Web 信息资料作为综述的参考文献。

国内外研究现状综述是博士学位论文的研究价值与作者写作态度的重要体现，论文评阅老师历来十分重视综述的质量，在综述中引用没有确凿根据的资料往往被认为是写作态度不认真的表现。北京大学的博士学位论文实行匿名评阅制度，据以往的经验，评阅老师对综述质量的把关非常严格。例如，2009 年，北京大学的一位应届博士毕业生就因为在综述中引用了一篇没有标明任何出处的文献而被两位评阅老师投了否定票，导致该学生未能正常毕业。

现需要您在 30 分钟的时间内从互联网上查找至少 8 篇(一个 Web 页面上的文章算作一篇)Web 信息资料作为博士学位论文《×××》的参考文献，将其保存在计算机桌面上。

参与者评价互联网学术信息的低动机情景设计如下：

请想象这样的情景：专业课上，老师给出了一些问题供课外查阅资料，作为一般性了解，扩展知识面，也没有要求在课堂上讨论这些问题或上交所查阅的资料。其中有一个问题是《×××》(与上面的博士论文的题目相同)，某天，你的空闲时间比较多，刚好想起来这个问题，想了解下这方面的情况。而且，由于图书馆的数据库和信息服务商正式出版的网络数据库不能完全满足要求，需要从互联网上查找些相关资料。

---

① 博士学位论文的题目从北京大学博士学位论文库或参与者参加的课题中选取，考虑到某些专业(例如，化学)的领域之间的范畴相差很大，在选定题目之前会先征求拟参加观察的参与者的意见，确保最终选择一个该专业的参与者对相关领域的知识比较熟悉的题目。

现请您在30分钟的时间内从互联网上查找至少8篇(一个Web页面上的文章算作一篇)对了解《×××》有帮助的Web信息资料,将其保存在计算机桌面上。

由于上述两种情景在本研究中多次用到(部分词句会有修改),为方便论述,分别将其称为"高动机情景"和"低动机情景"。

准备设备和工具。主要包括调试屏幕记录软件(ScreenCamDEM 3.6.0试用版)和录音笔,保证一切硬件设备和软件工具准备就绪。

在正式开始搜索任务之前进行试搜索,让参与者熟悉计算机等相关设备。

开始搜索任务。参与者在指定的计算机上开始搜索任务,观察者坐在参与者一旁观察。每当参与者准备离开、关闭某个Web页面或选定某个页面将要保存时,观察者会询问参与者问题,例如,"你相信这个页面上的信息吗?";"你认为这个页面上的信息可靠吗?";"为什么这样认为?",这样一直到参与者完成搜索任务。需要指出的是,在整个观察过程中,观察者都不使用"可信性"或"可信度"的表述。在整个任务过程中,屏幕记录软件记录参与者在计算机上的操作,录音笔记录参与者和观察者的话语。另外,需要说明的是,每个专业的两名参与者的查寻主题相同,但分配不同的动机情景,目的是为了后期的对比分析①。而且,为了平衡性别的影响,本文让部分专业的男参与者和部分专业的女参与者完成高动机情景任务,避免出现所有的男参与者和女参与者都完成同样的情景任务的现象发生。

搜索任务完成后,参与者在网上填写认知投入量表和个人信息问卷。认知投入量表要求对搜索任务中保存下来的页面作一个总体的评价,目的是测量参与者的动机(具体见3.3节中相关内容)。认知投入测量采用江等②的认知投入量表,一共包括"不重要(unimportant)—重要(important)、与主题不相关(irrelevant)—与主题相关(relevant)、没有任何意义(means nothing)—有很大意义(means a lot)、没有价值(worthless)—有价值(valuable)、不需要(not needed)—需要(needed)"五个题项。采用7刻度量表(本文中所有的量表测量全采用7刻度量表,以下不再赘述)。江等使用的这个量表是在J. L. Zaichkowsky(扎伊克科斯基)③的个人投入量

① 严格来讲,应该是对同一名参与者作前后作两种不同的动机情景处理,但考虑到虚拟情境很难完全达到预期的目的(下文数据分析的结果说明了这一点),即同一名参与者在两种不同动机情景下的测量很可能有较大程度的重合,因此,为了避免这种情况的发生,此处采用对两名参与者作不同的动机情景处理。事实上,由于两名参与者在某些属性上的相似程度很高(北京大学同一专业的博士生),可以假定是对同一名参与者作两种不同的动机情景处理,这样处理不会对分析结论造成显著影响。

② Jiang Z. H. Chan J. Tan B. C. Y. Chua W. S. Effects of Interactivity on Website Involvement and Purchase Intention[J]. Journal of the Association for Information Systems, 2010, 11(1): 34-59.

③ Zaichkowsky J. L. Measuring the Involvement Construct[J]. Journal of Consumer Research, 1985, 12: 341-352.

表(Personal Involvement Inventory,PII)的基础上修正而来,PII 是广泛采用的一个高稳定性量表。

个人信息问卷中,16 名参与者分别编号为 01 - 16,个人信息主要包括性别、年龄、专业、Internet 经验水平等人口统计学变量。

问卷完成后,观察结束。紧接着,观察者对参与者进行结构化访谈,访谈纲要在本文可信性评价判据综述的基础上整理而成。录音笔记录参与者和观察者的对话。

访谈结束后,向参与者表示感谢,并付给报酬,数据搜集结束。

3. 测量与数据分析方法

(1)观察的效度。由于观察法的效度检验一般是与其他方法的结果相比较①,由此,将本观察的结果与刘②和马特斯③的研究比较发现,本观察的效度较高。

(2)观察的信度④。虽然由于非结构观察主要依靠具体观察者的感官和主观描述而导致其信度一般很难检验⑤,但由于在整个观察过程中都是笔者担任观察者,笔者在以往项目研究中担任观察者的经验、作为被观察者的体验以及在论文写作过程中所积累的大量互联网信息可信性文献的系统阅读基础能在很大程度上保证观察的信度。

(3)数据分析。数据分析采用内容分析法。此处采用内容分析法的理论假设是用户能够识别和讨论影响他们可信性判断的信息对象的特征,事实上,不少经验研究⑥都证实了这一点。内容分析的对象包括两个部分的数据:一部分是录音笔中的有声思维记录转换成的文字与屏幕记录软件中的搜索日志对照整理成的文本,下称观察文本;另一部分是将录音笔中的访谈记录转换成的文字整理成的文

① 袁方,王汉生. 社会研究方法教程[M]. 北京:北京大学出版社,2003:355.

② Liu Z. M. Perceptions of credibility of scholarly information on the web[J]. Information Processing & Management,2004,40(6):1027 - 1038.

③ Mattus M. Finding Credible Information:A Challenge to Students Writing Academic Essays[J]. Human IT,2007,9(2):1 - 28.

④ "信度"与本文所界定的"可信性"既有相同点又存在差异。一方面,从概念所指的含义来看,信度所指的含义与可信性相同。信度是"测量数据(资料)与结论的可靠性程度,即测量工具能否稳定地测量到它要测量的事项的程度。信度是针对测量的稳定性(stability)与一致性(consistency)而言的",指"获得的资料的可信性"。另一方面,从概念所属的主客体性质来看,两者则不同。可信性是人的一种主观认识,而信度则倾向于认为是数据(资料)的一种客观属性,从这个意义上讲,两者并不必然对应。也就是说,某人可能会认为经过检测的、具有高信度的数据(资料)的可信性很低,或某人认为的具有高可信性的数据(资料)的信度实质上很低。反之亦然。具体可参见:袁方,王汉生. 社会研究方法教程[M]. 北京:北京大学出版社,2003:187 - 188.

⑤ 袁方,王汉生. 社会研究方法教程[M]. 北京:北京大学出版社,2003:356 - 357.

⑥ Rieh S. Y. Judgment of Information Quality and Cognitive Authority in the Web[J]. Journal of the American Society for Information Science and Technology,2002,53(2):145 - 161.

本,下称访谈文本。

(4)观察文本内容分析。观察文本内容分析的分析单位和编录单位都是 Web 页面,主要采用概念组分析法。对内容进行统计描述前依据编录单对观察文本进行编码,其编码规则是对观察文本中的“言语表述(verbal statements)”进行拆分①,编码单位(记录单位)是具有完整意义的单个词语、词组或句子,每个具有完整意义的词语、词组或句子均算作一个同等权重的评价判据。

(5)编录单制作。研究发现,准确性、权威性、客观性、时效性和覆盖范围是用户评价 Internet 信息可信性时经常使用的五个价值维度②。据此,再结合其他研究成果,在对观察文本数据进行聚类和分类的基础上,制定完成编录单。评价判据总体上分为信息内容、来源等外部特征、外观与视觉设计、其他四个范畴,每个范畴包括的价值维度如下:信息内容范畴包括质量、合理性、客观性、完整性和新颖性。来源等外部特征范畴包括有无来源信息、来源权威性、数据支撑、支撑数据权威性、文档格式、元素规范性、引用推测和其他。外观与视觉设计范畴是指外观。其他范畴包括有用性、学术性、相关性、核实、经验判断和其他。每个价值维度下都有一个或多个取值(编录单及样例见附录 2)。

(6)观察文本编码的有效性(效度)检验。观察文本编码的有效性检验需要将最终的编码结果与其他类似的研究进行比较。本文将编码数据与里尔和贝尔金③的研究比较发现,观察文本的数据编码的有效性较高。

(7)观察文本编码的可靠性(信度)检验。观察文本的编码需要进行可靠性检验,在此采用编码者间协议(intercoder agreement)法④⑤。具体操作是:随机抽取 2 名参与者,从每个参与者的观察文本中随机抽取 4 个页面的记录。本文将每个参与者评价的页面分别用 P01、P02、……PQ 编号(P 代表参与者编号,P、Q 均有两个字符位),例如,0211 和 1408 分别代表参与者 02 评价的第 11 个页面和参与者 14

---

① Rieh S. Y. Judgment of Information Quality and Cognitive Authority in the Web[J]. Journal of the American Society for Information Science and Technology,2002,53(2):145 - 161.

② Metzger M. J. Making Sense of Credibility on the Web:Models for Evaluating Online Information and Recommendations for Future Research[J]. Journal of the American Society for Information Science and Technology,2007,58(13):2078 - 2091.

③ Rieh S. Y. Belkin N. J. Interaction on the Web:Scholars' Judgment of Information Quality and Cognitive Authority[J]. Proceedings of the 63rd ASIS Annual Meeting,2000,37:25 - 38.

④ Holsti O. R. Content analysis for the Social Sciences and Humanities[M]. Ontario,London:Addison-Wesley Publishing Company,Inc.,1969:140.

⑤ Rieh S. Y. Judgment of Information Quality and Cognitive Authority in the Web[J]. Journal of the American Society for Information Science and Technology,2002,53(2):145 - 161.

评价的第 8 个页面。利用随机数字表随机抽取的两个参与者的编号是 01 和 07，再继续利用该方法抽取参与者 01（评价页面总数为 7）和 07（评价页面总数为 11）的页面分别为 0101、0102、0106、0107 和 0701、0703、0708、0711，然后将这 8 个页面的记录合在一起作为可靠性检验的数据集合。

接着，邀请两名情报学专业的博士生（男女各 1 名）作为编码者。编码前，笔者首先花 15 分钟向两名编码者说明相关事宜，然后编码者花约 45 分钟进行编码训练。接下来，每个编码者对上述包含 8 个页面的数据集合进行正式编码，同时笔者也对其编码。

可靠性的计算公式为：

$$C.R. = \frac{2M}{N_1 + N_2} \tag{4-1}$$

其中，$C.R.$ 代表可靠性，M 代表笔者和每个编码者共同认定的可信性评价判据（即编好的代码），N_1 代表作者编码的判据总数，N_2 代表某个编码者编码的判据总数。最后，以判据所指的范畴为依据对编码结果进行统计。统计发现，笔者、男编码者、女编码者的编码数分别为 24、16 和 19，笔者与男编码者、女编码者共同认定的编码数分别为 15 和 18，依据公式计算出可靠性分别为 75% 和 83.7%。考虑到编码者训练的时间较短和对编录单上的判据还不太熟悉等因素，观察文本编码的可靠性较高。

综上知，观察文本编码具有较高的可靠性和有效性，适合进行统计分析。

（8）访谈文本内容分析。编码规则与观察文本类似，进行归类统计。目的主要是获取用户在平时的学习与科研中判断互联网学术信息可信性的判据，并将这些判据与观察的判据相比较，分析是否存在差异以及存在哪些差异。

4.2　结果分析

4.2.1　量表检验与动机操纵检测

4.2.1.1　数据搜集

此处的目的是要检验量表的效度和信度以及检测动机操纵的效果。本文根据高动机和低动机情景分别制作了两份网络问卷。两种动机情景中，参与者要搜索的任务主题都是“网络信息资源管理”，并选用同一个 Web 网页①供参与者评价。参与者在不同情景下的动机使用认知投入量表进行测量。问卷设计好后，让 3 名情报学硕博士生试填问卷，根据反馈意见②对问卷部分地方和个别题项的措辞进行修改。修改完成后，正式发布问卷。在此采用方便取样法，通过电子邮件群发问卷网络地址邀请北京大学信息管理系图书情报专业的硕博士生填写，不同的任务情景分别由不同的受调查者填写，高动机与低动机情景分别发送 42 份和 59 份电子邮件邀请。

问卷发布时间为 2010 年 11 月 6 日，2010 年 11 月 13 日截止。高动机与低动机情景分别回收问卷 22 份（男女分别为 7 份和 15 份）和 23 份（男女分别为 10 份和 13 份），共 45 份，总体回收率为 44.6%，检查发现均为有效问卷。

4.2.1.2 数据分析

认知投入量表的效度。在此采用主成份分析法，分析工具为 SPSS18.0。样本数为 45。首先，数据显示 KMO 取样适当性检测（Kaiser-Meyer-Olkin measure of sample adequacy）值为 0.751，大于 0.5③，且 Bartlett 球形检测（Bartlett test of sphericity）值为 171.918（$P<0.001$），表明 5 个变量之间有较多共同因素存在。在 5 个成分中，只有一个成分的特征值大于 1，累积解释方差为 71.495%。最后提取了 1 个因子，各变量的因子负荷均大于 0.55。可见，认知投入量表具有较高的结构效度。

李克特量表的信度检验通常采用 Cronbach' alpha 系数（下称 α 值）和折半信度（split-half relibility）法，本文采用前者。根据学者建议的标准，α 值一般必须大于 0.6④。分析显示，α 值为 0.893，而且，方差分析显示，$F=6.558$（$P<0.001$）。可见，认知投入量表的信度较高，且重复度量效果较好。

综上知，认知投入量表具有较高的效度和信度，故在以下研究中采用该量表。

动机操纵检测。采用方差分析法。理想情况下，高动机与低动机情景下的认知投入存在显著差异。数据分析显示，两种动机情景下认知投入没有显著差异，F

① 页面地址为：http://www.hninfo.gov.cn/govpublic/rkxgl/jcyj/200911/t20091127_143457.htm，其标题是“关于加强网络信息资源管理的对策与建议”，作者是长沙学院《网络信息资源管理及对策研究》课题组。

② 反馈意见最多且较为一致的是认知投入量表中的第三项，由于先前将“means nothing-means a lot”翻译成“不意味着任何事情－意味着很多事情”，反馈意见认为该题项的意思让人费解，因此，最后改为“没有任何意义－有很大意义”。

③ KMO 值越大，表示变量间的共同因素越多，越适合作因子分析。一般认为，当 KMO 值小于 0.5 时，不宜进行因子分析。具体可参见：吴明隆. SPSS 统计应用实务[M]. 北京：中国铁道出版社，2000：35－36.

④ 吴明隆. SPSS 统计应用实务[M]. 北京：中国铁道出版社，2000：47.

(1,43) = 1.731 ($P = 0.195 > 0.05$[①]),高动机情景下的认知投入均值为 22.1364 ($N = 22$),小于低动机情景下的认知投入均值 24.6957 ($N = 23$)。这可能主要是因为高动机和低动机情景都是虚拟情境(尤其是"学位论文综述写作"的高动机情景),如此则难免会出现参与者由于种种原因在填写问卷时没能很好地模拟情景,造成统计结果与真实的情景相去较远。尽管如此,由于高动机情景的设计是在学位论文综述中引用指定的 Web 页面信息,在这种重要的情况下,参与者对 Web 页面的评价势必会更加谨慎,因此高动机情景下变量的均值应低于低动机情景下的均值,上述数据恰好表明了这一点。

由此,综上知,本文认为高动机和低动机虚拟情境设计较好地达到了预期的效果。

4.2.2 试观察

本文分别邀请了 1 名情报学的男博士生和 1 名图书馆学的女博士生进行试观察。试观察时间为 2010 年 11 月 15 日下午 3:30 ~5:30,地点在北京大学三院 213 室。两名参与者分别在高动机和低动机情景下进行信息搜索,搜索的主题均为"互联网信息传播的自律机制研究"。

试观察发现,实验室环境良好,计算机硬件、软件和录音笔设备运行稳定,整个观察过程都比较顺利。在试观察的基础上,对实验指导材料的部分词句作了修改。修改最大的一处是"用户观察研究与细则"中观察者对参与者在任务搜索中的提问由"你觉得这个页面上的信息怎么样?"改为"你相信这个页面上的信息吗?"、"你认为这个页面上的信息可靠吗?"。原先的提问设计是为了尽量不让参与者发觉研究的"可信性"评价意图,以免造成参与者迎合或猜测研究意图而带来的干扰,但试观察发现,这样设计会产生参与者回答的内容太过宽泛、从而超出可信性范畴的问题。因此,将原先的提问改为后者,这样能使观察者在不使用可信性表述的情况下保证参与者的回答更加切合研究意图。

总体上看,试观察表明实验设计达到预期目标,可以进行正式观察。

4.2.3 正式观察

4.2.3.1 样本描述

如表 4-2,正式观察的参与者中,理科有化学和心理学 2 个专业,工科有力学

---

① 若无特别说明,本文中的显著性检验均为双侧检验,且显著水平的临界值为 0.05。

1个专业，文科有哲学1个专业，社会科学有人口学、社会学、情报学和图书馆学4个专业，每个专业各有2名博士生参加观察（除心理学和力学分别全为女博士生和男博士生以外，其余专业男女各1名）。共有16名博士生参加观察，高动机和低动机情景各8名。参与者男女各占50%，年龄最大为34岁，最小为24岁，平均约27岁。其中，一年级有3人，二年级有2人，三年级有5人，四年级有5人，五年级有1人。Internet使用经验方面，参与者使用Internet最早的从1999年10月开始，最晚从2006年5月开始，即他们至少都有4年的Internet使用经历。再者，他们目前每周在Internet上花费的时间最多的有70个小时，最少的有20个小时，平均约31.9小时。最后，他们过去一年通过网络购物的次数最多的有30次，最少的有0次，平均约8.5次。可见，参与者虽然在Internet使用经验的3个指标上存在差别，但总体来看都具有较丰富的Internet经验。由此，本文认为，参与者评价互联网学术信息可信性的能力都很高的假定成立。另外，参与者共评价166个页面，即内容分析单位数为166，其中，评价最多的为16个，最少的为5个，平均约10.4个，可以进行内容分析。

表4-2　第一个研究问题：正式观察参与者情况

	理科				工科		文科	
	化学		心理学		力学		哲学	
搜索主题	单壁碳纳米管的发光性质及其应用研究		汉语句子加工过程中词类句法优先性的ERP与眼动研究		水下仿生机器人的控制与协作		从社会发展看人的自由	
参与者编号	01	02	13	14	15	16	07	08
性别	男	女	女	女	男	男	女	男
情景状态	高动机	低动机	高动机	低动机	高动机	低动机	高动机	低动机
评价页面数	7	13	10	10	13	16	11	15
	社会科学							
	人口学		社会学		情报学		图书馆学	
搜索主题	中国老龄政策评估研究		中国农村剩余劳动力转移研究		信息素质评价理论与实践研究		信息资源价值研究	
参与者编号	05	06	09	10	03	04	11	12
性别	男	女	女	男	女	男	女	男
情景状态	低动机	高动机	低动机	高动机	低动机	高动机	高动机	低动机
评价页面数	6	9	13	14	7	10	5	7

4.2.3.2 动机操纵检测

此处采用独立样本T检验法。数据显示两种动机情景下认知投入没有显著差异（$P = 0.765 > 0.05$），高动机情景下的认知投入均值为25.0000（$N = 8$），大于低动机情景下的均值24.0000（$N = 8$）。由于认知投入测量针对的是参与者最后保存下来的页面（见附录9中的问卷题项），理论上而言，为博士论文的综述写作而保存下来的页面的重要性要高于为平时一般了解而保存下来的页面，也即，高动机情景下的变量均值应该大于低动机情景下的变量均值，上述数据恰好表明了这一点。由此，考虑到样本较小和其他随机性因素的影响，本文认为情景操纵较好地达到了预期目的。

4.2.3.3 观察文本数据分析

编录单汇总统计如表4-3。高动机情景下，四个范畴的判据频数之和为22.76，其中，参与者使用的信息内容范畴的判据的频数最大，为9.59，其余范畴频数从大到小依次为来源等外部特征（9.28）、其他（3.75）、外观与视觉设计（0.14）。低动机情景下，四个范畴的判据频数之和比高动机情景略少，为21.96，其中，来源等外部特征范畴的判据的频数最大，为11.13，其余范畴从大到小依次为信息内容（5.61）、其他（5.16）、外观与视觉设计（0.06）。可见，当用户评价互联网学术信息可信性的动机很高时，他们使用的信息内容范畴的判据比来源等外部特征、外观与视觉设计、其他范畴的判据都要多。当用户的动机很低时，他们使用的信息内容范畴的判据要少于来源等外部特征范畴的判据。接着来看不同动机情景下的比较。高动机情景下的信息内容范畴的判据的频数要大于低动机情景下的对应频数（$9.59 > 5.61$），前者的来源等外部特征范畴的频数小于后者（$9.28 < 11.13$）、其他范畴的频数要小于后者（$3.75 < 5.16$），但前者的外观与视觉设计范畴的频数要大于后者（$0.14 > 0.06$）。由此，H1得到部分证实，除用户在高动机时比低动机时使用的外观与视觉设计范畴的判据要少不成立外，其余成立。

不过，需要指出的是，高动机情景下，用户使用的信息内容范畴与来源等外部特征范畴的判据的频数大小差异（9.59 vs 9.28）没有低的动机情景下（5.61 vs 11.13）明显，高动机情景下使用的信息内容范畴的判据比来源等外部特征范畴的判据略多。而且，来源权威性、元素规范性、有无来源信息、数据支撑、引用推测也是来源等外部特征范畴中使用较多的判据。另外，不论是高动机还是低动机情景下，外观与视觉设计范畴的判据都用得最少，而且远小于其余范畴的判据。

表 4－3　评价判据概念组分析频数统计

		信息内容范畴					来源等外部特征范畴							
		质量	合理性	客观性	完整性	新颖性	有无来源信息	来源权威性	数据支撑	支撑数据权威性	文档格式	元素规范性	引用推测	其他
高动机情景	01	0.14	0.57	0.14	0	0	0.29	0.57	0.14	0	0	0	0	0
	04	0.51	0.30	0	0.10	0	0.20	0.79	0.40	0	0	0.70	0.20	0
	06	0.22	0.33	0.11	0.11	0.11	0.11	0.56	0.22	0.11	0	0.11	0.11	0
	07	0.45	0.45	0.09	0.18	0.28	0	0.18	0.09	0	0.09	0.18	0	0
	10	0.50	0.79	0	0.29	0.14	0.07	0.43	0.29	0	0.07	0.07	0.21	0
	11	0.20	0.60	0	0	0.20	0.60	0.20	0	0	0	0.80	0.41	0
	13	0.50	1.20	0	0	0	0	0.20	0	0	0	0	0.10	0
	15	0.31	0.54	0.08	0.15	0	0.08	0.62	0.08	0	0	0	0	0
	合计	2.83	4.78	0.42	0.83	0.73	1.35	3.55	1.22	0.11	0.16	1.86	1.03	0
	范畴总计	9.59					9.28							
低动机情景	02	0	0.54	0	0	0	0	0.23	0.08	0	0.24	0	0	0
	03	0	0.43	0.14	0.28	0	0.43	0.14	0.29	0	0	0	0	0
	05	0	0.83	0.49	0	0	0	0.50	0.17	0.17	0	0.16	0	0
	08	0.13	0	0	0.07	0	0.47	0.67	0.27	0.07	0	0.27	0.26	0
	09	0.23	0.54	0.08	0	0.23	0.08	0.77	0.38	0	0	0	0	0
	12	0.14	0	0	0	0	0.85	1.14	0.14	0.14	0.14	0.29	0	0
	14	0.50	0.10	0	0	0	0.30	1.10	0.10	0	0	0.10	0	0
	16	0.19	0.50	0.13	0.06	0	0.31	0.56	0.06	0	0.06	0	0.19	0
	合计	1.19	2.94	0.84	0.41	0.23	2.44	5.11	1.49	0.38	0.44	0.82	0.45	0
	范畴总计	5.61					11.13							

续表

		外观与视觉设计范畴	其他范畴					
		外观	有用性	学术性	相关性	核实	经验判断	其他
高动机情景	01	0.14	0.43	0	0.14	0.14	0	0.14
	04	0	0.60	0	0	0	0	0
	06	0	0.22	0	0	0	0	0
	07	0	0.27	0	0	0	0.09	0
	10	0	0.14	0	0.07	0.07	0.14	0
	11	0	0.40	0	0	0	0.40	0
	13	0	0	0	0.10	0	0	0
	15	0	0.08	0.08	0	0.16	0.08	0
	合计	0.14	2.14	0.08	0.31	0.37	0.71	0.14
	范畴总计	0.14	3.75					
低动机情景	02	0	0.15	0	0	0.23	0.15	0
	03	0	0.43	0	0	0.56	0.29	0
	05	0	0.50	0.17	0	0.17	0	0
	08	0	0.07	0	0.20	0.07	0.13	0.07
	09	0	0.77	0.46	0.08	0	0	0
	12	0	0	0.14	0.14	0	0	0
	14	0	0	0	0	0	0	0
	16	0.06	0	0.06	0.06	0.13	0.13	0
	合计	0.06	1.92	0.83	0.48	1.16	0.70	0.07
	范畴总计	0.06	5.16					

注:表4-3中的数据计算方法如下:由于每个参与者评价的有效页面数不尽相同,因此,参与者在某个判据上的频数值等于其评价的所有页面在该判据上的次数之和除以评价的页面数。例如,参与者04共评价10个页面,这10个页面的评价判据中归入“质量”判据的次数分别0、0、1、0、0、1、2、0、1、0,那么,参与者04在“质量”判据上的频数为(0+0+1+0+0+1+2+0+1+0)/10=0.50(保留两位小数)。某一判据的“合计”指高动机或低动机情景下8个参与者在判据上的频数值之和,例如,高动机情景下质量判据的合计值为0.14+0.51+0.22+0.45+0.50+0.20+0.50+0.31=2.83。“范畴总计”指高动机或低动机情景下同一范畴下判据的合计值之和,例如,高动机情景下“信息内容范畴”总计值为2.83+4.78+0.42+0.83+0.73=9.59。

然后,来看价值维度判据的情况。高动机情景下,信息内容范畴的合理性判据使用最多(4.78),低动机情景下,来源等外部特征范畴的来源权威性判据使用最多

(5.11)。同样地,来看不同动机情景下的比较。信息内容范畴的判据中,除客观性在高动机情景下比低动机情景下使用要少以外,质量、合理性、完整性和新颖性的使用前者比后者都要多。另外,来源等外部特征范畴的判据中,除元素规范性和引用推测在低动机情景下比高动机情景使用要少以外,有无来源信息、来源权威性、数据支撑、支撑数据权威性、文档格式在低动机情景下比高动机情景使用都要多。外观与视觉设计范畴的判据中,外观在低动机情景下比高动机情景使用要少。其他范畴的判据中,除有用性、其他在低动机情景下比高动机情景使用要少、经验判断在两种情景下使用数几乎相等以外,学术性、相关性、核实在低动机情景下比高动机情景使用都要多。由此,H2 得到证实。

综合以上分析,假设的检验情况整理如表 4-4。

表 4-4　第一个研究问题假设检验情况

假设内容	检验结果
H1:在同一动机情景下比较(同为高动机情景或同为低动机情景):当用户评价互联网学术信息可信性的动机很高时,他们使用的信息内容范畴的判据均要多于来源等外部特征、外观与视觉设计、其他范畴的判据。当用户的动机很低时,他们使用的信息内容范畴的判据要少于来源等外部特征、外观与视觉设计或其他范畴的判据;在不同动机情景下比较(高动机情景与低动机情景比较):在其他条件相同的情况下,用户在高动机时比低动机时使用更多的信息内容范畴的判据,更少的来源等外部特征、外观与视觉设计、其他范畴的判据	部分成立,除用户在高动机时比低动机时使用的外观与视觉设计范畴的判据要少不成立外,其余成立
H2:在同一动机情景下比较(同为高动机情景或同为低动机情景):当用户评价互联网学术信息可信性的动机很高时,至少存在这样一个属于信息内容范畴的价值维度的判据,用户使用该判据均要多于来源等外部特征范畴、外观与视觉设计范畴、其他范畴的价值维度的判据。当用户的动机很低时,至少存在这样一个属于来源等外部特征范畴、外观与视觉设计范畴或其他范畴的价值维度的判据,用户使用该判据均要多于信息内容范畴的判据;在不同动机情景下比较(高动机情景与低动机情景比较):在其他条件相同的情况下,至少存在这样一个属于信息内容范畴的价值维度的判据,用户在高动机时比低动机时使用该判据要多。另外,也至少存在这样一个属于来源等外部特征范畴、外观与视觉设计范畴或其他范畴的价值维度的判据,用户在低动机时比高动机时使用该判据要多	成立

再来看不同性别的参与者的评价判据之间的差别。男女参与者各 8 名,且各有 4 名高动机和低动机情景的参与者。如表 4-5,男参与者四个范畴的判据频数之和(23.72)略大于女参与者(21.02)。具体范畴方面,男参与者比女参与者使用判据频数多的范畴有来源等外部特征范畴(12.11 > 8.30)和外观与视觉设计范畴(0.20 > 0),前者比后者少的范畴有信息内容范畴(7.10 < 8.11)和其他范畴

(4.31 <4.61)。具体价值维度的判据方面,男参与者与女参与者相比:信息内容范畴中,除客观性和完整性要多以外,质量、合理性、新颖性都要少。来源等外部特征范畴中,除文档格式要少以外,有无来源信息、来源权威性、数据支撑、支撑数据权威性、元素规范性、引用推测都要多;外观与视觉设计范畴中,后者没有,前者比后者多;其他范畴中,除相关性和其他要多以外,有用性、核实、经验判断都要少,学术性两者相当。

表 4-5　评价判据性别比较

<table>
<tr><td colspan="2" rowspan="2"></td><td colspan="5">信息内容范畴</td><td colspan="8">来源等外部特征范畴</td></tr>
<tr><td>质量</td><td>合理性</td><td>客观性</td><td>完整性</td><td>新颖性</td><td>有无来源信息</td><td>来源权威性</td><td>数据支撑</td><td>支撑数据权威性</td><td>文档格式</td><td>元素规范性</td><td>引用推测</td><td>其他</td></tr>
<tr><td rowspan="2">男(8)</td><td>单项</td><td>1.91</td><td>3.53</td><td>0.85</td><td>0.67</td><td>0.14</td><td>2.27</td><td>5.29</td><td>1.55</td><td>0.38</td><td>0.28</td><td>1.49</td><td>0.85</td><td>0</td></tr>
<tr><td>总计</td><td colspan="5">7.10</td><td colspan="8">12.11</td></tr>
<tr><td rowspan="2">女(8)</td><td>单项</td><td>2.11</td><td>4.20</td><td>0.42</td><td>0.58</td><td>0.80</td><td>1.52</td><td>3.39</td><td>1.16</td><td>0.11</td><td>0.32</td><td>1.19</td><td>0.61</td><td>0</td></tr>
<tr><td>总计</td><td colspan="5">8.11</td><td colspan="8">8.30</td></tr>
<tr><td colspan="2" rowspan="2"></td><td colspan="5">外观与视觉设计范畴</td><td colspan="8">其他范畴</td></tr>
<tr><td colspan="5">外观</td><td>有用性</td><td>学术性</td><td colspan="2">相关性</td><td>核实</td><td colspan="2">经验判断</td><td>其他</td></tr>
<tr><td rowspan="2">男(8)</td><td>单项</td><td colspan="5">0.20</td><td>1.82</td><td>0.45</td><td colspan="2">0.62</td><td>0.73</td><td colspan="2">0.48</td><td>0.21</td></tr>
<tr><td>总计</td><td colspan="5">0.20</td><td colspan="8">4.31</td></tr>
<tr><td rowspan="2">女(8)</td><td>单项</td><td colspan="5">0</td><td>2.24</td><td>0.46</td><td colspan="2">0.18</td><td>0.80</td><td colspan="2">0.93</td><td>0</td></tr>
<tr><td>总计</td><td colspan="5">0</td><td colspan="8">4.61</td></tr>
</table>

4.2.4　访谈文本数据分析

访谈在观察完成后进行,主要询问参与者在平时的信息行为中使用的互联网学术信息可信性评价判据以及某些因素如何影响可信性判断。访谈文本一共包括 14 名受访者(下称受访者,其编号与参与者的编号相对应)的数据①,每个受访者回答访谈者提出的约 18 个方面的问题,下文以所提问题为主线对访谈文本进行分析(此处问题的顺序在访谈问题顺序的基础上有所调整)。

① 原本有 16 人次参与观察,但心理学和力学的 2 名参与者分别为同一个人,对其只访谈了一次,故最后访谈样本量为 14。

Q1:平时的科研和学习活动中判断互联网信息[①]可信性[②]的判据一般是什么?

受访者在平时的科研和学习活动中判断信息可信性的判据主要集中在信息内容和来源等外部特征两个范畴,分别以其中一个范畴为主的受访者各占总数的约50%(见附录3中的记录7、22和27)。

同时,一些受访者也提到其他一些判据。例如,情报学受访者03提到了直觉判断,力学受访者15提到了他人评论的影响,人口学受访者05强调数据的可靠性,心理学受访者13强调实验方法。

Q2:信息内容的新颖性、逻辑性和独创性对信息的可信性判断有影响吗?

对信息内容的新颖性而言,大部分受访者认为没有影响,少部分认为新颖性强会增加可信性。逻辑性是所有受访者都一致看重的因素。对独创性而言,大部分受访者也认为没有影响,少部分认为对独创性要谨慎看待,也有个别受访者认为独创性能增加可信性(见附录3中的记录15、25、31和36)。

Q3:信息内容里有很多排版或语法错误对信息的可信性判断有影响吗?

总体上看,排版和语法错误会降低信息的可信性,但受访者对这两者的态度又存在一些差别。具体而言,有的受访者认为两者的影响非常大,例如:

"排版错误有影响,如果真是想发布一个信息,而且还有价值的话,我觉得这种基础性的工作是要重视的。语法错误有影响,虽然不是正式出版物,但如果想信息有价值,应该按照这个标准去要求自己,从为受众考虑的角度,不应该有语法、前后矛盾或排版之类的错误,我觉得这个很重要。"(图书馆学受访者12)

有的受访者认为语法错误的影响更大,例如情报学受访者04表示少许排版错误可以接受,但语法错误就不能容忍。

而且,对语法错误严重程度的看法也会存在差别,例如(类似例子还可见附录3中的记录19):

"排版不是太大的关键,但语法错误是不能容忍的,如果学术论文里有一两处错别字可以忽略,但是网上非正规学术论文的东西,又看上去到处是语法错误,被我发现了我就不用了。"(人口学受访者06)

最后,也有受访者(例如,社会学受访者09)认为排版错误的影响更大。

Q4:网站创办机构的类型(政府部门、学术团体、企业)对信息的可信性判断有

① 为表述方便,若无特别说明,这些访谈问题中的"信息"都指互联网学术信息。

② 在访谈提问中,实际使用"可相信"或"可靠性"的表述来表达"可信性"的含义,下同。事实上,不少受访者在回答问题时主动用到"可信性"或"可信度"这两个词,在观察和有声思维时也出现了这种情况。这表明参与者或受访者与访谈者对所要探讨的问题的理解达到较高的一致,所要研究的概念的效度较高。

影响吗？

所有的受访者都一致认为，网站创办机构的类型对信息的可信性判断存在影响。他们大多认为学术机构（协会和团体）网站上的信息比较可信，有些受访者将其作为查寻信息的首选。认为政府网站可信的受访者也较多，但比学术机构网站要少。

政府网站与学术机构网站信息的可信性比较方面，大多数受访者认为两者相当，但也有不同意见。例如，人口学受访者 06 表示对政府网站会有所选择，哲学受访者 07 则对政府网站上信息的可信性持一定的怀疑态度。

企业网站上信息的可信性总体上要比学术机构或政府网站差，当然也不乏可信性高的企业网站，许多受访者表示需要区别对待，例如（类似例子还可见附录 3 中的记录 28）：

“大部分公司办的网站不太相信，但少部分内容介绍得比较详细的公司网站上的信息还可以相信。”（化学受访者 01）

同时，有的受访者对某个网站的可信性的认同度较高，自己主动以该网站进行举例，例如，化学受访者 01 就主动以维基百科举例。

另外，也有受访者不关注网站的创办机构，例如，化学受访者 02 表示“看不出来网站是由哪个机构创办的”。

Q5：若信息被一个你所知道的很知名、很权威的网站所链接，或者该信息也把这个很知名、很权威的网站的链接设置在它的页面上，那么这两种情况对判断页面上的信息的可信性有影响吗？

对前一种情况而言，几乎所有的受访者都认为能提高信息的可信性，而后一种情况，他们大多持谨慎的态度（见附录 3 中的记录 14、17、24 和 53）。

也有受访者认为两种情况都要小心地作出判断，例如：

“前者的话，会有一些影响，但我可能更愿意就信息本身的网站再做一个甄别，我不会因为有链接就盲目地相信，可能会有一些影响，但具体很难说。后者的话，这个国内国外的情况可能不一样，我不知道在国外的引入网站是不是会有限制和要求，但国内相对比较混乱，想放就放，也没有人管，这样的链接的话我不太相信。”（图书馆学受访者 12）

另外，只有化学专业受访者 02 认为两种情况对信息的可信性判断都没有影响。

Q6：网站的口碑对判断它上面的信息的可信性有影响吗？

所有的受访者都认为网站的口碑影响可信性判断，好的网站口碑能提升信息

的可信性,相反,口碑差则降低信息的可信性,例如:(类似例子还可见附录3中的记录9)

"口碑有影响,比如说××网[①],它的口碑会给上面的信息可靠性加分。上面会有很多学术讨论,哪怕是一些网友的零散的评论,但我会认为这是有一定的学术基础的。"(社会学受访者09)

Q7:页面上有没有显示作者信息以及作者的知名度与资历对信息的可信性判断有影响吗?

页面上有没有显示作者信息对可信性判断方面,少部分受访者认为没有影响,例如:(类似例子还可见附录3中的记录2)

"没有影响,我一般不看作者,除非正式文献看作者,这种网上的信息一般不看作者。"(化学受访者02)

大部分受访者认为页面上有没有显示作者信息有影响,但影响不大。

作者的知名度与资历对可信性判断方面,有的受访者将其重要性排在网站的可信性后面,例如:

"应该有影响,比如刚才看到×××,他的文章就比其他人可靠性高一点,毕竟他是这个领域的专家,他的想法还是可以借鉴的,但网站的类型比作者对可靠性的影响要大。"(人口学受访者05)

也有受访者(例如,哲学受访者07)认为内容质量对可信性的影响比作者的知名度与资历要大。

还有个别受访者(心理学受访者13)认为有没有显示作者信息、作者的知名度和资历比较重要。

Q8:信息引用的参考资料的多少对信息的可信性判断有影响吗?

大多数受访者认为参考资料(文献)对可信性判断有影响,有的还认为影响非常大,例如:(类似例子还可见附录3中的记录11)

"这个有很大的影响,有时我都会先看人家的参考文献,如果阅读量都不够,那我肯定不会相信你,顶多会把你的参考文献作为引导我查找资料的一个线索。"(图书馆学受访者11)

另外,也有受访者认为影响比较小,例如:(类似例子还可见附录3中的记录50)

"这个基本上没有影响,因为现在网上的信息的引用本身是不完善的,我看重

① 出于尊重受访者和其他方面的考虑,此处隐去了相关信息,使用"×"代替。下同。

的主要是它的叙述本身。”（化学受访者01）

Q9：文档篇幅（长短）对信息的可信性判断有影响吗？

约57%的受访者认为文档篇幅对可信性判断存在影响，大多数认为文章长一点会更可信，例如：（类似例子还可见附录3中的记录35）

“如果一篇文章的内容很少，那我可能就会认为它的说服力不够，如果内容长一点，丰富一点，详细一点，那我第一直觉就会觉得可信度要高一点。”（情报学受访者03）

也有受访者（例如，图书馆学受访者12）认为文档篇幅不能过长。

而且，有的受访者考虑到时间、主题领域和内容质量等因素（见附录3中的记录1、23和29）。

另外，约43%的受访者认为不存在影响，例如：（类似例子还可见附录3中的记录13）

“没有影响，这个主要看内容，说了一大篇假的也没有用。”（化学受访者02）

Q10：信息的呈现格式（网页、PDF、PPT、Word、BBS等）对信息的可信性判断有影响吗？

约2/3的受访者认为呈现格式对可信性判断有影响，总的看来，PDF和Word是最可信的排前两位的格式，其次是PPT格式，然后是网页，可信性最差的是论坛（BBS）。但与信息的内容相比，不少受访者表示内容才是可信性判断的主要依据，例如：

“BBS的可靠性最差，PDF、Word的可靠性本身会比较好，但是最终还是要看内容。”（哲学受访者08）

值得一提的是，受访者对PPT的可信性认识比较有趣，大部分认为比较可信，也有个别受访者认为不可信，例如，情报学受访者03就比较不相信PPT格式。

而且，受访者作出判断的依据也不尽相同，有的认为PPT可以修改得比较充分，有的则认为PPT的发布没有限制（见附录3中的记录18和44）。

另外，约1/3的受访者认为呈现格式对可信性判断没有影响，例如：（类似例子还可见附录3中的记录12）

“这个没什么影响，因为要看内容。”（化学受访者02）

Q11：页面上显示的信息的访问数对可信性判断有影响吗？

约57%的受访者认为访问数对可信性判断没有影响，他们的理由有所差别，有的认为访问数只是关注程度的指标，有的对访问数的真实性表示怀疑（见附录3中的记录3、34和40）。

另约43%的受访者认为访问数对可信性判断存在影响，例如：（类似例子还可见附录3中的记录45）

“访问数越高我感觉可靠性越高。”（情报学受访者04）

而且，有受访者认为还必须结合其他因素来判断，例如哲学受访者08认为结合网站创办的时间来判断比较合理。

Q12：页面上的广告对信息的可信性判断有影响吗？

大部分受访者认为少量、合适的广告对可信性判断没有影响，但他们都一致认为过多的、“乱七八糟”的广告尤其是移动的广告对可信性有负面影响，例如：（类似例子还可见附录3中的记录39和51）

“广告是一种商业行为（无可厚非），只要不是那种跳来跳去的广告（就行），国外的很多网站，包括学术网站都会有广告，但是他们的广告做得很文明，会告诉你那是广告，国内的就比较糟糕。”（人口学受访者05）

也有少部分受访者认为广告没有影响，例如：（类似例子还可见附录3中的记录4）

“有没有广告影响不大。”（化学受访者01）

另外，极个别受访者非常排斥广告，哲学受访者07表示“比较讨厌广告，会直接关掉页面，可以理解为不相信上面的信息”。

Q13：页面的外观设计（包括布局、颜色、图片等）对你判断信息的可信性有影响吗？

14名受访者中，有8名受访者认为外观设计对可信性判断存在影响，但影响不大。其中，颜色几乎没有影响，布局和图片的影响要大一些，例如：（类似例子还可见附录3中的记录10和49）

“有那么一点点影响，……，当如果你进入一个网站时觉得它很讨厌，你很可能就看都不看了，就不相信它了。因为如果我看它很讨厌，那么它就不是按常理来布局的，不过我平时很少会碰到这种网页。”（情报学受访者03）

有3名受访者认为存在很大影响，例如：（类似例子还可见附录3中的记录33）

“肯定有影响，颜色倒是没有太关注，网页布局不好、广告放得太多的话可靠性会打折扣。”（哲学受访者08）

另3名受访者认为不存在影响，例如：（类似例子还可见附录3中的记录43）

“我不太看重这些东西，网页布局一般来说在博客里面会比较漂亮一点，博客要吸引眼球嘛，但我更关注的是它的内容，只要不是太杂乱无章得没法看，我觉得

还是要依据内容来评判。”(社会学受访者10)

Q14:网站的功能(例如,下载很慢或打不开页面)对判断页面上信息的可信性有影响吗?

大部分受访者认为网站的功能对可信性判断没有影响,例如:(类似例子还可见附录3中的记录41)

“没有影响,因为都没有看到信息内容,也就没法判断,很可能是特别关键的、特别可靠有用的信息反倒访问不了。”(图书馆学受访者11)

少部分受访者认为存在影响,例如:(类似例子还可见附录3中的记录52)

“我不知道这会不会(直接)涉及到可靠性的问题,但我觉得它间接地反映了可靠性的问题,如果是由于网络断网等原因打不开网页,那说明你自己比别人做得差。”(哲学受访者08)

Q15:页面上针对信息的评论对信息的可信性判读有影响吗?

一半的受访者认为评论对可信性判断有一定影响,例如:(类似例子还可见附录3中的记录8和42)

“我觉得评论还是有一定影响,第一次搜索的时候,当大致去看内容的时候可能还没有非常仔细地去看整篇文章,如果有人评论的话就可能去看一下,当然不能完全按照评论的想法来,但是往往就会有那么一种先入为主的影响。”(情报学受访者03)

其中,也有受访者提到了博客这一特定形式的评论,例如:(类似例子还可见附录3中的记录30)

“典型的评论是博客,有些博客的访客确实自己研究这个东西,有一些真知灼见的东西,虽然无法引用,但也非常有参考价值。”(化学受访者01)

另一半的受访者认为不存在影响,例如:(类似例子还可见附录3中的记录20)

“评论本身不会影响我对信息的评价。”(人口学受访者06)

Q16:若互联网上的信息与你自己的认识或观点相违背或相冲突,这种情况对你判断该信息的可信性有影响吗?

50%的受访者认为没有影响,例如:(类似例子还可见附录3中的记录46)

“这个倒不会有影响,学术研究观点不同是正常的,不能说它可不可靠,各抒己见嘛。”(图书馆学受访者11)

36%的受访者认为不能马上作出判断,需要结合其他资料进一步核实,例如:(类似例子还可见附录3中的记录5)

“可能会先把信息收藏起来以后作一个验证吧,最后看下谁对谁错,需要进一步的考察。”(化学受访者01)

另14%的受访者认为存在影响,例如:(类似例子还可见附录3中的记录54)

“如果我非常肯定自己的观点我就不会相信它,如果我有点犹豫我就会去查点资料,一般情况下就不会再相信它了。”(哲学受访者07)

Q17:老师的建议或推荐对所推荐信息的可信性判断有影响吗?

14名受访者中,有11名受访者认为老师的建议或推荐对可信性判断有影响,例如:(类似例子还可见附录3中的记录26、37和47)

“会觉得可靠一些,比如以前有个老师说哪个网站上的信息比较好,我就到那个网站上去看,就觉得比没有说以前要可靠一些,觉得网上说的东西更正确一些了。”(人口学受访者06)

也有2名受访者认为老师的推荐对可信性判断的影响有限,最终还是需要自己依据内容进行判断:(类似例子还可见附录3中的记录21)

“老师只是起一个引领的作用,可靠不可靠的判断还是得看文章的内容。”(人口学受访者05)

另外,有1名受访者认为不存在影响,化学受访者02表示“没什么影响,我们老师从来没有说过”。

Q18:图书馆工作人员(或学科馆员)的推荐对所推荐信息的可信性判断有影响吗?

14名受访者中,有10名受访者认为图书馆工作人员(或学科馆员)的推荐对可信性判断有影响,但影响不大,且他们都认为比老师推荐的影响要小,这其中的原因不尽相同,主要是认为图书馆工作人员的专业性不够强(见附录3中的记录32、38、48和55)。

另4名受访者认为不存在影响,例如:(类似例子还可见附录3中的记录6和16)

“推荐也许我会看一看,但是不能判断它的内容。”(化学受访者02)

此外,本文将受访者所回答的、平时在科研和学习活动中评价互联网学术信息可信性的判据(下称自我报告判据)与他们在搜索任务过程中有声思维的判据进行对比发现,有超过一半的受访者在两者之间都存在差异,例如:

情报学受访者03的自我报告判据为“我相不相信网上找到的资源主要是看它的内容,其它的要看我对它主题的理解,更多的是靠直觉判断”,并没有提到来源等方面的判据，而她在对页面 0306 有声思维时提到“这个信息的来源我还是蛮重视它的，但是经过查找之后，并没有看到这个文档有附上任何有关来源的信息”。

社会学受访者 10 在自我报告判据中没有提到信息的呈现格式（见访谈问题 Q1 的分析），而他在对页面 1013 有声思维时提到了格式对可信性的影响，“它是 Word 文档，其可靠性比网页要稍高一点”。

心理学受访者 13 在自我报告判据中没有提到文章的引用次数、元素是否规范或信息的出处，但她在对页面 1310、1406、1407、1408（参与者 13 和 14 为同一人）有声思维时分别提到了这些因素，“后来看了下这个引用次数是 50 次，这个蛮说明问题的（页面 1310）”、“我看这个页面很不正规，对我判断可靠性有影响（1406）”、“这篇文章我应该是看过，就算是没有看过这篇文章，当看到提到《心理科学进展》（的出处时），我也会很倾向于相信它（页面 1407）”、“我还是很相信它，虽然我不认识这个作者，但它是科学出版社的（页面 1408）”。

综合以上对观察文本和访谈文本的分析，本文主要得出以下几点认识：

第一，信息内容和来源等外部特征两个方面的判据是用户在互联网信息行为中判断学术信息可信性常用的依据，具体判据主要有合理性、质量、来源权威性、有无来源信息、元素规范性、数据支撑和引用推测等。除此之外，有用性、核实、学术性、经验判断和相关性等也是他们经常使用的判据。再者，就外观与视觉设计方面的因素对可信性判断的影响而言，有声思维和访谈得到的结果不太一致：访谈发现有超过 50% 的受访者表示太差的页面外观设计会降低可信性，但有声思维的数据表明高动机和低动机情境下这方面的判据都使用非常少。其原因很可能是受访者有声思维的页面总数相对较少，还未碰到外观设计能较大地影响他们可信性判断的页面。另外，在页面的外观设计中，Web 页面布局和广告（图片）的影响比颜色相对要大。

第二，用户的评价动机是影响他们在信息行为中主要使用何种判据的重要因素。具体地，当用户的评价动机很高时，他们使用信息内容方面的判据要多于来源等外部特征方面的判据，其中，合理性与质量是使用最多的判据；而当用户的评价动机较低时，与高动机时恰好相反，他们使用来源等外部特征方面的判据要多于信息内容方面的判据，其中，来源权威性和有无来源信息是使用最多的判据。而且，不论是高动机还是低动机情境下，用户使用有用性这一判据都较多，这反映了他们查找互联网学术信息的实用目的导向。

同时，用户使用评价判据的性别比较方面，男性用户使用的来源等外部特征方面的判据要明显多于女性用户。这很可能是由于女性用户的 Internet 技能比男性用户要弱的缘故。例如,化学参与者 02(女)在访谈时表示她一般看不出来网站是由哪个机构创办的,哲学参与者 07(女)在有声思维时表示她通常很少关心文章发表在哪个网站上,因为她“对这方面不了解”。另外,颇有些出乎预期的是,虽然访谈时一些女性受访者表示页面的外观设计与布局对可信性判断有影响,并且有的受访者还认为有很大的影响(见访谈问题 Q13 中图书馆学受访者 11 的记录),但有声思维中没有任何女性受访者使用外观与视觉设计方面的判据,比男性受访者要少(平均为 0.20 次)。这很可能是因为女性参与者有声思维的页面的总量相对较少,还未碰到外观与视觉设计特征能足以引起她们注意的页面。

此外,专业(领域)背景很可能与用户经常使用的判据紧密相关。例如,人口学的两位参与者 05 和 06 都非常看重信息中数据的出处和可靠性,心理学参与者 13 则尤其强调研究方法(主要是实验)的质量。

最后,与已有研究的结论类似,用户自我报告的判据与实际的信息行为中使用的判据不一致。对用户平时经常使用的判据而言:内容的逻辑性毋庸置疑是用户一致看重的判据,新颖性和独创性则在大多数情况下显得不是那么重要。排版和语法错误会对信息的可信性造成负面影响,过多的错误是大多数用户所不能容忍的。信息被一个很权威、很知名的网站所链接显然会增加其可信性,但信息把一个很权威、很知名的网站的链接放在其页面上却达不到同样的效果。网站的口碑是影响它上面信息的可信性的重要因素。页面上是否显示作者信息以及作者的知名度对信息的可信性判断大多数情况下有影响,但影响要比网站权威性要小。参考资料是学术性的重要体现,大部分用户非常重视参考资料。文档篇幅则存在不同意见,约 50% 的用户认为篇幅适量更为可信,另约 50% 的用户则认为篇幅不影响可信性判断。对信息的呈现格式而言,大多数用户最相信 PDF 格式,这应该是他们对正式出版文献的可信性认识习惯的转移,其次是 PPT 格式和网页,最不相信的格式是论坛(BBS)。页面上信息的访问数一般情况下对信息可信性的影响较小,并且,对 Internet 知识越熟悉的用户就越不相信访问数这一指标,例如,图书馆学受访者 12 和力学受访者 15 都表示网络上的访问数可以作弊,其真实性令人怀疑。适量的、规范的广告一般不会对信息的可信性造成影响,但过多的或不停地移动、影响阅读的“恶性”广告会降低信息的可信性。网站的功能(例如,下载很慢或打不开页面)一般不会对信息的可信性造成影响。就对信息的评论而言,约 50% 的受访者认为没有影响,另 50% 的受访者认为影响不大,并且要结合信息本身与评论的内容来判断。若互联网上的信息与自身的认识或观点相违背或相冲突,大部分受访者表示这种情况对信息的可信性判断没有影响,可能需要结合其他资料进一步核实。老师的建议或推荐对信息的可信性存在较大影响,可见老师在大部分用户心目中具有绝对的权威性。而图书馆工作人员(或学科馆员)的推荐则达不到这样的效果,究其缘由,主要有两个方面,一是对图书馆工作人员的专业知识能力表示怀疑,二是认为图书馆工作人员的主要职责是提供信息渠道,而信息内容则不是他们的专长。

第五章　互联网学术信息可信性影响因素研究

本章拟解决第二个研究问题：Web 外观、来源等外部特征和内容因素是通过怎样的作用机制影响用户对互联网学术信息的可信性评价的？相应地，在文献综述和第一个研究问题中用户观察的基础上，本文发现，Web 外观、来源等外部特征和内容因素这三大类影响因素中分别对应的视觉吸引力、站点权威性和内容质量变量对互联网学术信息可信性评价的影响最为突出，由此，本文选取这三个变量来探讨它们对互联网学术信息可信性评价的作用机制。

5.1　研究假设与设计

5.1.1　研究假设

由互联网学术信息可信性评价的"唤醒—启发—思考"模型可知，动机和能力是用户评价互联网学术信息可信性的调节变量。需要说明的是，本文不操纵用户的能力因素，这是因为该实验的被试均为情报学博士生，他们对选定主题的知识都比较熟悉，且都具有较熟练的 Internet 使用技能，由此，本文认为被试在能力这一指标上是同质的，不再展开探讨这一变量。

许多学者研究了 Web 站点（页面）的视觉吸引力与信息可信性之间的关系。例如，林德加德等①发现，用户是否接受某个 Web 站点的判断在 50 毫秒内完成，视觉吸引力是对 Web 站点的积极反应的主要决定因素。麦克奈特（D. H. McKnight）和卡克马（C. J. Kacmar）②指出，Web 站点的第一印象对其可信性感知非常重要。

---

① Lindgaard G. Fernandes G. Dudek C. Brown J. Attention web designers: You have 50 milliseconds to make a good first impression! [J]. Behaviour & Information Technology, 2006, 25(2): 115 – 126.

② Mcknight H. Kacmar C. Factors of Information Credibility for an Internet Advice Site [J]. HICSS'06 (Proceedings of the 39th Annual Hawaii International Conference on System Sciences 2006), 2006, January 4 – 7. Kauai, HI, USA, 2006, 6: 113 – 122.

罗宾斯等①②③利用实验探讨了 Web 站点视觉设计的美学与可信性感知之间的关系。研究发现,对相同的信息内容而言,美学程度高的 Web 页面被认为可信性也高,作者称其为美学对信息内容可信性的改善效应(amelioration effect)。并且,用户基于 Web 页面视觉设计美学的可信性判断发生在未经过认真思考的内在(visceral)层面,持续的时间一般在 2 秒以内。对互联网学术信息而言,依据黄晓斌等④的研究和本文第一个研究问题中的发现,本文认为,Web 网页的视觉吸引力对它上面的学术信息的可信性可能存在正向作用,且情感投入是视觉吸引力对可信性作用的中介变量。此处将视觉吸引力操纵在高和低两个水平,由此得出 H1 和 H2:

H1:视觉吸引力高的 Web 网页上的学术信息的可信性要显著高于视觉吸引力低的 Web 网页

H2:情感投入是视觉吸引力对互联网学术信息可信性作用的中介变量

根据"唤醒—启发—思考"模型,当评价信息的动机很强时,用户将主要思考信息内容的质量,当动机很弱时,用户将主要依据来源等特征进行启发,主要是依据站点权威性。本文分别将内容质量和站点权威性操纵在高和低两个水平,且用认知投入的程度来表示动机的强弱。已有研究和第一个研究问题调研发现,互联网学术信息的内容质量和站点权威性是可信性的重要影响变量,由此得出 H3 和 H4:

H3:站点权威性高的 Web 网页上的学术信息的可信性要显著高于站点权威性低的 Web 网页

H4:内容质量高的 Web 学术信息的可信性要显著高于内容质量低的 Web 学术信息

由"唤醒—启发—思考"模型知,认知投入是内容质量和站点权威性对可信性作用的调节变量,由此得出 H5:

H5:认知投入是站点权威性和内容质量对可信性作用的调节变量

---

① Holmes J. Robins D. Visceral and Cognitive Levels of Credibility Judgment in an Authorless Environment: A Factor Analysis of the Influence of Visual Design[J]. Proceedings of the American Society for Information Science and Technology, 2007, 44(1): 1－10.

② Robins D. Holmes J. Aesthetics and credibility in Web site design[J]. Information Processing and Management, 2008, 44(1): 386－399.

③ Robins D. Holmes J. Stansbury M. Consumer health information on the Web: The relationship of visual design and perceptions of credibility[J]. Journal of the American Society for Information Science and Technology, 2010, 61(1): 13－29.

④ 黄晓斌,朱滔,刘子明. 中美大学生对网上学术信息的可信性认识的调查与比较[J]. 图书情报知识, 2006(109): 89－93.

具体地,H5 又可分为两个子假设:

H5-1:低程度认知投入条件下 Web 网页的站点权威性对可信性的影响显著大于高程度认知投入条件下对可信性的影响

H5-2:高程度认知投入条件下 Web 学术信息的内容质量对可信性的影响显著大于低程度认知投入条件下对可信性的影响

最后,由“唤醒—启发—思考”模型知,认知反应和情感投入是内容质量对可信性作用的中介变量,由此得出 H6 和 H7:

H6:高程度认知投入条件下,认知反应是内容质量对 Web 学术信息可信性作用的中介变量

H7:情感投入是内容质量对互联网学术信息可信性作用的中介变量

5.1.2 研究设计

由于要定量地探究不同水平下的变量对互联网学术信息可信性评价的影响机制,故采用在线现场实验法。此处采用 2(认知投入:高或低)×2(视觉吸引力:高或低)×2(站点权威性:高或低)×2(内容质量:高或低)因素设计,一共有 16 个实验组,分别对应着上述四个因素处理水平的唯一组合。每个实验组都邀请相同数量的被试参加实验,让每个被试都接受一种处理水平的结合,即该实验采用四因素被试间实验设计(Between-Subject Experiment Design)。

5.1.2.1 样本选取

被试主要选择国内情报学、图书馆学、档案学和编辑出版学专业的博士用户(有该领域的博士学位),包括在读博士生、高校教师和图书情报单位中的科研人员。

5.1.2.2 实施步骤

严格来讲,为保证样本数据之间的独立性,应该让每个被试分别评价 1 个不同的 Web 网页(下称网页),但由于样本总量的限制以及取样的困难,这样的操作很难实施。因此,本文设计同一名被试参加两个实验组,即让每个被试评价两个网页。并且,这两个网页对应的动机情景相同,但它们的内容质量、视觉吸引力和站点权威性分别属于两个不同的水平,这样设计是为了通过对比来尽量减少同一名被试评价两个网页对样本独立性造成的影响。如此设计之后,本文最后将同一名被试参加的两个实验组数据看成是两个独立的样本数据。实验及相关操作步骤具体如下:

首先,将 16 个实验组编号,然后将这 16 个实验组按照上面的设计进行两两配

对得到8组组合。

接着,针对这8组组合分别设计在线实验问卷。由于每个组合中包括两个网页,考虑到这两个网页的评价次序可能存在影响,在此针对每组组合设计两份问卷,让这两份问卷中的网页的评价次序相反。这样,一共得到16个在线问卷地址,每个组合对应2个问卷地址。

最后,将每个问卷地址通过电子邮件分别发送给不同的被试,即邀请一定数量的被试参加不同的实验组。同时,通过问卷后台管理定期查看每个实验组参加的人数情况,以此判断是否人数不足、还需继续邀请被试参加实验。在整个过程中,权衡考虑每个实验组的总人数、性别比例、被试的单位、就读年级等因素。

对每一名被试而言,当他(她)打开问卷地址链接时,首先会看到一个简短的问卷介绍和实验说明,然后读到一个虚拟情境的文字材料(目的是操纵动机变量),紧接着被试点击链接打开第一个需要评价的网页。被试浏览完网页之后,要求依次填写可信性、视觉吸引力、情感投入、站点权威性、认知投入和内容质量量表以及在读刚才的网页信息时产生的想法(目的是用于测量认知反应变量,该题在高动机情景下为必填题,低动机情景下为选填题)。之后,被试关闭第一个评价网页,点击进入问卷下一页,然后按相同的步骤完成第二个网页的评价。第二个网页评价完成之后,被试最后填写个人信息问卷。填写完毕后,出现简短的感谢语,实验结束。

需要指出的是,在整个实验过程中,任何地方的材料都不出现"可信性"或"可信度"的表述。

5.1.2.3　测量与操纵

1.测量与操纵一:因变量测量

针对Web网页信息可信性,本研究采用弗拉纳金和梅茨格①②的消息可信性量表,共包括"是否可相信(believability)、是否准确(accuracy)、是否可信赖(trustworthiness)、是否有偏向(bias)、是否完整(completeness)"五个题项。

2.测量与操纵二:自变量操纵与测量

(1)视觉吸引力。目的是要使高水平的视觉吸引力值显著高于低水平的值。

① Flanagin A. J. Metzger M. J. The perceived credibility of personal Web page information as influenced by the sex of the source[J]. Computers in Human Behavior,2003,19(6):683 - 701.

② Flanagin A. J. Metzger M. J. The role of site features, user attributes, and information verification behaviors on the perceived credibility of web-based information[J]. New Media & Society,2007,9(2):319 - 342.

福格和特森①发现,冷色调、平衡而有条不稳的版面编排会增强用户对界面的可信赖感。波兰斯基②发现,平衡、整洁的 Web 站点布局和清晰的内容组织能使用户更舒适地使用站点。由此,如图 5-1 和图 5-2,本研究通过网页布局与颜色的组合进行视觉吸引力操纵:视觉吸引力高的网页采用冷色调③,且布局整洁大方。视觉吸引力低的网页采用暖色调,且布局杂乱无序(比例失衡)。如此,本文中的 Web 学术信息网页的视觉吸引力主要是指用户对 Web 网页的背景颜色与版块布局、内容段落的排版方式以及字体类型与大小等要素的总体的瞬间第一印象。

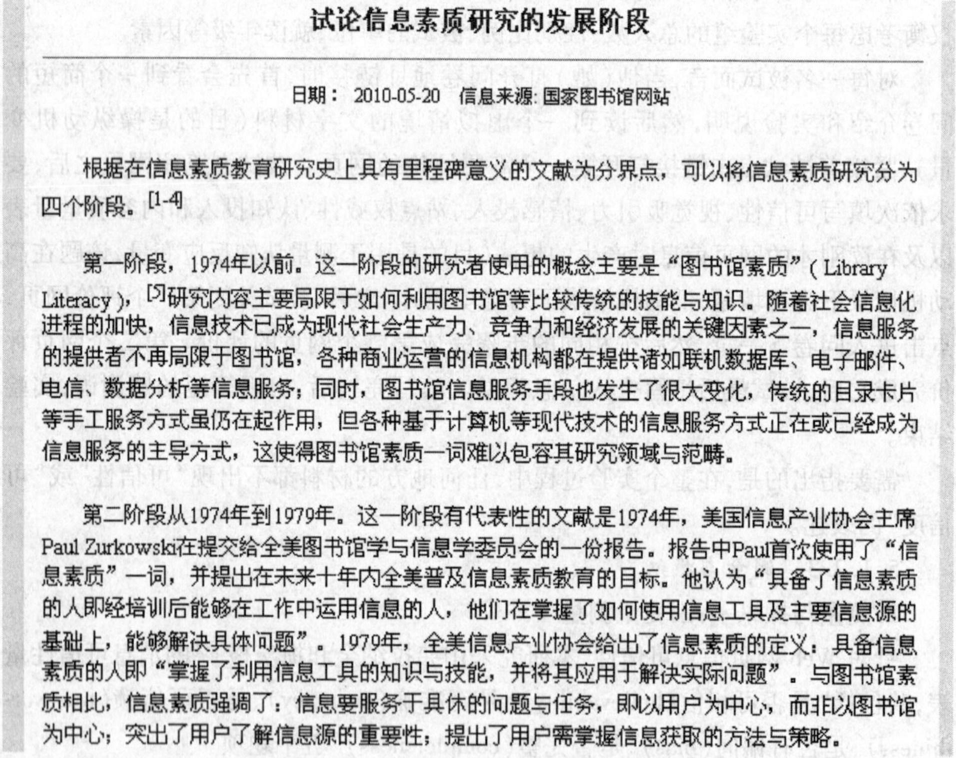
试论信息素质研究的发展阶段

日期: 2010-05-20 信息来源: 国家图书馆网站

根据在信息素质教育研究史上具有里程碑意义的文献为分界点，可以将信息素质研究分为四个阶段。[1-4]

第一阶段，1974年以前。这一阶段的研究者使用的概念主要是“图书馆素质”(Library Literacy)，[5]研究内容主要局限于如何利用图书馆等比较传统的技能与知识。随着社会信息化进程的加快，信息技术已成为现代社会生产力、竞争力和经济发展的关键因素之一，信息服务的提供者不再局限于图书馆，各种商业运营的信息机构都在提供诸如联机数据库、电子邮件、电信、数据分析等信息服务；同时，图书馆信息服务手段也发生了很大变化，传统的目录卡片等手工服务方式虽仍在起作用，但各种基于计算机等现代技术的信息服务方式正在或已经成为信息服务的主导方式，这使得图书馆素质一词难以包容其研究领域与范畴。

第二阶段从1974年到1979年。这一阶段有代表性的文献是1974年，美国信息产业协会主席Paul Zurkowski在提交给全美图书馆学与信息学委员会的一份报告。报告中Paul首次使用了“信息素质”一词，并提出在未来十年内全美普及信息素质教育的目标。他认为“具备了信息素质的人即经培训后能够在工作中运用信息的人，他们在掌握了如何使用信息工具及主要信息源的基础上，能够解决具体问题”。1979年，全美信息产业协会给出了信息素质的定义：具备信息素质的人即“掌握了利用信息工具的知识与技能，并将其应用于解决实际问题”。与图书馆素质相比，信息素质强调了：信息要服务于具体的问题与任务，即以用户为中心，而非以图书馆为中心；突出了用户了解信息源的重要性；提出了用户需掌握信息获取的方法与策略。

图 5-1 高视觉吸引力网页示例(截图)

① Fogg B. J. Tseng S. The Elements of Computer Credibility[J]. Proceeding of the CHI 99 Conference on Human Factors, 1999, May 15-20. Pittsburgh PA USA, 1999: 80-87.

② Polanski W. L. The Effect of Visual Appeal on the Perception of the Credibility of a Web Site For a Student-Run Consulting Business[M]. Edmonton: University of Alberta, 2005.

③ 色彩学中将红、橙、黄等称为暖色,将蓝、青、紫等称为冷色。无彩色中的黑属于暖色,白属于冷色。并且,色彩的冷暖有时又是相对的,例如,对红色而言,玫瑰红比曙红冷些,曙红又比大红冷些,这说明暖色中又有偏冷的多个层次。同样,深蓝比普蓝暖些,湖蓝又比深蓝暖些,这说明冷色中也有偏暖的多个层次。具体可参见:何国兴. 颜色科学[M]. 上海:华东大学出版社,2004:38-39.

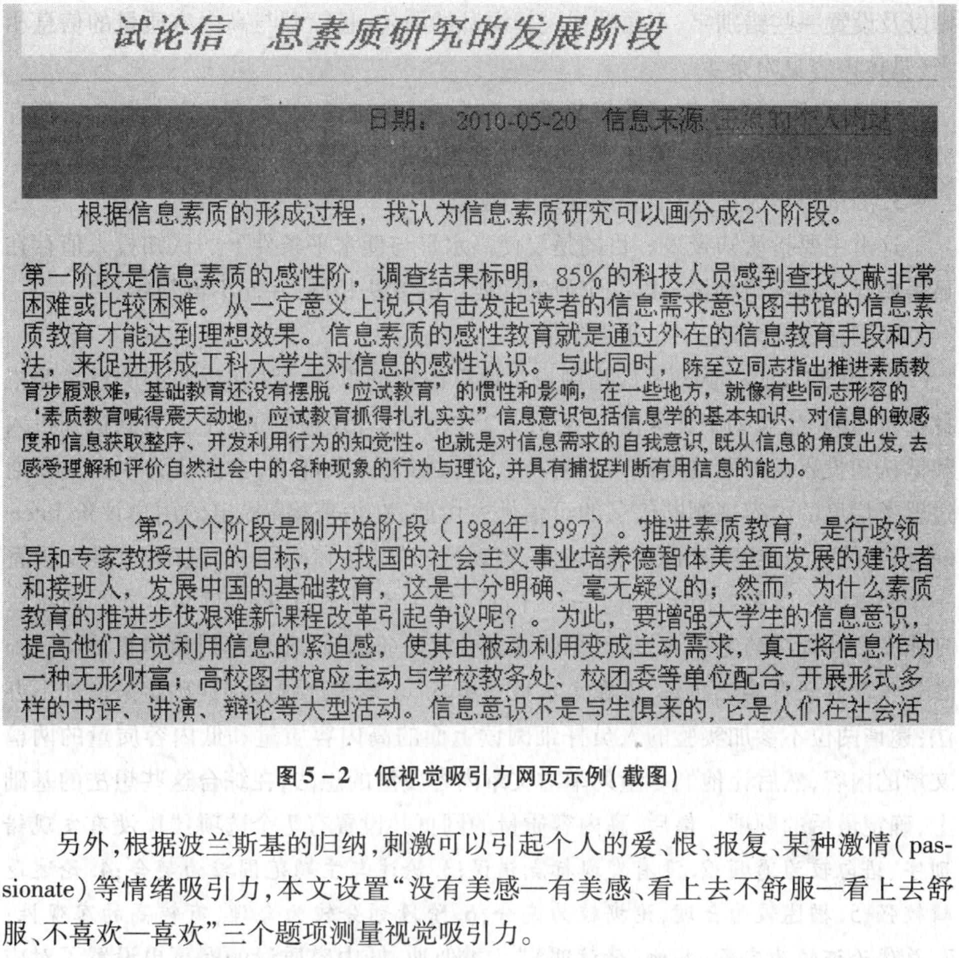

试论信　息素质研究的发展阶段

日期：　2010-05-20　信息来源 王原的个人网站

根据信息素质的形成过程，我认为信息素质研究可以画分成2个阶段。

第一阶段是信息素质的感性阶，调查结果标明，85%的科技人员感到查找文献非常困难或比较困难。从一定意义上说只有击发起读者的信息需求意识图书馆的信息素质教育才能达到理想效果。信息素质的感性教育就是通过外在的信息教育手段和方法，来促进形成工科大学生对信息的感性认识。与此同时，陈至立同志指出推进素质教育步履艰难，基础教育还没有摆脱‘应试教育’的惯性和影响，在一些地方，就像有些同志形容的‘素质教育喊得震天动地，应试教育抓得扎扎实实”信息意识包括信息学的基本知识、对信息的敏感度和信息获取整序、开发利用行为的知觉性。也就是对信息需求的自我意识，既从信息的角度出发，去感受理解和评价自然社会中的各种现象的行为与理论，并具有捕捉判断有用信息的能力。

第2个个阶段是刚开始阶段（1984年-1997）。推进素质教育，是行政领导和专家教授共同的目标，为我国的社会主义事业培养德智体美全面发展的建设者和接班人，发展中国的基础教育，这是十分明确、毫无疑义的；然而，为什么素质教育的推进步伐艰难新课程改革引起争议呢？。为此，要增强大学生的信息意识，提高他们自觉利用信息的紧迫感，使其由被动利用变成主动需求，真正将信息作为一种无形财富；高校图书馆应主动与学校教务处、校团委等单位配合，开展形式多样的书评、讲演、辩论等大型活动。信息意识不是与生俱来的，它是人们在社会活

图5-2　低视觉吸引力网页示例（截图）

另外，根据波兰斯基的归纳，刺激可以引起个人的爱、恨、报复、某种激情（passionate）等情绪吸引力，本文设置“没有美感—有美感、看上去不舒服—看上去舒服、不喜欢—喜欢”三个题项测量视觉吸引力。

（2）站点权威性。目的是要使高水平的站点权威性值显著高于低水平的值。高权威性站点假定为“国家图书馆网站”，低权威性站点假定为“国内一所县级中学的高中生王原的个人网站”。第一个研究问题搜集数据时发现，参与者对“权威性”这个概念都有较为一致的认识和理解，因此，此处直接询问站点是否具有权威性，即量表的题项设置为“权威性低—权威性高”。

（3）内容质量。内容素材的题目为“试论信息素质研究的发展阶段”。操纵的目的是要使高水平的内容质量值显著高于低水平的值。高内容质量的信息在《情报学报》上的一篇文章①中截取（具体内容见附录4）。

---

① 孙建军，成颖，张玲玲. 信息素质教育研究进展［J］. 情报学报，2003，22（2）：250－256.

低内容质量的信息先从两篇文章①②中截取拼凑，接着，有意打乱文章结构编排以及设置一些错别字、不通顺或逻辑混乱的语句，且篇幅与高内容质量的信息相当(具体内容见附录4)。

同样地，第一个研究问题搜集数据时发现，参与者对“质量”这个概念也都有较为一致的认识和理解，因此，内容质量量表的题项设置为“质量低－质量高”。

3. 测量与操纵三:调节变量操纵与测量

这里主要指认知投入。目的是要使高水平与低水平条件下的认知投入值存在显著差异。操纵与测量与第一个研究问题中的方法相同，在此不再赘述。

4. 测量与操纵四:中介变量测量

(1)认知反应。认知反应指用户对信息内容的思考。认知反应的测量参照格林沃尔德的“想法列举任务法”(见3.2.2中对“认知反应”的脚注)，对高认知投入和低认知投入条件下的被试区别对待。高认知投入条件下，本文认为用户主要通过思考信息的内容来判断信息的可信性。由此，在梅茨格③提出的用户评价Internet信息的五个维度(准确性、权威性、客观性、时效性和范围)的基础上，本文设置一个必填的多选题“下面给出了一些选项，您在读刚才的Web信息时产生的想法可能在这些选项的范围内，请选择读信息时想到的选项，没有想到的不用选择。如在读信息时还有其他想法，请在文本框中填写”。该多选题题项的确定采取如下办法:邀请两位不参加实验的人员仔细阅读上面的高内容质量和低内容质量的两篇文章的内容，然后让他们尽量列举对文章内容质量的想法，在综合这些想法的基础上，确定最后的题项。最后，高内容质量的网页共设置有7个选项:“1. 没有发现错别字、语句较为通顺;2. 没有发现标点错误;3. 论述与主题范围较为契合;4. 论述逻辑较强;5. 描述较为合理，论据较为充分;6. 阶段划分较为合理，有较高的客观性;7. 总体论证较为完备、其他(请注明)”。类似地，低内容质量的网页也设置了对应的7个选项:“1. 错别字较多、有些语句不通顺;2. 标点错误较多;3 某些论述超出了主题范围;4. 不少地方逻辑混乱;5. 许多地方描述不合理，论据不充分;6. 阶段划分缺乏有效依据，主观性较强;7. 总体论证不完备、其他(请注明)”。

低认知投入条件下，本文认为用户主要通过来源等外部特征而不是信息内容

① 高非. 试论工科大学生信息素质教育的“三阶段”[J]. 航海教育研究，2005(3):87－89.

② 中华教育学习网. 当前的素质教育还处在初级阶段[J/OL]. [2010－12－17]. http://www.1000jy.com/HP/20100728/DetailD1294691.shtml.

③ METZGER M J. Making Sense of Credibility on the Web: Models for Evaluating Online Information and Recommendations for Future Research[J]. Journal of the American Society for Information Science and Technology, 2007, 58(13):2078－2091.

来判断信息的可信性，但由第一个研究问题调查发现，对信息内容的分析与思考也是他们评价的重要方式，因此，在此设置一个选做的多选题“[选做，若无此情况可不做该题]下面给出了一些选项，您在读刚才的 Web 信息时产生的想法可能在这些选项的范围内，请选择读信息时想到的选项，没有想到的不用选择。如在读信息时还有其他想法，请在文本框中填写”，高内容质量和低内容质量网页的题项的设置与前面相同。

随后，为确定上述题项之间的相对权重关系，本文将 1 ~ 7 个题项做成量表进行测量。共有 39 名图书情报领域的硕博士生和科研人员参加调查，每名受调查者分别对上述两篇高内容质量和低内容质量文章进行评价（文章内容放置在某个普通博客中，问卷见附录 10），共获得 78 个有效数据。因子分析显示，KMO 值为 0.928（$P < 0.001$）、Bartlett 值显著（$P < 0.001$）。同时，只抽取了一个因子，累积解释方差为 86.19%，说明量表的结构效度较高，这些题项很好地测量了认知反应概念。而且，每个变量的因子负荷均大于 0.85（>0.50），可认为每个题项的权重相同。由此，本文采用被试所选择的题项个数之和来编码认知反应变量，具体编码规则见附录 5。

（2）情感投入。情感投入采用江等①的情感投入量表测量，一共包括“令人乏味（boring）—令人感兴趣（interesting）、不令人激动（unexciting）—令人激动（exciting）、不吸引人（unappealing）—吸引人（appealing）、平淡（mundane）—迷人（fascinating）、不令人感染（uninvolving）—令人感染（involving）”五个题项。与认知投入量表类似，江等使用的这个量表也是在扎伊克科斯基②的个人投入量表的基础上修正而来，具有较好的稳定性。

5. 无关变异控制

无关变异③是指实验中研究者不操纵或不作为主要考察对象、但对因变量有影响的变量所引起的变异。④ 由于是现场实验，无法像实验室那样对实验环境和测量仪器进行实验控制，因此，本文采用统计技术对无关变异进行统计控制⑤。此处控制的是用户特征因素，主要是人口统计学变量和 Internet 使用经验。之所以还对 Internet 使用经验进行控制，是因为有的学者发现 Internet 经验与可信性之间存

① JIANG Z H, CHAN J, TAN B C Y, CHUA W S. Effects of Interactivity on Website Involvement and Purchase Intention[J]. Journal of the Association for Information Systems, 2010, 11(1): 34 – 59.

② Zaichkowsky J. L. Measuring the Involvement Construct[J]. Journal of Consumer Research, 1985, 12: 341 – 352.

③ “变异（variation）”与“方差（variance）”是两个容易混淆的概念，两者在有些场合下可通用，但不完全相同，方差仅是表示变异的若干统计量之一，变异则是一个更一般的概念。具体可参见：舒华. 心理与教育研究中的多因素实验设计[M]. 北京：北京师范大学出版社，1994：12.

④ 舒华. 心理与教育研究中的多因素实验设计[M]. 北京：北京师范大学出版社，1994：16.

⑤ 吴明隆. SPSS 统计应用实务[M]. 北京：中国铁道出版社，2000：193.

在显著的、正向的线性关系①。

人口统计学变量包括性别、年龄、专业和年级。除年龄是连续性变量外，其余变量均为非连续性变量。

Internet使用经验的测量参考福格等②的测量方法，共包括三个题项③：您从哪年哪月开始使用Internet、您现在平均每天在Internet上约花费多少小时、您在过去的一年内通过网络购物共约多少次。其中，“开始使用Internet年月”的答案选项包括“1998年12月之前(含12月)、1999年1月至6月之间、1999年7月至12月之间、……、2006年1月至6月之间、2006年7月之后(含1月)”。“每天Internet花费小时数”的答案选项包括“小于1小时、约1小时、约1.5小时、……、约8小时、大于8小时”。“过去一年网购数”则要求直接写出次数。

由此，如表5-1，重要变量的含义、观测变量和相关要素整理如下：

表5-1　第二个研究问题重要变量的含义、观测变量与相关要素

变量类型	变量名	变量含义	观测变量与相关要素
因变量	可信性	评价者通过评价过程形成的对某个特定对象的可相信程度的认识。Web学术信息可信性是指用户对Web信息内容的可相信程度的认识	可相信性、准确性、可信赖性、偏向性、完整性
自变量	视觉吸引力	对某个对象的瞬间的第一印象。在本文中，Web学术信息网页的视觉吸引力主要是指用户对Web网页的背景颜色与版块布局、内容段落的排版方式以及字体类型与大小等要素的总体的瞬间第一印象	美感、舒服、喜欢
	站点权威性	网站被认可的影响力	权威性
	内容质量	Web网页上文章的文字内容的好坏	质量

① Flanagin A. J. Metzger M. J. Perceptions of Internet Information Credibility[J]. Journalism and Mass Communication Quarterly, 2000, 77(3): 515-540.

② 福格等采用“使用Internet的年数”、“在线花费的小时数”、“在Web上购物的次数”这三个题项来测量被调查者的Internet使用经验。具体可参见：Fogg B. J. Marshall J. Laraki O. Osipovich A. Varma C. Fang N. Paul J. Rangnekar A. Shon J. Swani P. Treinen M. What makes Web sites credible?: A report on a large quantitative study[J/OL]. SIGCHI'01(ACM Special Interest Group on Computer-Human Interaction 2001), 2001, March 31 - April 5. Seattle, WA, USA, 2001, 3(1): 61-68. [2011-1-7]. http://edtech2.boisestate.edu/allyp/edtech_582/WebCredible.pdf.

③ 为表述方便，分别用“开始使用Internet年月”、“每天Internet花费小时数”、“过去一年网购数”代表“您从哪年哪月开始使用Internet”、“您现在平均每天在Internet上约花费多少小时”、“您在过去的一年内通过网络购物共约多少次”这三个题项。下同。

续表

变量类型	变量名	变量含义	观测变量与相关要素
调节变量	认知投入	个人的需要、价值或兴趣由刺激或情景激发产生的心理状态的认知方面	重要、主题相关、意义、价值、需要
中介变量	认知反应	用户对信息内容的思考	高内容质量:①没有发现错别字、语句较为通顺;②没有发现标点错误;③论述与主题范围较为契合;④论述逻辑较强;⑤描述较为合理,论据较为充分;⑥阶段划分较为合理,有较高的客观性;⑦总体论证较为完备;低内容质量:①错别字较多、有些语句不通顺;②标点错误较多;③某些论述超出了主题范围;④不少地方逻辑混乱;⑤许多地方描述不合理,论据不充分;⑥阶段划分缺乏有效依据,主观性较强;⑦总体论证不完备
	情感投入	个人的需要、价值或兴趣由刺激或情景激发产生的心理状态的情感方面	令人乏味—令人感兴趣、不令人激动—令人激动、不吸引人—吸引人、平淡—迷人、不令人感染—令人感染

5.2 结果分析

5.2.1 量表检验

5.2.1.1 *数据搜集与分析*

此处采用在线问卷法。问卷设计好后,请2名情报学硕士生试测试,根据反馈意见对问卷部分地方的措辞进行修改。修改后,正式发布问卷。通过电子邮件邀请国内图书情报专业的硕博士生参加调查,具体包括北京大学信息管理系图书情报专业的硕博士生以及中国人民大学信息资源管理学院、四川大学公共管理学院和南京农业大学信息科学技术学院的图书情报专业的硕士生。为使因素的各个水平上都有取值,此处让同一名受调查者评价两个不同的网页(分别为高视觉吸引力、高站点权威性、高内容质量的网页和低视觉吸引力、低站点权威性、低内容质量的网页,为表述方便,以下分别称三高网页和三低网页)。为平衡两个网页评价次序的影响,制作了两种网页评价次序不同的问卷,每种问卷分别由不同的受调查者评价。

三高网页先评价和三低网页先评价的问卷分别发送 67 份和 83 份电子邮件邀请,发送时间为 2010 年 12 月 9 日,2010 年 12 月 13 日截止,分别回收 20 份和 29 份,总体回收率为 32.7%。对问卷结果进行检查后共剔除无效问卷 17 份(主要问题包括非图书情报专业、答题时间过短、所有题项均选同一数值、明显逻辑矛盾等),最后共得到有效答卷 32 份(男女受调查者分别为 9 份和 23 份),共 64 个有效数据。

由于内容质量和站点权威性量表都只有一个题项,不需要对其效度和信度进行分析,在此只对可信性、视觉吸引力和情感投入量表进行效度和信度检验。

5.2.1.2 量表效度分析

样本数为 64。可信性、视觉吸引力、情感投入量表的 KMO 值都大于 0.75、Bartlett 值都在 0.001 水平上显著,说明所有的变量均适合作因子分析。而且,每个量表都抽取了一个因子,累积解释方差都达到 80% 以上,变量的因子负荷均大于 0.80。可见,可信性、视觉吸引力和情感投入量表的结构效度都较高。

5.2.1.3 量表信度分析

可信性、视觉吸引力和情感投入量表信度分析的 α 值都大于 0.90,说明量表的内在信度都较高。另外,除视觉吸引力的测量未达到 0.05 的显著水平外,可信性和情感投入均达到了 0.001 的显著水平,表明可信性和情感投入量表重复度量的效果较好,而视觉吸引力量表则不然。分析视觉吸引力的测量数据发现,残差平方和相对于项目(变量)平方和过大,这表明对视觉吸引力测量的非系统性误差较大。这很可能是由于受调查者对网页的视觉吸引力看法不一,就某个网页而言,有的受调查者认为视觉吸引力很高,但有的受调查者却认为很低,反之亦然,部分受调查者的记录数据表明了这一点。考虑到样本量相对较小,该结果在接受范围之内,量表信度符合要求。

综上知,量表都具有较高的效度和信度。

5.2.2 正式实验

5.2.2.1 数据搜集

正式实验问卷发布时间为 2010 年 12 月 15 日,2010 年 12 月 31 日截止,最终的问卷总数为 128。对这 128 个问卷数据进行检查发现,有 1 名被试给所有的量表题项全选同一数值,故将该数据删除。之后,又邀请了 1 名博士生参加该实验组,补齐了这个问卷。同时,还发现问卷数据中有几处明显的逻辑矛盾,对其作了校正。至此,数据检测完毕。总体上而言,数据质量较好,可作进一步分析。

5.2.2.2　样本描述

被试中共有91名博士生,占总数的71.10%,有19名高校教师和18名科研人员,分别占14.84%和14.06%。如表5-2,被试分别来自16个不同的单位,其中,北京大学信息管理系最多,共35人,占27.34%,人数超过10人(包括10人)的单位从大到小依次为武汉大学信息管理学院19人(14.84%)、中国科学院国家科学图书馆15人(11.72%)、南京大学信息管理系14人(10.94%)、中国人民大学信息资源管理学院10人(7.81%)。可见,样本基本覆盖了国内有图书情报领域博士用户的单位,具有较大的代表性。

表5-2　第二个研究问题正式实验被试情况

变量与组别		数量	比例
所在单位（按问卷回收的先后顺序排列）	北京大学信息管理系	35	27.34%
	北京大学图书馆	1	0.78%
	中国科学院国家科学图书馆	15	11.73%
	中国人民大学信息资源管理学院	10	7.81%
	中国国家图书馆	1	0.78%
	北京师范大学图书馆	2	1.56%
	中国科学技术信息研究所	7	5.47%
	南开大学商学院信息资源管理系	9	7.03%
	天津师范大学管理学院信息资源管理系	3	2.34%
	武汉大学信息管理学院	19	14.85%
	华中师范大学信息管理系	1	0.78%
	南京大学信息管理系	14	10.95%
	南京农业大学信息科学技术学院	4	3.13%
	南京理工大学经济管理学院信息管理系	3	2.34%
	浙江大学公共管理学院信息资源管理系	2	1.56%
	苏州大学社会学院档案与电子政务系	2	1.56%
性别	男	59	46.09%
	女	69	53.91%
年龄	最小值(岁数)	23	2.34%(3)
	最大值(岁数)	47	0.78%(1)
	平均(岁数)	30.2	—

续表

变量与组别		数量	比例
专业	情报学	86	67.19%
	图书馆学	35	27.34%
	档案学	4	3.13%
	编辑出版学	3	2.34%
年级	博士一年级	41	32.03%
	博士二年级	42	32.81%
	博士三年级	17	13.28%
	博士四年级	6	4.69%
	博士四年级以上	22	17.19%
合计		128	100%

注:高校教师和科研人员的年级选“博士四年级或博士四年级以上”。另外,由于取样需要,有3名北京大学信息管理系的博士生参加了两次实验,由于两次实验间隔了10天左右的时间,因此,本文认为两次实验的数据独立。

128名被试中,男女被试各为59和69人,分别占46.09%和53.91%,年龄最小为23岁,最大为47岁,平均约30.2岁。被试的专业方面,情报学最多,有86人,占67.19%,其余专业从大到小依次为图书馆学35人(27.34%)、档案学4人(3.13%)、编辑出版学3人(2.34%)。被试就读的年级方面,二年级最多,有42人,占32.81%;其次从大到小依次为一年级41人(32.03%),四年级以上22人(17.19%),三年级17人(13.28%),四年级6人(4.69%)。

被试的Internet使用经验方面,如表5-3,有43名被试于1999年1月~2000年6月这个时期开始使用Internet,人数最多,占33.59%,其次为1998年12月之前(含12月)33人(25.78%)、2000年7月~2001年12月25人(19.53%)。再者,有45名被试现在平均每天在Internet上花费的时间大于8小时,人数最多,占35.16%,其次为7~8小时和4~5小时各25人(分别占19.53%)、5.5~6.5小时16人(12.50%)。最后,128名被试中,过去一年内通过网络购物最少的为0次,最多的为100次,平均约12.6次。由以上数据可以看出,被试都具有较熟练的Internet技能。

由上文知,实验一共设计了16个实验组,每名被试参加了两个实验组,本文将其看作两个独立的样本数据。数据整理后得到表5-4,共有256个样本数据,每个实验组各有16个样本。

表 5－3　第二个研究问题正式实验被试 Internet 使用经验统计

变量与组别		数量	比例
开始使用 Internet 年月	1998 年 12 月之前(含 12 月)	33	25.78%
	1999 年 1 月～2000 年 6 月	43	33.59%
	2000 年 7 月～2001 年 12 月	25	19.53%
	2002 年 1 月～2003 年 6 月	9	7.03%
	2003 年 7 月～2004 年 12 月	14	10.94%
	2005 年 1 月～2006 年 6 月	4	3.13%
	2006 年 7 月以后(含 7 月)	0	0
每天 Internet 花费小时数	小于 1 小时	0	0
	1～2 小时	7	5.47%
	2.5～3.5 小时	10	7.81%
	4～5 小时	25	19.53%
	5.5～6.5 小时	16	12.50%
	7～8 小时	25	19.53%
	大于 8 小时	45	35.16%
过去一年网购数	最小值(次数)	0	6.25%(8)
	最大值(次数)	100	0.78%(1)
	平均(次数)	12.6	—
合计		128	100%

表 5－4　实验组自变量操纵和被试分配情况

实验组编号	自变量操纵水平				性别(数量)	实验组合计
	认知投入	内容质量	视觉吸引力	站点权威性		
编号 01	高	高	高	高	男(8)	16
					女(8)	
编号 02	高	高	高	低	男(6)	16
					女(10)	
编号 03	高	高	低	高	男(9)	16
					女(7)	

续表

实验组编号	自变量操纵水平				性别(数量)	实验组合计
	认知投入	内容质量	视觉吸引力	站点权威性		
编号 04	高	高	低	低	男(5)	16
					女(11)	
编号 05	高	低	高	高	男(5)	16
					女(11)	
编号 06	高	低	高	低	男(9)	16
					女(7)	
编号 07	高	低	低	高	男(6)	16
					女(10)	
编号 08	高	低	低	低	男(8)	16
					女(8)	
编号 09	低	高	高	高	男(10)	16
					女(6)	
编号 10	低	高	高	低	男(9)	16
					女(7)	
编号 11	低	高	低	高	男(6)	16
					女(10)	
编号 12	低	高	低	低	男(6)	16
					女(10)	
编号 13	低	低	高	高	男(6)	16
					女(10)	
编号 14	低	低	高	低	男(6)	16
					女(10)	
编号 15	低	低	低	高	男(9)	16
					女(7)	
编号 16	低	低	低	低	男(10)	16
					女(6)	
性别合计					男(118)	—
					女(138)	—
样本总计						256

5.2.2.3　数据分析

在数据分析之前,先对相关变量编码,编码规则见附录5。

1. 数据分析一:变量操纵检测与量表检验

首先以内容质量操纵检测为例。以感知内容质量为因变量、四个操纵变量为自变量(认知投入、视觉吸引力、站点权威性和内容质量)进行方差分析。结果显示,模型总体上显著,$F(15,240)=8.998$($P<0.001$),且操纵变量内容质量的主效应显著,表明内容质量操纵达到目的。

同样地,数据显示,站点权威性和视觉吸引力的主效应都显著($P<0.001$),操纵达到目的。

另外,认知投入的主效应不显著($P=0.469>0.05$),与第一个研究问题中的原因类似,这主要是因为被试没有很好地模拟虚拟情景。尽管如此,本文预期,在高投入条件下,被试评价网页应该更加谨慎,会造成评价值低于低投入条件下的情况,正如数据显示,高认知投入条件下的均值为20.0781($N=128$),小于低认知投入条件下的均值20.6953($N=128$)。因此,本文认为认知投入的操纵较好地达到了效果,下文分析中仍将认知投入看成具有两个不同的水平。

综上知,内容质量、站点权威性、视觉吸引力和认知投入这4个变量的操纵都达到了预期目的。

另外,本文对Internet使用经验量表进行了效度和信度分析。数据显示,KMO值为0.515,大于0.5,且Bartlett值为11.683($P=0.009<0.01$),说明适合进行因子分析,但α值为$0.256<0.6$,表明量表3个题项之间的内在一致性不好。接着,分别取3个题项中的2个题项重新组合进行分析,结果显示效度或信度均不太理想。于是,本文决定选择其中的1个题项来测量Internet使用经验。由于初始效度分析时发现题项"开始使用Internet年月"的共同度(3个题项依次为0.129、0.532、0.565)和因子负荷(3个题项依次为0.359、0.729、0.752)太小,故不选该题项。再者,不少学者都采用"Internet使用时间"等类似的指标来测量Internet使用经验(例如,弗拉纳金和梅茨格①用"使用Internet的频率"作为测量指标),因此,本文最后选择"每天Internet花费小时数"来测量Internet使用经验。

2. 数据分析二:验证主效应和调节变量

① Flanagin A. J. Metzger M. J. The role of site features, user attributes, and information verification behaviors on the perceived credibility of web-based information[J]. New Media & Society, 2007, 9(2): 319－342.

此处的目的是验证 H1、H3、H4 和 H5。采用协方差分析，因变量为可信性①，自变量（因素）为认知投入、视觉吸引力、站点权威性和内容质量，控制变量为人口统计学变量（性别、年龄、专业、年级）和 Internet 使用经验（下同）。表 5－5 显示了每个实验组的可信性均值，其中，最大的为实验组 03，为 27.0000，最小的为实验组 06，为 12.6250，整个样本可信性均值为 20.4922（N＝256）。

表 5－5　单个实验组可信性均值与标准差

	高认知投入				低认知投入			
	高内容质量		低内容质量		高内容质量		低内容质量	
	高视觉吸引力	低视觉吸引力	高视觉吸引力	低视觉吸引力	高视觉吸引力	低视觉吸引力	高视觉吸引力	低视觉吸引力
高站点权威性	编号 01 22.8125 (6.7451)	编号 03 27.0000 (8.9889)	编号 05 18.2500 (7.2984)	编号 07 15.6875 (7.4986)	编号 09 23.3125 (6.5698)	编号 11 25.3750 (4.8149)	编号 13 21.6250 (6.5917)	编号 15 19.2500 (9.6506)
低站点权威性	编号 02 24.2500 (6.4135)	编号 04 20.3750 (4.7871)	编号 06 12.6250 (5.1624)	编号 08 17.5625 (5.5374)	编号 10 25.3125 (6.2580)	编号 12 23.4375 (4.9795)	编号 14 14.0625 (5.9830)	编号 16 16.9375 (5.8477)

注：单元格中第一行为实验组编号，第二和第三行分别为均值和标准差。对每个实验组而言，N＝16。

可信性四因素方差分析主体间效应检验结果如表 5－6，模型总体上显著，$F(23,232)=4.810$（$P<0.001$）。进一步分析发现，因素主效应方面，视觉吸引力的主效应不显著（$P=0.609>0.05$），H1 不成立，即视觉吸引力高与视觉吸引力低的 Web 网页上的学术信息的可信性没有显著差异。站点权威性的主效应显著（$P=0.005<0.05$），高站点权威性网页组的系数为 2.204，H3 成立，即站点权威性高的 Web 网页上的学术信息的可信性要显著高于站点权威性低的 Web 网页。内容质量的主效应显著（$P<0.001$），高内容质量网页组的系数为 7.059，H4 成立，即内容质量高的 Web 学术信息的可信性要显著高于内容质量低的 Web 学术信息。另外，认知投入的主效应不显著（$P=0.144>0.05$）。

① 在本文的变量测量中，可信性、视觉吸引力、认知投入和情感投入有多个分变量（题项），在方差分析和回归分析时，本文采用各分变量直接相加求和的方式计算这些变量值。这样操作的依据是这些量表的因子分析表明都只生成了一个因子，累积解释方差都达到了 70% 以上，且各变量的因子负荷都大于 0.50，可以认为各变量的分变量的权重相同。

表 5－6　可信性四因素协方差分析主体间效应检验

变异来源	平方和	自由度(df)	均方	F	P 值
校正模型	4 812.594[a]	23	209.243	4.810	.000
截距	1 069.723	1	1 069.723	24.588	.000
coginvgro	93.327	1	93.327	2.145	.144
visappgro	11.391	1	11.391	.262	.609
webautgro	351.562	1	351.562	8.081	.005
conquagro	3 143.467	1	3 143.467	72.254	.000
coginvgro * visappgro	3.238	1	3.238	.074	.785
coginvgro * webautgro	1.156	1	1.156	.027	.871
coginvgro * conquagro	22.562	1	22.562	.519	.472
visappgro * webautgro	4.372	1	4.372	.100	.752
visappgro * conquagro	1.000	1	1.000	.023	.880
webautgro * conquagro	89.494	1	89.494	2.057	.153
coginvgro * visappgro * webautgro	19.179	1	19.179	.441	.507
coginvgro * visappgro * conquagro	12.912	1	12.912	.297	.586
coginvgro * webautgro * conquagro	68.204	1	68.204	1.568	.212
visappgro * webautgro * conquagro	622.327	1	622.327	14.304	.000
coginvgro * visappgro * webautgro * conquagro	40.641	1	40.641	.934	.335
误差	10 093.390	232	43.506	—	—
总计	122 408.000	256	—	—	—
校正的总计	14 905.984	255	—	—	—

注：a. R 方 =0.323(调整 R 方 =0.256)。coginvgro、visappgro、webautgro、conquagro 分别代表认知投入、视觉吸引力、站点权威性、内容质量这四个类别变量，各有高和低两个水平。控制变量的作用均不显著，数据略。下同。N =256。

两次交互作用方面，认知投入与站点权威性的交互作用不显著($P = 0.871 > 0.05$)，H5 －1 不成立，即低认知投入和高认知投入条件下 Web 网页的站点权威性对可信性的影响没有显著差异。认知投入与内容质量的交互作用不显著($P = 0.472 > 0.05$)，H5 －2 不成立，即高认知投入和低认知投入条件下 Web 学术信息的内容质量对可信性的影响没有显著差异。由此，H5 不成立，即认知投入是站点权威性和内容质量对可信性作用的调节变量不成立。

此外,数据显示,三次交互作用方面,只有视觉吸引力、站点权威性和内容质量三个因素的交互作用显著(P<0.001),其余的三次交互作用都不显著。由于三次交互作用难以直接解释,本文对视觉吸引力、站点权威性和内容质量的交互作用分解进行考察,将三次交互作用看作是一个因素在另外两个因素水平的结合上的处理效应,下面以视觉吸引力方向上的分析为例进行说明。

首先,作视觉吸引力方向上交互作用的图解,图5-3、图5-4、图5-5和图5-6显示了站点权威性与内容质量在四种不同条件结合下不同水平的视觉吸引力所对应的可信性值。接着,作视觉吸引力方向上的简单简单效应检验,计算结果如表5-7。除视觉吸引力在低站点权威性与低内容质量水平结合下对可信性的影响显著外(P<0.05),其余结合下均不显著。由此可知:当站点权威性低与内容质量低时,视觉吸引力高的网页上的学术信息的可信性显著低于视觉吸引力低的网页,其他条件下,视觉吸引力高与视觉吸引力低的网页上的学术信息的可信性则没有显著差异。

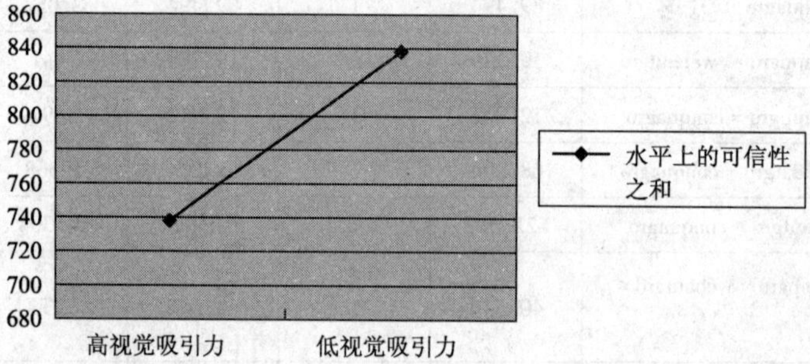

图5-3　简单简单效应检验(高站点权威性与高内容质量水平结合)

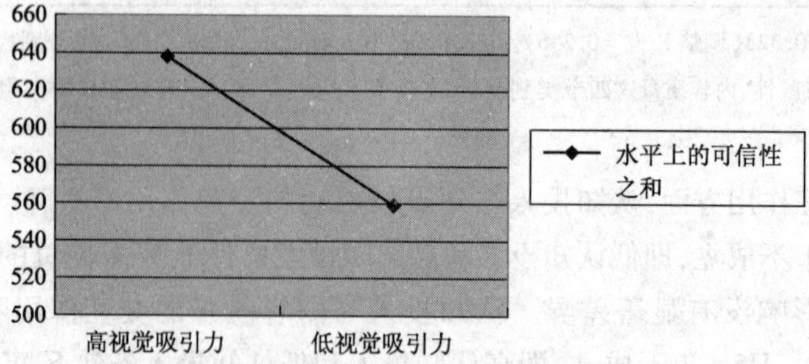

图5-4　简单简单效应检验(高站点权威性与低内容质量水平结合)

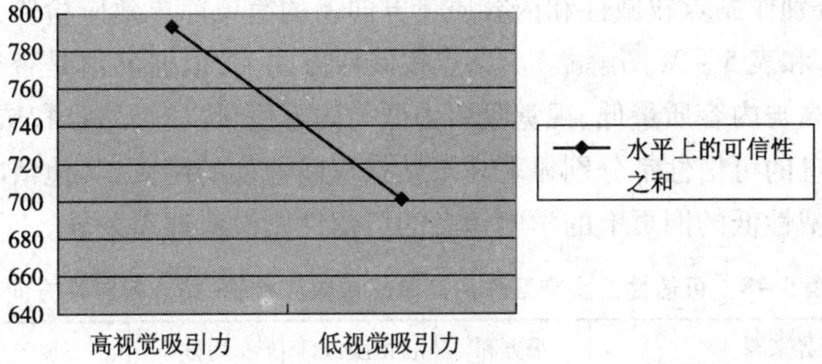

图 5－5　简单简单效应检验(低站点权威性与高内容质量水平结合)

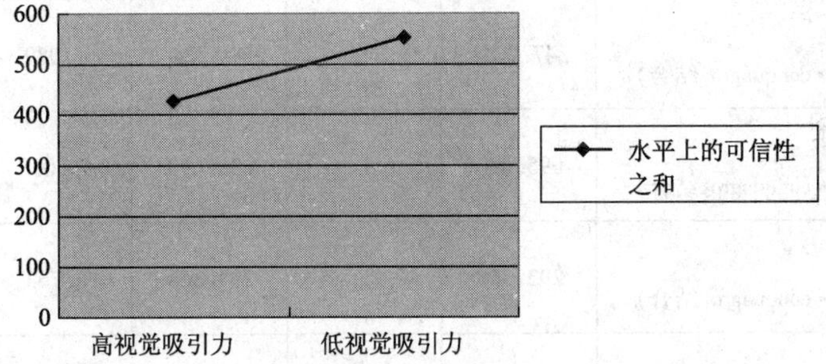

图 5－6　简单简单效应检验(低站点权威性与低内容质量水平结合)

表 5－7　可信性三次交互作用简单简单效应检验(视觉吸引力方向)

变异来源	平方和	自由度(df)	均方	F	P 值
visappgro * webautgro * conquagro	622.327	1	622.327	14.304	.000
误差	10 093.390	232	43.506	—	—
visappgro (在 $webautgro_1$ * $conquagro_1$ 结合)	156.25	1	156.25	3.602	>0.05
visappgro (在 $webautgro_1$ * $conquagro_2$ 结合)	97.535	1	97.535	2.249	>0.05
visappgro (在 $webautgro_2$ * $conquagro_1$ 结合)	132.25	1	132.25	3.049	>0.05
visappgro (在 $webautgro_2$ * $conquagro_2$ 结合)	244.109	1	244.109	5.628	<0.05

注:$webautgro_1$、$webautgro_2$、$conquagro_1$、$conquagro_2$ 分别代表高站点权威性水平、低站点权威性水平、高内容质量水平、低内容质量水平。其他变量的数据略。下同。N＝32。

同理,分别作站点权威性和内容质量方向上的简单简单效应检验,分析结果分别见表5-8和表5-9(图解略)。站点权威性方向上,根据P值是否显著可知:当视觉吸引力高与内容质量低、视觉吸引力低与内容质量高时,站点权威性高的网页上的学术信息的可信性都分别显著高于站点权威性低的网页,其他情况下,站点权威性高与权威性低的网页上的学术信息的可信性则没有显著差异。

表5-8 可信性三次交互作用简单简单效应检验(站点权威性方向)

变异来源	平方和	自由度(df)	均方	F	P值
visappgro * webautgro * conquagro	622.327	1	622.327	14.304	.000
误差	10 093.390	232	43.506	—	—
webautgro (在 $visappgro_1 * conquagro_1$ 结合)	47.224	1	47.224	1.089	>0.05
webautgro (在 $visappgro_1 * conquagro_2$ 结合)	695.693	1	695.693	16.038	<0.01
webautgro (在 $visappgro_2 * conquagro_1$ 结合)	293.368	1	293.368	6.763	<0.05
webautgro (在 $visappgro_2 * conquagro_2$ 结合)	0.767	1	0.767	0.018	>0.05

注:$visappgro_1$、$visappgro_2$分别代表高视觉吸引力水平、低视觉吸引力水平。下同。N=32。

表5-9 可信性三次交互作用简单简单效应检验(内容质量方向)

变异来源	平方和	自由度(df)	均方	F	P值
visappgro * webautgro * conquagro	622.327	1	622.327	14.304	.000
误差	10 093.390	232	43.506	—	—
conquagro (在 $visappgro_1 * webautgro_1$ 结合)	156.25	1	156.25	3.602	>0.05
conquagro (在 $visappgro_1 * webautgro_2$ 结合)	2 092.880	1	2 092.880	48.249	<0.01
conquagro (在 $visappgro_2 * webautgro_1$ 结合)	1 216.335	1	1 216.335	28.041	<0.01
conquagro (在 $visappgro_2 * webautgro_2$ 结合)	346.853	1	346.853	7.996	<0.01

注:N=32。

内容质量方向上，根据数据可知：当网页外观的视觉吸引力高与站点权威性低、视觉吸引力低与站点权威性高、视觉吸引力低与站点权威性低时，内容质量高的学术信息的可信性都分别显著高于内容质量低的学术信息，而当视觉吸引力高与站点权威性高时，内容质量高与内容质量低的学术信息的可信性则没有显著差异。

最后，认知投入、视觉吸引力、站点权威性和内容质量这四个因素的交互作用不显著（$P = 0.334 > 0.05$），不再作进一步分析。

3. 数据分析三：验证中介变量认知反应

此处的目的是验证 H6。通常地，变量 MV 是自变量 IV 对因变量 DV 的中介作用需要同时满足以下四个充分条件①：一是 DV 对 IV 回归，IV 的作用显著。二是 MV 对 IV 回归，IV 的作用显著。三是 DV 对 MV 回归（无其他自变量），MV 的作用显著。四是 DV 对 IV 和 MV 一并回归，在 MV 的作用显著的情况下，与第一次回归相比，IV 的作用由显著变为不显著或 IV 的作用显著的同时系数变小，前者表明 MV 对 IV 与 DV 的关系有完全中介作用，后者则有部分中介作用。另外，上述四个回归方程的协变量必须相同。若有任何一个条件不满足，则中介变量的关系不成立。本文将按照上述四个步骤来验证中介变量作用。

此处验证高认知投入条件下认知反应是否是内容质量对可信性作用的中介变量。第一步，作可信性为因变量的协方差分析（高认知投入条件下的样本数为 128），自变量为视觉吸引力、站点权威性和内容质量，控制变量同上。如表 5－10，模型总体上显著，$F(15,112) = 5.125$（$P < 0.001$），内容质量对可信性有显著影响（$P < 0.001$），高内容质量组网页的系数为 3.894，第一个条件成立。

此外，年龄对可信性的作用显著（$P = 0.019 < 0.05$），系数为 －0.327，说明高认知投入条件下，年龄越大，对互联网学术信息可信性的评价越低。Internet 使用经验对可信性的作用显著（$P = 0.014 < 0.05$），系数为 －1.050，说明高认知投入条件下，Internet 使用经验越丰富，对互联网学术信息可信性的评价越低。最后，值得一提的是，高认知投入条件下，站点权威性对可信性没有显著影响（$P = 0.053 > 0.05$）。

还有，视觉吸引力、站点权威性和内容质量的交互作用显著（$P = 0.001 < 0.05$），作简单效应检验后发现，高认知投入条件下：视觉吸引力方向上，不论站点权威性与内容质量的水平如何结合，视觉吸引力高与视觉吸引力低的网页上的学

① Baron R. M. Kenny D. A. The Moderator-Mediator Variable Distinction in Social Psychological Research: Conceptual, Strategic, and Statistical Considerations[J]. Journal of Personality and Social Psychology, 1986, 51(6): 1173－1182.

术信息的可信性均没有显著差异;站点权威性方向上,当视觉吸引力高与内容质量低、视觉吸引力低与内容质量高时,站点权威性高的网页上的学术信息的可信性都分别显著高于站点权威性低的网页,其他情况下,站点权威性高与权威性低的网页上的学术信息的可信性则没有显著差异;内容质量方向上,当网页外观的视觉吸引力高与站点权威性低、视觉吸引力低与站点权威性高时,内容质量高的学术信息的可信性都分别显著高于内容质量低的学术信息,其他情况下,内容质量高与内容质量低的学术信息的可信性没有显著差异。

表 5-10　高认知投入条件下可信性三因素协方差分析主体间效应检验

变异来源	平方和	自由度(df)	均方	F	P 值
校正模型	3 201.938[a]	15	213.463	5.125	.000
截距	1 632.844	1	1 632.844	39.203	.000
visappgro	14.430	1	14.430	.346	.557
webautgro	159.672	1	159.672	3.834	.053
conquagro	1 837.280	1	1 837.280	44.111	.000
visappgro * webautgro	1.773	1	1.773	.043	.837
visappgro * conquagro	1.750	1	1.750	.042	.838
webautgro * conquagro	5.865	1	5.865	.141	.708
visappgro * conquagro * webautgro	484.306	1	484.306	11.628	.001
age	237.753	1	237.753	5.708	.019
Internetexp	261.415	1	261.415	6.276	.014
误差	4 664.929	112	41.651	—	—
总计	58 151.000	128	—	—	—
校正的总计	7 866.867	127	—	—	—

注:a. R 方 =0.407(调整 R 方 =0.328)。age 和 Internetexp 分别代表年龄和 Internet 使用经验变量,且均为连续性变量,下同。N=128。

第二步,作认知反应为因变量的协方差分析,自变量为视觉吸引力、站点权威性和内容质量,控制变量同上。认知反应测量采用计算想法个数总和的方法(见附录5),数据分析显示,内容质量对认知反应的作用不显著(P=0.326>0.05)。由此可知,第二个条件不成立。那么,H6 不成立,即高认知投入条件下,认知反应是内容质量对 Web 学术信息可信性作用的中介变量不成立。

此外,数据显示,站点权威性对认知反应的作用也不显著(P=0.240>0.05),但站点权威性与内容质量对认知反应的交互作用显著(P<0.001),作简单效应检

验后发现,高认知投入条件下:站点权威性方向上,当内容质量高时,用户对站点权威性高的网页上的学术信息的认知反应显著高于站点权威性低的网页,而当内容质量低时则没有显著差异;内容质量方向上,当站点权威性低时,用户对内容质量高的学术信息的认知反应显著小于内容质量低的学术信息,而当站点权威性高时则没有显著差异。

4. 数据分析四:验证中介变量情感投入

此处的目的的是验证 H7 和 H2。首先验证情感投入是否是内容质量对可信性作用的中介变量。同样地,采取上述四个步骤来分析。第一步,由表 5-6 可知,内容质量对可信性的作用显著($P<0.001$),高内容质量组网页的系数为 7.059,说明内容质量高的 Web 学术信息的可信性要显著高于内容质量低的 Web 学术信息,第一个条件成立。

第二步,作情感投入为因变量的协方差分析,自变量为认知投入、视觉吸引力、站点权威性和内容质量,控制变量同上。如表 5-11,模型总体上显著,$F(23,232)=2.836$($P<0.001$),内容质量对情感投入的作用显著($P<0.001$),高内容质量组网页的系数为 4.354,说明内容质量高的 Web 学术信息所产生的情感投入要显著高于内容质量低的 Web 学术信息,第二个条件成立。

表 5-11 情感投入四因素协方差分析主体间效应检验

变异来源	平方和	自由度(df)	均方	F	P 值
校正模型	3 103.223[a]	23	134.923	2.836	.000
截距	373.231	1	373.231	7.846	.006
coginvgro	2.732	1	2.732	.057	.811
visappgro	6.891	1	6.891	.145	.704
webautgro	135.141	1	135.141	2.841	.093
conquagro	1 830.774	1	1 830.774	38.487	.000
coginvgro * visappgro	84.720	1	84.720	1.781	.183
coginvgro * webautgro	6.029	1	6.029	.127	.722
coginvgro * conquagro	40.641	1	40.641	.854	.356
visappgro * webautgro	37.548	1	37.548	.789	.375
visappgro * conquagro	21.537	1	21.537	.453	.502
webautgro * conquagro	25.261	1	25.261	.531	.467
coginvgro * visappgro * webautgro	106.126	1	106.126	2.231	.137
coginvgro * visappgro * conquagro	48.851	1	48.851	1.027	.312

续表

变异来源	平方和	自由度(df)	均方	F	P值
coginvgro * webautgro * conquagro	63.141	1	63.141	1.327	.250
visappgro * webautgro * conquagro	485.796	1	485.796	10.213	.002
coginvgro * visappgro * webautgro * conquagro	17.016	1	17.016	.358	.550
误差	11 035.886	232	47.568	—	—
总计	81 026.000	256	—	—	—
校正的总计	14 139.109	255	—	—	—

注:a. R 方 =0.219(调整 R 方 =0.142)。N =256。

此外,视觉吸引力、站点权威性和内容质量的交互作用显著(P = 0.002 < 0.001),做简单简单效应检验后发现:视觉吸引力方向上,当站点权威性低与内容质量高时,视觉吸引力高的网页上的学术信息所激发的情感投入显著高于视觉吸引力低的网页,其他情况下,视觉吸引力高与视觉吸引力低的网页上的学术信息所激发的情感投入没有显著差异;站点权威性方向上,当视觉吸引力低与内容质量高时,站点权威性高的网页上的学术信息所激发的情感投入显著高于站点权威性低的网页,其他情况下,站点权威性高与权威性低的网页上的学术信息所激发的情感投入没有显著差异;内容质量方向上,当视觉吸引力高与站点权威性低、视觉吸引力低与站点权威性高时,内容质量高的学术信息所激发的情感投入都分别显著高于内容质量低的学术信息,其他情况下,内容质量高与内容质量低的学术信息所激发的情感投入没有显著差异。

第三步,作可信性为因变量的线性回归,自变量为情感投入,控制变量同上。如表 5 - 12,模型总体上显著,F(9,246) = 31.232(P < 0.001),情感投入对可信性的作用显著(P < 0.001),系数为 0.740,说明情感投入越高,Web 学术信息可信性越高,第三个条件成立。

表 5 - 12　可信性对情感投入线性回归

变异来源	平方和	自由度(df)	均方	F	P值
校正模型	7 949.167[a]	9	883.241	31.232	.000
截距	367.246	1	367.246	12.986	.000
affinvsum	7 622.729	1	7 622.729	269.547	.000
误差	6 956.818	246	28.280	—	—

续表

变异来源	平方和	自由度(df)	均方	F	P值
总计	122 408.000	256	—	—	—
校正的总计	14 905.984	255	—	—	—

注：a. R 方 =0.533（调整 R 方 =0.516）。affinvsum 代表情感投入变量，为连续性变量，下同。N =256。

第四步，作可信性为因变量的协方差分析，自变量为情感投入、认知投入、视觉吸引力、站点权威性和内容质量，控制变量同上。如表5－13，模型总体上显著，F（24，231）=15.098（P＜0.001），情感投入对可信性的作用显著（P＜0.001），系数为0.624。内容质量对可信性的的作用显著（P＜0.001），高内容质量网页组的系数为4.345。与表5－6中的数据比较发现，内容质量的显著水平没有发生变化，但高内容质量网页组的系数由原来的7.059减小为4.345，第四个条件成立。

另外，视觉吸引力、站点权威性和内容质量的交互作用显著（P＝0.030＜0.05），上文已做过检验，不再赘述。

表5－13　可信性协方差分析（自变量有情感投入）

变异来源	平方和	自由度(df)	均方	F	P值
校正模型	9102.926[a]	24	379.289	15.098	.000
截距	412.911	1	412.911	16.437	.000
affinvsum	4290.332	1	4290.332	170.784	.000
coginvgro	74.459	1	74.459	2.964	.086
visappgro	25.102	1	25.102	.999	.319
webautgro	130.689	1	130.689	5.202	.023
conquagro	740.780	1	740.780	29.488	.000
coginvgro * visappgro	15.402	1	15.402	.613	.434
coginvgro * webautgro	6.788	1	6.788	.270	.604
coginvgro * conquagro	.599	1	.599	.024	.877
visappgro * webautgro	2.982	1	2.982	.119	.731
visappgro * conquagro	15.131	1	15.131	.602	.438
webautgro * conquagro	39.931	1	39.931	1.590	.209
coginvgro * visappgro * webautgro	4.137	1	4.137	.165	.685
coginvgro * visappgro * conquagro	.582	1	.582	.023	.879
coginvgro * webautgro * conquagro	10.855	1	10.855	.432	.512

续表

变异来源	平方和	自由度(df)	均方	F	P值
visappgro * webautgro * conquagro	120.234	1	120.234	4.786	.030
coginvgro * visappgro * webautgro * conquagro	14.441	1	14.441	.575	.449
误差	5803.059	231	25.121	—	
总计	122408.000	256	—	—	—
校正的总计	14905.984	255	—	—	—

注：a. R 方 =0.611(调整 R 方 =0.570)。N =256。

由此，综合以上四个步骤的分析可知，情感投入是内容质量对可信性作用的部分中介变量，H7 成立。

接着，采用上述四个步骤来验证情感投入是否是视觉吸引力对可信性作用的中介变量。由表 5－6 知，视觉吸引力对可信性的主效应不显著，即第一个条件不成立，那么，H2 不成立，即情感投入是视觉吸引力对互联网学术信息可信性作用的中介变量不成立。

综上知，假设的检验情况整理如表 5－14。

表 5－14　第二个研究问题假设检验情况

假设内容	检验情况
H1：视觉吸引力高的 Web 网页上的学术信息的可信性要显著高于视觉吸引力低的 Web 网页	不成立
H2：情感投入是视觉吸引力对互联网学术信息可信性作用的中介变量	不成立
H3：站点权威性高的 Web 网页上的学术信息的可信性要显著高于站点权威性低的 Web 网页	成立
H4：内容质量高的 Web 学术信息的可信性要显著高于内容质量低的 Web 学术信息	成立
H5：认知投入是站点权威性和内容质量对可信性作用的调节变量	不成立
H5－1：低程度认知投入条件下 Web 网页的站点权威性对可信性的影响显著大于高程度认知投入条件下对可信性的影响	不成立
H5－2：高程度认知投入条件下 Web 学术信息的内容质量对可信性的影响显著大于低程度认知投入条件下对可信性的影响	不成立
H6：高程度认知投入条件下，认知反应是内容质量对 Web 学术信息可信性作用的中介变量	不成立
H7：情感投入是内容质量对互联网学术信息可信性作用的中介变量	成立，部分中介

接着,在此对部分分析结果进行讨论:

首先,H1 不成立,很可能是因为实验所选样本的代表性不够。被试均为博士生、高校教师和科研人员(高校教师和科研人员都具有博士学位),而科研和学习活动中互联网学术信息的主要使用群体除这三类用户外还包括本科生和硕士生等群体。同样地,H2 不成立也很可能是这个原因。

其次,H5-1 和 H5-2 不成立的原因很可能在于认知投入操纵的两个水平没有达到显著水平,从而 H5 也不成立。

最后,高认知投入条件下,内容质量对认知反应的作用不显著很可能是因为样本量偏小(N=128)和认知反应测量的效度还不够高。认知反应测量的效度还不够高是指测量没有很好地表达出被试在评价可信性时的思考状态。理论上而言,若认知反应测量不设置选择题,而让被试写出自己的想法,这样能更好地反映被试的思考状态。事实上,在认知反应测量的用户数据记录中,不少用户都在“其他”栏中填写了不同于选项的想法,这在一定程度上说明了选项所设定的内容范围的局限性。然而,由于是在线现场实验,让被试写出自己的想法的操作很难保证有效实施,很有可能出现许多被试不愿花时间填写而导致数据残缺的现象。尽管如此,第一个研究问题中观察到的用户在评价可信性时对信息内容的斟酌和分析也在很大程度上说明了用户对信息内容的质量的分析和思考。

第六章 “唤醒—启发—思考”模型的应用检验

本章的目的主要有两点:一是将“唤醒—启发—思考”模型应用到实际的网页评价中。由于在线现场实验中使用的是设计的“非真实”的网页,因此,需要将模型应用到实际的网页评价中来检验模型是否适用;二是进一步检验 4.1 节和 5.1 节中提出的变量之间的关系是否成立。

6.1 研究设计

6.1.1 验证假设

针对所提出的“唤醒—启发—思考”模型,依据 4.1 节和 5.1 节中提出的假设和相关分析,此处提出相对应的假设:

H1:当用户评价互联网学术信息可信性的动机很高时,他们使用的信息内容范畴的判据要多于来源等外部特征范畴的判据。当用户的动机很低时,他们使用的信息内容范畴的判据要少于来源等外部特征范畴的判据

H2:在其他条件相同的情况下,高评价动机的用户比低动机的用户使用更多的信息内容范畴的判据,更少的来源等外部特征范畴的判据

H3:当用户评价互联网学术信息可信性的动机很高时,至少存在这样一个属于信息内容范畴的价值维度判据,用户使用该判据要多于来源等外部特征范畴的价值维度判据。当用户的动机很低时,至少存在这样一个属于来源等外部特征范畴的价值维度判据,用户使用该判据要多于信息内容范畴的价值维度判据

H4:在其他条件相同的情况下,至少存在这样一个属于信息内容范畴的价值维度判据,高评价动机的用户使用该判据比低动机用户要多。另外,也至少存在这样一个属于来源等外部特征范畴的价值维度判据,低评价动机的用户使用该判据比高动机用户要多

H5:视觉吸引力越高,Web 页面上的学术信息的可信性越高

H6:情感投入是视觉吸引力对互联网学术信息可信性作用的中介变量

H7:站点权威性越高,Web 页面上的学术信息的可信性越高

H8:内容质量越高,Web 学术信息的可信性越高

H9:认知投入是站点权威性和内容质量对可信性作用的调节变量

H9-1:低程度认知投入条件下 Web 页面的站点权威性对可信性的影响显著大于高程度认知投入条件下对可信性的影响

H9-2:高程度认知投入条件下 Web 学术信息的内容质量对可信性的影响显著大于低程度认知投入条件下对可信性的影响

H10:高程度认知投入条件下,认知反应是内容质量对 Web 学术信息可信性作用的中介变量

H11:情感投入是内容质量对互联网学术信息可信性作用的中介变量

6.1.2 研究设计

6.1.2.1 研究方法

此处主要采用在线问卷调查法,同时对动机进行操纵。具体地,调查对象(分析单位)是单个的 Web 页面,通过邀请一定数量的用户评价相关页面来实现。这里的用户是指科研和学习活动中查找和使用互联网学术信息的用户,主要有高校学生(硕博士生和本科生)、高校教师和科研单位中的科研人员。

可信性、认知投入、内容质量、站点权威性、视觉吸引力、情感投入和认知反应变量以及人口统计学变量与 Internet 使用经验的测量采用上文的方法。评价判据设置一个多选题,分为信息内容和来源等外部特征两大类,每一类都有若干具体的选项,选项与 4.1 节的编录单中的判据对应(具体见附录 2)。

数据分析主要采用线性回归法。

互联网学术信息的主题属于图书情报领域,主要有“网络信息资源建设”、“情报学的使命与发展”、“信息服务业”、“图书馆信息资源共享”和“图书馆信息服务与工作”等。

待评价的页面有两个来源:一是选取学术信息网站上的页面。具体地,本文选取中国科技论文在线①、奇迹文库②以及一些门户网站和博客上的页面;二是制作一些

① 中国科技论文在线是经教育部批准、由教育部科技发展中心主办的科技论文网站,其免去传统的评审、修改、编辑、印刷等程序,给科研人员提供一个方便、快捷的交流平台。具体可参见:中国科技论文在线.在线简介[EB/OL].[2011-2-11].http://www.paper.edu.cn/index.php/default/about/aboutme.

② 奇迹文库是由我国一群科学、教育与技术工作者创办的非赢利性质的网站,主要收录中文科研文章、综述、学位论文、讲义及专著的预印本和以英文或其他语言写作的资料。具体可参见:奇迹文库.关于我们[EB/OL].[2011-2-11].http://www.qiji.cn/eprint/help/about-us.html.

页面并放到 Internet 上去。由于选取的页面的某些特征可能只能覆盖到要观测变量的某部分区间的取值,例如,选取的页面的视觉吸引力可能都比较高,这样视觉吸引力的测量结果中低区间的取值就可能很少。因此,为了尽可能地在观测变量的整个区间上都能取到值,本文有针对性地制作了若干页面。制作页面的文章内容的素材选自某门户网站博客上的一篇文章"论图书馆的'共享性'①"。将该文章略作修改后,作为高质量的文章,称为文章 X。另外,在文章 X 中设置一些错别字与语法错误以及逻辑错误,作为低质量的文章,称为文章 Y(文章 X 和文章 Y 的具体内容见附录 7)。制作的页面都放置在相关的 Web 站点上(选取和制作页面的具体信息见附录 8)。

需要说明的是,选取和制作的页面大部分是普通 Web 网页,也包含少部分博客和论坛页面。

6.1.2.2 样本选取

此处采用方便取样法。受调查者选择高校学生(硕博士生和本科生)、高校教师和科研人员,他们是主要用户群体,在科研和学习活动中要使用到大量的互联网学术信息。

6.1.2.3 实施步骤

同样地,此处将认知投入操纵在高和低两个水平,分别制作成问卷,通过电子邮件将问卷地址发送给不同的受调查者,邀请他们填写。

每名受调查者都要评价 15 个不同的 Web 页面。当受调查者打开问卷时,首先会看到简要的说明信息,然后阅读高动机或低动机的情景材料,接着点击第 1 个页面链接打开页面。浏览完该页面后,首先要完成可信性量表,然后选择作出可信性评价的判据,接着依次完成视觉吸引力、情感投入、站点权威性、认知投入、内容质量量表、认知反应题项和对信息内容的熟悉程度量表(量表和题项的具体内容见附录 12)。至此,完成第 1 个页面的评价。后 14 个页面的评价过程与此相同,不再赘述。最后,受调查者完成个人信息问卷,调查结束。本调查为有偿调查,将付给受调查者一定数量的报酬。

6.2 结果分析

6.2.1 数据搜集与样本描述

问卷发放时间为 2011 年 3 月 20 日至 2011 年 3 月 31 日,共获得样本数据 375

① 网址:http://blog.sina.com.cn/s/blog_405ae8c9010007l9.html.

份。除更正极个别逻辑错误外,经检查均为有效数据。

如图 6-1,共 25 名图书情报领域的受调查者参加调查;其中,博士生 4 名,占总数的 16%,硕士生 4 名,占 16%,本科生 8 名,占 32%,高校教师 4 名,占 16%,科研人员 5 名,占 20%。可见,样本具有较好的代表性。男女受调查者分别为 12 名和 13 名,各约占 50%。有 13 名受调查者在高动机情景下评价(男女分别为 7 名和 6 名),12 名受调查者在低动机情景下评价(男女分别为 5 名和 7 名),各约占 50%。受调查者的平均年龄约为 25.5 岁。每天花费在 Internet 上的小时数方面,最多为大于 8 小时(计算时按 10 小时算),最小为 2 小时,平均花费约 5.2 小时,说明受调查者都具有较丰富的 Internet 使用经验。此外,受调查者对 375 个页面的信息内容的平均熟悉程度值为 5.15(4 代表中间值,1 为最不了解,7 为最了解),表明受调查者对要评价的信息内容较为熟悉。

并且,各个不同受调查者类别中的男女比例和动机类别比例基本相当,且在不同的年级上都有分布。

样本数据中,用户类别、性别和动机类别比例与受调查者的分布相同(每名受调查者都评价 15 个页面)。其中,博士生、硕士生、本科生、高校教师和科研人员分别有 60、60、120、60 和 75 份样本数据。男女受调查者分别有 180 份和 195 份数据,高动机和低动机情景分别有 195 份和 180 份数据。

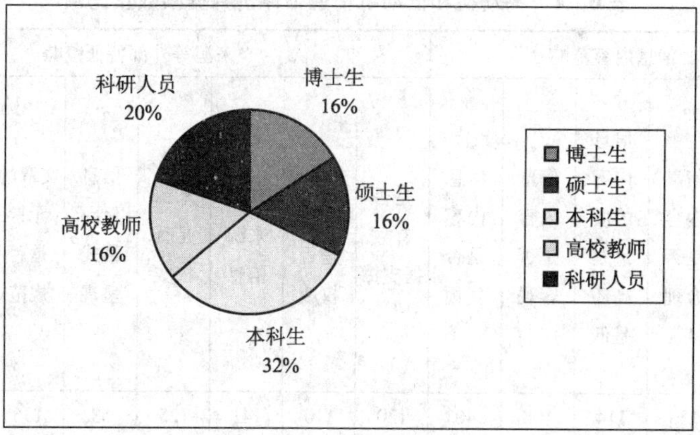

图 6-1 受调查者类别分布情况

6.2.2 数据分析

在数据分析之前,先对相关变量编码,编码规则见附录 5。

6.2.2.1 **动机操纵检测**

由于可信性、认知投入、视觉吸引力和情感投入量表的效度和信度上文已作过检验,在此不再检验,我们只检测动机的操纵情况。

以感知认知投入为因变量、其组别为自变量作方差分析。数据显示,模型总体上显著,$F(1,373) = 5.829$($P = 0.016 < 0.05$),自变量的作用显著($P = 0.016 < 0.05$)。高动机情景下的认知投入均值为20.31($N = 195$),小于低动机情景下的认知投入均值21.86($N = 180$)。由此,动机操纵达到目的,即受调查者在两种不同情景下的动机水平存在显著差异。

6.2.2.2 **验证评价判据**

此处的目的是验证H1、H2、H3和H4。表6-1显示了高动机和低动机情景下用户使用的评价判据的频数及比例。分析发现,低动机情景下,信息内容范畴的判据的总使用次数要少于来源等外部特征范畴的判据成立(597 < 938),而高动机情景下,信息内容范畴的判据的总使用次数要多于来源等外部特征范畴的判据不成立(560 < 790),由此,H1部分成立。并且,高动机情景下,信息内容范畴的价值维度判据"信息内容是否完整"的使用次数(165)多于每一个来源等外部特征范畴的价值维度判据。低动机情景下,来源等外部特征范畴的价值维度判据"文章的元素是否规范"的使用次数(168)多于每一个信息内容范畴的价值维度判据,H3成立。

表6-1 高动机和低动机情景下评价判据频数及比例

	信息内容范畴					来源等外部特征范畴							
	信息内容是否完整	信息内容是否合理	信息内容的质量是高还是低	信息内容是否客观	信息内容是否新颖	是否有数据支撑	支撑的数据是否权威	有无来源信息	来源是否权威	信息以什么格式呈现	文章的元素是否规范	文章被引用的次数	文章是否从其他地方转载或粘贴而来
高动机	165	133	114	108	40	120	110	141	125	53	136	9	96
	高动机合计:560(41.48%)					高动机合计:790(58.52%)							
	高动机总计:1 350												
低动机	153	135	140	105	64	151	100	143	132	116	168	31	97
	低动机合计:597(38.89%)					低动机合计:938(61.11%)							
	低动机总计:1 535												

表6-2显示了高动机和低动机情景下各价值维度判据所占的比例，比较发现：高动机情景下，信息内容范畴的判据“信息内容是否完整”的比例为12.22%，多于低动机情景下信息内容范畴的各个价值维度判据的比例。低动机情景下，来源等外部特征范畴的判据“文章的元素是否规范”的比例为10.94%，多于高动机情景下来源等外部特征范畴的各个价值维度判据的比例。由此，H4成立。

表6-2 高动机和低动机情景下价值维度判据所占比例

		高动机情景下比例	低动机情景下比例
信息内容范畴	信息内容是否完整	12.22%	9.97%
	信息内容是否合理	9.85%	8.79%
	信息内容的质量是高还是低	8.44%	9.12%
	信息内容是否客观	8%	6.84%
	信息内容是否新颖	2.96%	4.17%
来源等外部特征范畴	是否有数据支撑	8.89%	9.84%
	支撑的数据是否权威	8.15%	6.51%
	有无来源信息	10.44%	9.32%
	来源是否权威	9.26%	8.60%
	信息以什么格式呈现	3.93%	7.56%
	文章的元素是否规范	10.07%	10.94%
	文章被引用的次数	0.67%	2.02%
	文章是否从其他地方转载或粘贴而来	7.12%	6.32%
合计		100%	100%

最后，高动机情景下，信息内容范畴判据所占比例为41.48%，多于低动机情景下信息内容范畴判据的比例38.89%。并且，高动机情景下，来源等外部特征范畴判据的比例为58.52%，少于低动机情景下来源等外部特征范畴判据的比例61.11%。由此，H2成立。此外，对表6-3中的数据进行卡方检验，数据显示，高动机和低动机情景下使用的信息内容范畴判据的比例没有显著差异（$\chi^2=2.004$，$P=0.157>0.05$），说明用户在评价互联网学术信息可信性时同时倚重信息内容和来源等外部特征这两大范畴的判据。

表6-3 高动机和低动机情景下不同范畴评价判据频数四格表

	内容范畴判据	非内容范畴判据（来源等外部特征范畴判据）	合计	内容范畴判据所占比例
高动机	560	790	1350	41.48%
低动机	597	938	1535	38.89%

6.2.2.3 验证自变量和调节变量

此处的目的是验证 H5、H7、H8 和 H9。采用线性回归法。首先,回归模型因变量为可信性,自变量为认知投入、视觉吸引力、站点权威性和内容质量,控制变量为人口统计学变量(性别、年龄、专业、年级)和 Internet 使用经验(下同)。数据显示,模型总体上显著,F(12,362)=54.79(P<0.001)。系数检验情况如表 6-4,变量的容差都较大,不存在共线性问题。视觉吸引力、站点权威性和内容质量对可信性的作用都达到显著水平(P<0.001),系数分别为 0.200、0.214 和 0.516,说明视觉吸引力、站点权威性或内容质量越高,用户对互联网学术信息的可信性评价越高,H5、H7 和 H8 成立。最后,认知投入对可信性的作用不显著(P=0.505>0.05)。

此外,年龄对可信性的作用显著(P=0.003<0.05),系数为 0.157,说明用户的年龄越大,对互联网学术信息可信性的评价越高。

表 6-4 可信性四个自变量线性回归(无乘积项)

变量	标准系数	t	P 值	共线性统计量	
				容差	VIF
(常量)	—	.395	.693	—	—
coginvd1(认知投入哑变量)	-.022	-.668	.505	.887	1.127
visappsum(视觉吸引力)	.200	5.048	.000	.622	1.607
webaut(站点权威性)	.214	5.204	.000	.582	1.719
conqua(内容质量)	.516	12.379	.000	.565	1.771
sexd1(性别)	-.023	-.638	.524	.763	1.311
age(年龄)	.157	2.965	.003	.349	2.868
disciplined1(专业)	.061	1.370	.171	.502	1.991
graded1(年级哑变量 1)	-.061	-1.677	.094	.748	1.336
graded2(年级哑变量 2)	.000	-.008	.994	.296	3.375
graded3(年级哑变量 3)	.033	.685	.494	.423	2.363
graded4(年级哑变量 4)	.001	.021	.984	.497	2.014
Internetexp(Internet 使用经验)	-.023	-.625	.532	.699	1.432

注:N=375。

接着,将若干交互作用变量(变量之间的乘积项)作为自变量加入到上述回归模型中,具体有站点权威性与认知投入、内容质量与认知投入、视觉吸引力和站点权威性以及内容质量三者之间的乘积项。数据分析发现,模型总体上显著,F(15,

359)=46.90(P<0.001)。系数检验情况如表6-5,视觉吸引力、站点权威性和内容质量对可信性的作用都达到显著水平(P<0.001)。并且,站点权威性与认知投入的乘积项 webaut_coginvd1 对可信性的作用显著(P=0.002<0.05),系数为0.330,表明在低认知投入条件下,站点权威性对可信性的另外的作用效应为0.330,说明低认知投入条件下,站点权威性对可信性的作用比高认知投入条件下显著要大,H9-1 成立。相应地,内容质量与认知投入的乘积项 conqua_coginvd1 对可信性的作用显著(P=0.002<0.05),系数为-0.380,表明在低认知投入条件下,内容质量对可信性的另外的作用效应为-0.380,说明低认知投入条件下,内容质量对可信性的作用比高认知投入条件下显著要小,H9-2 成立。由 H9-1 和 H9-2 成立可知,H9 成立,即认知投入是站点权威性和内容质量对可信性作用的调节变量。

表6-5 可信性四个自变量线性回归(有乘积项)

变量	标准系数	t	P值	共线性统计量	
				容差	VIF
(常量)	—	-.315	.753	—	—
coginvd1	.036	.366	.715	.098	10.189
visappsum	.254	5.469	.000	.435	2.300
webaut	.209	3.629	.000	.285	3.509
conqua	.669	11.870	.000	.296	3.377
sexd1	-.040	-1.123	.262	.749	1.335
age	.146	2.764	.006	.336	2.973
disciplined1	.064	1.487	.138	.502	1.993
graded1	-.066	-1.837	.067	.735	1.360
graded2	-.026	-.450	.653	.293	3.416
graded3	.013	.265	.791	.417	2.400
graded4	-.016	-.363	.717	.491	2.038
Internetexp	-.014	-.368	.713	.688	1.453
webaut_coginvd1	.330	3.151	.002	.086	11.637
conqua_coginvd1	-.380	-3.187	.002	.066	15.096
visappsum_webaut_conqua	-.174	-2.119	.035	.140	7.162

注:webaut_coginvd1、conqua_coginvd1、visappsum _webaut_ conqua 是相应变量之间的乘积项,用来表示交互作用。N=375。

还有,视觉吸引力、站点权威性和内容质量三者的乘积项对可信性的作用显著($P=0.035<0.05$),证实了4.2节中的发现"视觉吸引力、站点权威性和内容质量对可信性存在交互作用"。由于此调查对这三个自变量的效应的"切割"和对无关变异与受调查者的控制的效果比第四章中的实验要差,因此,此处不再对数据进一步分析,且采用4.2节中的结论(下文类似情况都按该方式处理)。

此外,结合表6-5和表6-4以及相关分析发现,webaut_coginvd1、conqua_coginvd1、visappsum_webaut_conqua与coginvd1之间存在共线性,因此,视觉吸引力、站点权威性和内容质量对可信性的作用系数取表6-4中的值,分别为0.200、0.214和0.516,说明视觉吸引力和站点权威性对可信性的净效应基本相当,而内容质量对可信性的净效应分别是前两者的约2.5倍。

6.2.2.4　验证中介变量认知反应

此处的目的是验证H10。采用4.2节中的四个步骤来操作。第一步,首先,作高认知投入条件下样本数据的回归分析($N=195$),因变量为可信性,自变量为视觉吸引力、站点权威性和内容质量,控制变量同上。模型总体上显著,$F(11,183)=33.896$($P<0.001$)。变量系数如表6-6,内容质量对可信性有显著作用($P<0.001$),系数为0.583,说明内容质量越高,可信性越高,第一个条件成立。

接着,将乘积项visappsum_webaut_conqua作为自变量加入到上述的回归模型中,数据显示该乘积项对可信性的作用不显著($P=0.934>0.05$),由此,4.2节中的发现"高认知投入条件下,视觉吸引力、站点权威性和内容质量三者对可信性存在交互作用"没有得到证实。并且,由于visappsum_webaut_conqua的容差较小(0.150),很可能与其他变量存在共线性,因此,内容质量对可信性的作用系数取表6-6中的0.583。

此外,高认知投入条件下,视觉吸引力和站点权威性对可信性的作用都达到显著水平(P值分别为0.001和0.010,均小于0.05)。性别对可信性有显著作用($P=0.010<0.05$),系数为0.167,说明高认知投入条件下,女性对可信性的评价要显著高于男性。年龄对可信性有显著作用($P=0.007<0.05$),系数为0.181,说明高认知投入条件下,年龄越大,可信性评价越高。专业对可信性有显著作用($P=0.044<0.05$),系数为0.193,说明高认知投入条件下,图书馆学、档案学或编辑出版学专业的用户对可信性的评价要显著高于情报学、信息管理与信息系统或管理科学与工程专业的用户。Internet使用经验对可信性有显著作用($P=0.023<0.05$),系数为-0.126,说明高认知投入条件下,Internet使用经验越丰富,可信性评价越低。

表 6－6 高认知投入条件下可信性三个自变量线性回归（无乘积项）

变量	标准系数	t	P 值	共线性统计量	
				容差	VIF
（常量）	—	－.427	.670	—	—
visappsum	.178	3.400	.001	.658	1.521
webaut	.136	2.596	.010	.657	1.521
conqua	.583	10.912	.000	.630	1.588
sexd1	.167	2.613	.010	.439	2.279
age	.181	2.753	.007	.416	2.407
disciplined1	.193	2.030	.044	.199	5.019
graded1	.002	.032	.974	.647	1.546
graded2	.108	1.431	.154	.315	3.174
graded3	－.085	－.969	.334	.232	4.303
graded4	－.004	－.057	.955	.313	3.192
Internetexp	－.126	－2.301	.023	.602	1.662

注：N＝195。

第二步，作认知反应为因变量的线性回归，自变量为视觉吸引力、站点权威性和内容质量，控制变量同上。数据显示，模型总体上显著，$F(11,183)=12.614$（$P<0.001$）。变量系数如表 6－7，内容质量对认知反应有显著作用（$P<0.001$），系数为 0.348，说明内容质量越高，认知反应越多，第二个条件成立。

接着，将乘积项 webaut_conqua 作为自变量加入到上述回归模型中，数据显示 webaut_conqua 对认知反应有显著作用（$P=0.039<0.05$），由此，证实了 4.2 节中的发现“高认知投入条件下，站点权威性与内容质量对认知反应存在交互作用”。并且，由于 webaut_conqua 的容差较小（0.067），很可能与其他变量有共线性，因此，变量系数取表 6－7 中的值。

具体地，性别对认知反应有显著作用（$P=0.003<0.05$），系数为 －0.252，说明高认知投入条件下，女性对信息内容的认知反应要显著少于男性。年龄对认知反应有显著作用（$P<0.001$），系数为 －0.318，说明高认知投入条件下，年龄越大，对信息内容的认知反应越少。专业对认知反应有显著作用（$P=0.005<0.05$），系数为 －0.355，说明高认知投入条件下，图书馆学、档案学或编辑出版学专业的用户对信息内容的认知反应要显著少于情报学、信息管理与信息系统或管理科学与工程专业的用户。年级哑变量 graded3 和 graded4 对认知反应有显著作用（P 值分别为

0.029 和 0.005,均小于 0.05),系数分别为 -0.254 和 0.282,说明高认知投入条件下,三年级用户对信息内容的认知反应要显著少于四年级以上用户,而四年级用户的认知反应要显著多于四年级以上用户。Internet 使用经验对认知反应有显著作用(P<0.001),系数为 0.606,说明高认知投入条件下,Internet 使用经验越丰富,认知反应越多。

表 6-7　高认知投入条件下认知反应三个自变量线性回归(无乘积项)

变量	标准系数	t	P 值	共线性统计量	
				容差	VIF
(常量)	—	3.434	.001	—	—
visappsum	-.120	-1.744	.083	.658	1.521
webaut	.002	.025	.980	.657	1.521
conqua	.348	4.957	.000	.630	1.588
sexd1	-.252	-2.997	.003	.439	2.279
age	-.318	-3.671	.000	.416	2.407
disciplined1	-.355	-2.842	.005	.199	5.019
graded1	-.078	-1.127	.261	.647	1.546
graded2	-.147	-1.481	.140	.315	3.174
graded3	-.254	-2.199	.029	.232	4.303
graded4	.282	2.831	.005	.313	3.192
Internetexp	.606	8.434	.000	.602	1.662

注:N=195。

第三步,作可信性为因变量的线性回归,自变量为认知反应,控制变量同上。数据显示,模型总体上显著,F(9,185)=5.554(P<0.001),认知反应对可信性的作用显著(P<0.001),系数为 0.356,说明认知反应越多,可信性越高,第三个条件成立。

第四步,将认知反应作为自变量加入到表 6-6 的模型中,数据显示,模型总体上显著,F(12,182)=31.619(P<0.001)。变量系数如表 6-8,认知反应对可信性的作用达到边际显著(P=0.094<0.1),系数为 0.094。内容质量对可信性的作用仍然显著(P<0.001),系数为 0.550,比表 6-6 中的 0.583 略微下降。考虑到在线环境下测量认知反应的局限以及样本数量还不够大,此处认为第四个条件成立。

表 6 – 8 高认知投入条件下可信性三个自变量线性回归(有认知反应)

变量	标准系数	t	P 值	共线性统计量	
				容差	VIF
(常量)	—	–.830	.408	—	—
visappsum	.189	3.605	.000	.647	1.546
webaut	.136	2.606	.010	.657	1.521
conqua	.550	9.718	.000	.555	1.801
cogres	.094	1.683	.094	.569	1.758
sexd1	.191	2.928	.004	.418	2.391
age	.211	3.111	.002	.387	2.584
disciplined1	.226	2.343	.020	.191	5.241
graded1	.009	.172	.863	.643	1.556
graded2	.122	1.613	.108	.311	3.212
graded3	–.061	–.691	.490	.226	4.416
graded4	–.031	–.401	.689	.300	3.332
Internetexp	–.183	–2.853	.005	.433	2.308

注:N = 195。

由此,综合以上四个步骤的分析可知,高认知投入条件下,认知反应是内容质量对可信性作用的部分中介变量,H10 成立。

6.2.2.5 **验证中介变量情感投入**

此处的目的是验证 H11 和 H6。首先来验证情感投入是否是内容质量对可信性作用的中介变量,仍采用 4.2 节中的四个步骤来分析。

第一步,由表 6 – 4 知,内容质量对可信性有显著作用(P < 0.001),系数为 0.516,第一个条件成立。

第二步,首先,作情感投入为因变量的线性回归,自变量为认知投入、视觉吸引力、站点权威性和内容质量,控制变量同上。数据显示,模型总体上显著,F(12, 362) = 40.525(P < 0.001)。变量系数如表 6 – 9,内容质量对情感投入的作用显著(P < 0.001),系数为 0.467,说明内容质量越高,情感投入越高,第二个条件成立。

接着,将乘积项 visappsum_webaut_conqua 作为自变量加入到上述的回归模型中,数据显示,visappsum_webaut_conqua 对情感投入的作用不显著(P = 0.605 > 0.05),由此,4.2 节中的发现“视觉吸引力、站点权威性和内容质量三者对情感投入存在交互作用”没有得到证实。

此外,视觉吸引力对情感投入有显著作用(P<0.001),系数为0.347,说明视觉吸引力越高,情感投入越高。性别对情感投入有显著作用(P=0.039<0.05),系数为-0.082,说明女性对信息内容产生的情感投入要显著少于男性。

表6-9 情感投入四个自变量线性回归(无乘积项)

变量	标准系数	t	P值	共线性统计量	
				容差	VIF
(常量)	—	2.344	.020	—	—
coginvd1	.047	1.280	.201	.887	1.127
visappsum	.347	7.969	.000	.622	1.607
webaut	.036	.791	.430	.582	1.719
conqua	.467	10.225	.000	.565	1.771
sexd1	-.082	-2.077	.039	.763	1.311
age	-.047	-.806	.421	.349	2.868
disciplined1	.007	.141	.888	.502	1.991
graded1	-.051	-1.278	.202	.748	1.336
graded2	-.091	-1.441	.150	.296	3.375
graded3	.026	.501	.617	.423	2.363
graded4	-.015	-.305	.761	.497	2.014
Internetexp	.055	1.335	.183	.699	1.432

注:N=375。

第三步,作可信性为因变量的线性回归,自变量为情感投入,控制变量同上。数据显示,模型总体上显著,F(9,365)=50.962(P<0.001)。情感投入对可信性的作用显著(P<0.001),系数为0.717,说明情感投入越高,可信性越高,第三个条件成立。

第四步,将情感投入作为自变量加入到表6-4的模型中,数据显示,模型总体上显著,F(13,361)=63.591(P<0.001)。变量系数如表6-10,情感投入对可信性的作用显著(P<0.001),系数为0.346。内容质量对可信性的作用仍然显著(P<0.001),系数为0.354,与表6-4中的0.516相比有所降低。可见,第四个条件成立。

表 6-10　可信性四个自变量线性回归(有情感投入)

变量	标准系数	t	P 值	共线性统计量	
				容差	VIF
(常量)	—	-.529	.597	—	—
coginvd1	-.038	-1.242	.215	.883	1.132
visappsum	.080	2.015	.045	.529	1.889
webaut	.201	5.289	.000	.581	1.722
conqua	.354	8.080	.000	.438	2.282
affinvsum	.346	7.793	.000	.427	2.343
sexd1	.005	.161	.872	.754	1.327
age	.173	3.527	.000	.348	2.873
disciplined1	.058	1.421	.156	.502	1.991
graded1	-.043	-1.284	.200	.745	1.342
graded2	.031	.580	.562	.295	3.394
graded3	.024	.534	.594	.423	2.365
graded4	.006	.147	.883	.496	2.015
Internetexp	-.042	-1.218	.224	.695	1.439

注:affinvsum 代表情感投入变量,其为连续性变量。N = 375。

由此,综合以上四个步骤的分析可知,情感投入是内容质量对可信性作用的部分中介变量,H11 成立。

接着,验证情感投入是否是视觉吸引力对可信性作用的中介变量。依据上述四个步骤。

首先,视觉吸引力对可信性有显著作用($P < 0.001$),系数为 0.200(表6-4),说明视觉吸引力越高,可信性越高,第一个条件成立。然后,视觉吸引力对情感投入有显著作用($P < 0.001$),系数为 0.347(表 6-9),说明视觉吸引力越高,情感投入越高,第二个条件成立。接着,可信性对情感投入的单自变量回归显著($P < 0.001$),情感投入系数为 0.717,说明情感投入越高,可信性越高,第三个条件成立。最后,如表 6-10,情感投入加入到表 6-4 的模型中后,情感投入对可信性的作用显著($P < 0.001$),系数为 0.346。视觉吸引力对可信性的作用仍然显著($P = 0.045 < 0.05$),系数由 0.200 降低为 0.08,第四个条件成立。

由此,综合以上四个步骤的分析可知,情感投入是视觉吸引力对可信性作用的部分中介变量。

综上知,假设的验证情况整理如表6-11。

表6-11 模型应用检验假设验证情况

假设内容	验证情况
H1:当用户评价互联网学术信息可信性的动机很高时,他们使用的信息内容范畴的判据要多于来源等外部特征范畴的判据。当用户的动机很低时,他们使用的信息内容范畴的判据要少于来源等外部特征范畴的判据	部分成立
H2:在其他条件相同的情况下,高评价动机的用户比低动机的用户使用更多的信息内容范畴的判据,更少的来源等外部特征范畴的判据	成立
H3:当用户评价互联网学术信息可信性的动机很高时,至少存在这样一个属于信息内容范畴的价值维度判据,用户使用该判据要多于来源等外部特征范畴的价值维度判据。当用户的动机很低时,至少存在这样一个属于来源等外部特征范畴的价值维度判据,用户使用该判据要多于信息内容范畴的价值维度判据	成立
H4:在其他条件相同的情况下,至少存在这样一个属于信息内容范畴的价值维度判据,高评价动机的用户使用该判据比低动机用户要多。另外,也至少存在这样一个属于来源等外部特征范畴的价值维度判据,低评价动机的用户使用该判据比高动机用户要多	成立
H5:视觉吸引力越高,Web页面上的学术信息的可信性越高	成立
H6:情感投入是视觉吸引力对互联网学术信息可信性作用的中介变量	成立,部分中介
H7::站点权威性越高,Web页面上的学术信息的可信性越高	成立
H8:内容质量越高,Web学术信息的可信性越高	成立
H9:认知投入是站点权威性和内容质量对可信性作用的调节变量	成立
H9-1:低程度认知投入条件下Web页面的站点权威性对可信性的影响显著大于高程度认知投入条件下对可信性的影响	成立
H9-2:高程度认知投入条件下Web学术信息的内容质量对可信性的影响显著大于低程度认知投入条件下对可信性的影响	成立
H10:高程度认知投入条件下,认知反应是内容质量对Web学术信息可信性作用的中介变量	成立,部分中介
H11:情感投入是内容质量对互联网学术信息可信性作用的中介变量	成立,部分中介

综合以上分析可知,"唤醒—启发—思考"模型能应用到用户对实际的互联网学术信息可信性评价之中。而且,模型中变量之间的关系都得到了证实,模型适用于科研和学习活动中用户对互联网学术信息可信性的评价,即模型具有较好的普适性(外在效度)。

接着,此处对部分分析结果进行讨论:①第一,H1 中,高动机情景下,信息内容范畴的判据的总使用次数要多于来源等外部特征范畴的判据不成立很可能是因为数据搜集方式的局限性所致。本章采用多项选择题搜集受调查者的评价判据,这很可能出现受调查者实际上没有使用某个判据、但由于“选项可见”使得他们“模糊判断”而选择了这个判据的情况。理论上而言,让受调查者填写评价判据或采用有声思维法的效果比选择题要好,但前者由于与认知反应测量类似的原因(见 4.2 节最后的讨论),这样的操作很难实施,后者则由于时间等条件的限制,也几无可行性。进一步地,若准确地搜集到了受调查者的评价判据,H2 验证中的卡方检验很可能达到显著水平,即高动机情景下使用的信息内容范畴判据的比例比低动机情景显著要多,且前者使用的来源等外部特征范畴判据的比例比后者显著要少。②第二,调查发现,对所有受调查者而言,年龄越大,对互联网学术信息的可信性评价越高,且表 6-6 中数据显示,高认知投入条件下,年龄越大,对互联网学术信息的可信性评价越高。这与 4.2 节中的发现“高认知投入条件下,年龄越大,对互联网学术信息的可信性评价越低”不一致。由于调查样本比第四章中的实验样本更具有代表性,我们取“对所有受调查者而言或高认知投入条件下,年龄对互联网学术信息可信性评价有正向作用”的结论。这与福格等①的发现“年龄大的组对 Web 站点修饰的可信性评价要显著高于年龄小的组”相一致。这可能是由于年龄越大,用户对相关领域知识积累越多,把握对象的信心越足,从而对互联网学术信息的可信性越持积极的态度。

其次,表 6-6 中的数据显示,高认知投入条件下,站点权威性对可信性有正向显著作用,这与 4.2 节中的发现“高认知投入条件下,站点权威性对可信性的作用不显著”不一样,后者也很可能是由于实验样本的代表性不够所致,本文取前者的结论。

接着,高认知投入条件下,女性对互联网学术信息可信性的评价要显著高于男性,与福格等②的发现“男性的可信性评价总体上比女性低”相一致,这可能是由于在

---

① Fogg B. J. Marshall J. Laraki O. Osipovich A. Varma C. Fang N. Paul J. Rangnekar A. Shon J. Swani P. Treinen M. What makes Web sites credible?: A report on a large quantitative study[J/OL]. Sigchi'01 (ACM Special Interest Group on Computer-Human Interaction 2001), 2001, March 31 - April 5. Seattle, WA, USA, 2001, 3(1): 61-68. [2010-7-21]. http://edtech2.boisestate.edu/allyp/edtech_582/WebCredible.pdf.

② Fogg B. J. Marshall J. Laraki O. Osipovich A. Varma C. Fang N. Paul J. Rangnekar A. Shon J. Swani P. Treinen M. What makes Web sites credible?: A report on a large quantitative study[J/OL]. SIGCHI'01 (ACM Special Interest Group on Computer-Human Interaction 2001), 2001, March 31 - April 5. Seattle, WA, USA, 2001, 3(1): 61-68. [2010-7-21]. http://edtech2.boisestate.edu/allyp/edtech_582/WebCredible.pdf.

认识到重要性程度很大的情况下,男性评价互联网学术信息可信性比女性更加谨慎。

再者,高认知投入条件下,图书馆学、档案学或编辑出版学专业的用户对可信性的评价要显著高于情报学、信息管理与信息系统或管理科学与工程专业的用户,这说明重要性程度很大的情况下,互联网学术信息可信性评价在专业之间存在差异。

最后,高认知投入条件下,Internet 使用经验越丰富,对互联网学术信息的可信性评价越低,与 4.2 节中的发现相同,与弗拉纳金和梅茨格①的发现"Internet 经验与可信性之间存在显著的、正向的线性关系"不一致。这说明在认识到重要性程度很大的情况下,用户的 Internet 使用经验积累越多,对互联网学术信息的可信性判断越谨慎。

6.3 讨论与结论

综合第四章、第五章和第六章前面部分的分析,如图 6-2,本文对 3.3 节中提出的"唤醒—启发—思考"模型(AHTM)进行修正:

用户通过互联网信息行为获取学术信息的过程中,他们会对信息的可信性进行评价。信息的内容和来源等外部特征这两个方面的判据是他们同时使用的主要判据,但在不同条件下有所差别,动机是用户评价互联网学术信息可信性的调节变量:当用户评价信息的动机很强时,将主要通过思考信息的内容对可信性作出评价,主要判据包括合理性和完整性等;当用户评价信息的动机很弱时,将主要通过启发来作出评价,主要判据包括来源权威性和文章的元素是否规范等。

Web 网页的视觉吸引力、站点权威性和内容质量是影响用户对互联网学术信息可信性评价的三个重要因素。视觉吸引力、站点权威性或内容质量越高,用户对互联网学术信息可信性的评价越高,且内容质量的作用权重最大,视觉吸引力和站点权威性的作用权重相当,但比内容质量要小。这三个因素对互联网学术信息可信性的作用机制存在差别,具体地:

视觉吸引力通过情感投入部分中介作用于可信性,视觉吸引力越高,越能唤醒用户高的情感投入,从而正向作用于可信性,这一活动在意识水平以下发生。

站点权威性通过启发作用于可信性,其可在有意识和意识水平以下两个层面上发生,只需花费很少的认知资源。

① Flanagin A. J. Metzger M. J. Perceptions of Internet Information Credibility[J]. Journalism and Mass Communication Quarterly, 2000, 77(3): 515-540.

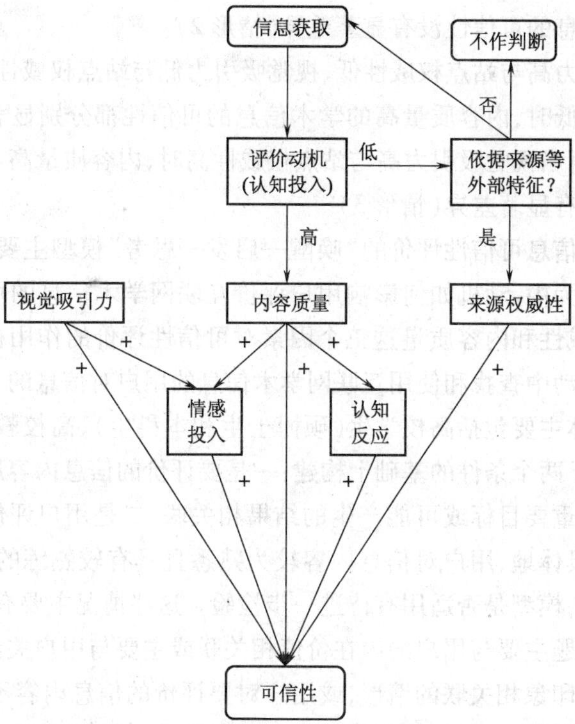

图 6-2 修正“唤醒—启发—思考”模型

注:箭头旁的“+”代表净效应为正向作用。

内容质量分别通过认知反应和情感投入部分中介作用于可信性。具体地,当用户的认知投入程度很高时,内容质量越高,用户对信息内容的认知反应越多,从而正向作用于可信性,这需要花费较多的认知资源。同时,内容质量越高,越能唤醒用户高的情感投入,从而正向作用于可信性,这一活动在意识水平以下发生。

另外,视觉吸引力、站点权威性和内容质量对可信性的作用机制之间存在相互影响,具体地:

当站点权威性低与内容质量低时,视觉吸引力高的网页上的学术信息的可信性显著低于视觉吸引力低的网页,而当站点权威性高与内容质量高、站点权威性高与内容质量低、站点权威性低与内容质量高时,视觉吸引力高与视觉吸引力低的网页上的学术信息的可信性没有显著差异(情形 1)。

当视觉吸引力高与内容质量低、视觉吸引力低与内容质量高时,站点权威性高的网页上的学术信息的可信性都分别显著高于站点权威性低的网页,而当视觉吸引力高与内容质量高、视觉吸引力低与内容质量低时，站点权威性高与权威性低的网页上的学术信息的可信性没有显著差异(情形2)。

当视觉吸引力高与站点权威性低、视觉吸引力低与站点权威性高、视觉吸引力低与站点权威性低时，内容质量高的学术信息的可信性都分别显著高于内容质量低的学术信息，而当视觉吸引力高与站点权威性高时，内容质量高与质量低的学术信息的可信性没有显著差异(情形3)。

互联网学术信息可信性评价的"唤醒—启发—思考"模型主要探讨的是：用户的互联网信息行为中，动机如何影响用户评价互联网学术信息的可信性以及视觉吸引力、站点权威性和内容质量这三个因素对可信性评价的作用机制。模型适用于科研和学习活动中查找和使用互联网学术信息的用户对信息的文字内容的可信性评价，用户群体主要包括高校学生(硕博士生和本科生)、高校教师和科研人员。并且，模型在以下两个条件的基础上构建：一是要评价的信息内容所涉及的议题主要与用户当前的重要目标或可能产生的结果相关联；二是用户评价互联网学术信息的能力较高，具体地，用户对信息内容较为熟悉且具有较熟练的Internet使用技能。下列情况下，模型是否适用有待进一步检验。这些情况主要有：待评价的信息内容所涉及的议题主要与用户的内在价值相关联或主要与用户关注其反应是否给他人造成积极的印象相关联的情形，或用户对要评价的信息内容不熟悉或Internet使用技能欠缺的情形。此外，模型探讨的主要对象是一般Web网页上的文字内容的信息，因此，下列情况下模型的适用性也有待进一步检验：Web网页上的图片、音频和视频等非文字内容的学术信息可信性评价，博客或维基百科等Web工具上的文字和非文字内容的学术信息可信性评价，互联网学术信息站点整体的可信性评价或站点创办者的可信性评价等。最后，上文在界定互联网学术信息时提到，互联网学术信息可分为技术范畴和科学范畴的信息两大类，模型适用于技术范畴的互联网学术信息可信性评价，其是否适用于科学范畴的信息可信性评价还有待进一步检验和探讨。

结合以上内容，在此对"唤醒—启发—思考"模型及关系图进一步进行分析：

第一，用户评价互联网学术信息可信性的判据与一般的互联网信息或其他类型的互联网信息的可信性评价判据存在差异，这也印证了3.1节中的"互联网学术信息可信性的评价判据独特性"的观点。对一般的互联网信息或其他类型的互联网信息而言，福格等[①②]和美国消费者互联网观察组织[③]发现，用户使用最多的判据是站点的整体视觉设计吸引力，包括布局、排印样式、字体大小和颜色方案等。而对互联网学术信息可信性而言，用户虽然也使用外观与视觉设计方面的判据，但使用最多的判据主要是信息的内容和来源等外部特征这两个方面的判据。互联网学术信息与其他互联网信息的评价判据之间存在差异的原因主要在于前者的用户对信息的内容有一定程度的了解，他们类似福格等和美国消费者互联网观察组织的调查中的健康和金融专家，与网站的外观设计相比，更加看重内容的质量。

第二，由内容质量对互联网学术信息可信性评价的相对影响权重要大于站点权威性和视觉吸引力可知，内容质量是用户对可信性判断相对最重要的决定因素。这与林德加德等[④]的研究结论“对某个 Web 站点（主要包括娱乐、电子商务、新闻和个人网站等）的第一印象在 50 毫秒内完成，并且该第一印象具有持续的（consistent）效果，很可能导致消费者选择或离开某个站点，或从某个站点上购物”不太一致。这也印证了 3.1 节中的“互联网学术信息可信性的影响因素及作用机制独特性”的观点。

第三，模型中至少存在两条情感作用路径。第一条路径是视觉吸引力通过情感投入部分中介作用于互联网学术信息可信性评价。与罗宾斯等[⑤]认为高视觉吸引力的 Web 网页对信息内容可信性存在改善效应相一致，Web 网页的视觉吸引力越高，学术信息的可信性也越高。帕克和扬[⑥]认为，起源于情感动机，广告的美感能吸引消费者而使他们向外部世界表达真实的或理想的自我意象（self-image）。由此，本文提出互联网学术信息可信性评价的“快乐假说（happiness hypothesis）”：

---

① Fogg B. J. Soohoo C. Danielson D. Marable L. Stanford J. Tauber E. R. How do People Evaluate a Web Site's Credibility? Results from a Large Study(2002)[R/OL]. CiteSeerX-Scientific Literature Digital Library and Search Engine(United States),2002:1－105.[2010－7－21]. http://www.consumerwebwatch.org/pdfs/stanfordptl.pdf.

② Fogg B. J. Soohoo C. Danielson D. R. Marable L. Stanford J. Tauber E. R. How do users evaluate the credibility of Web sites?:a study with over 2,500 participants[J/OL]. Designing For User Experiences:Proceedings of the 2003 conference on Designing for user experiences, June 06－07, 2003. San Francisco, California, 2003:1－15.[2010－7－21]. http://portal.acm.org/citation.cfm? id＝997078.997097.

③ Stanford J. Tauber E. R. Fogg B. J. Marable L. Experts vs. Online Consumers: A Comparative Credibility Study of Health and Finance Web Sites(2002)[R/OL]. CiteSeerX-Scientific Literature Digital Library and Search Engine(United States),2002:1－59.[2010－7－21]. http://www.consumerwebwatch.org/pdfs/stanfordptl.pdf.

④ Lindgaard G. Fernandes G. Dudek C. Brown J. Attention web designers: You have 50 milliseconds to make a good first impression!［J］. Behaviour & Information Technology,2006,25(2):115－126.

⑤ Robins D. Holmes J. Aesthetics and credibility in Web site design[J]. Information Processing and Management,2008,44(1):386－399.

⑥ Park C. W. Young S. M. Consumer Response to Television Commercials: The Impact of Involvement and Background Music on Brand Attitude Formation[J]. Journal of Marketing Research,1986,23:11－24.

人们内心中存在着对“美”的追求的“本能意象(instinct image)[①]”。当“本能意象”受到刺激而获得满足时,人们会对该刺激产生积极的情感印象,从而感到快乐。当“本能意象”受到刺激没有获得满足时,人们会对该刺激产生消极的情感印象,会感到不快乐。上述活动通常在没有认知加工参与的情况下完成。互联网环境下,当“本能意象”受到Web网页的高视觉吸引力的刺激时,会激发人们积极的情感反应,使人们感到快乐,从而对Web网页上的学术信息的可信性作出积极的评价。而当“本能意象”受到Web网页的低视觉吸引力的刺激时,会激发人们消极的情感反应,从而对Web网页上的学术信息的可信性作出消极的评价。在上述活动中,视觉吸引力通过唤醒用户的情感投入在意识水平以下作用于可信性评价。

第二条路径是内容质量通过情感投入部分中介作用于互联网学术信息可信性评价。用户在评价互联网学术信息可信性时,除受“人们要持有正确的认识”的动机驱使外,他们也受“从思考得到‘享乐的回报’和‘内心的愉快’”的动机的驱使。因此,当用户对信息的内容进行思考时,高的内容质量能唤醒他们积极的情绪,“从思考得到‘享乐的回报’和‘内心的愉快’”的动机得到一定程度的实现,用户感到愉快,从而对可信性作出积极评价。而当内容质量较低时,会激发用户消极的情绪,“从思考得到‘享乐的回报’和‘内心的愉快’”的动机的实现受到挫折,用户会感到不愉快,从而对可信性作出消极评价。在上述活动中,内容质量通过唤醒用户的情感投入在意识水平以下作用于可信性评价。这也印证了3.3节中提出的“变量对互联网学术信息可信性评价的作用机制之间存在认知和情感的相互作用”的观点。

第四,本文提出互联网学术信息可信性评价的“制衡假说(counterbalance hypothesis)”:视觉吸引力、站点权威性或内容质量发生变化时,每个因素都能在相同方向增加或减少用户对互联网学术信息可信性的评价。而当三者相结合时,它们对可信性的作用机制之间产生制衡效应,内容质量对可信性的相对影响权重最大,视觉吸引力和站点权威性的权重相当,但比内容质量要小。具体地,正如罗宾斯等[②]所指出,当接触到Web网页时,视觉吸引力首先发生作用,其在很短的时间内

① 此处的“本能意象”是指自然的或先天的人们头脑中的视觉图像。需要说明的是,该视觉图像并不是实实在在的图像,而是与实在世界的情景相类比的心理图像。而且,这种意象通常不是早期事件的心理再现,而是一种建构、一种综合。另外,头脑中的这种图像似乎在心理上是“可调整的”。具体可参见《心理学词典》(上海译文出版社1996)。

② Holmes J. Robins D. Visceral and Cognitive Levels of Credibility Judgment in an Authorless Environment:A Factor Analysis of the Influence of Visual Design[J]. Proceedings of the American Society for Information Science and Technology,2007,44(1):1-10.

在意识水平以下对可信性发生作用。但当超过了这个时间段,站点权威性的启发机制或(和)内容质量的思考机制将发挥作用。当启发和思考机制发挥作用时,内容质量对可信性的作用权重比视觉吸引力的权重要大(站点权威性的权重和视觉吸引力相当),成为可信性最终判断的相对最重要的决定因素。

第五,大部分情况下,视觉吸引力首先在意识水平以下发生作用后,启发和思考机制往往同时发生作用。动机能影响用户是主要通过思考信息的内容还是主要通过启发来判断信息的可信性。动机的主要来源是“人们要持有正确的认识”,这种意图的强弱决定着用户愿意花费多少认知资源。由于用户意识到认知资源是有限的,为节约认知资源,他们在很大程度上会遵循“最小努力原则”,偏好启发加工而不是思考信息的内容[①]。由此,本文提出互联网学术信息可信性评价的“实现假说(achievement hypothesis)”:用户在“人们要持有正确的认识”的动机的驱使下花费认知资源对互联网学术信息的可信性进行评价,直到这一动机的目标(下称期望目标)得以实现。与此同时,遵循“最小努力原则”,用户又希望最小化认知努力,于是就产生了下面的情形:用户一般会先对互联网学术信息进行启发加工,若活动的目标(下称当前目标)达到期望目标,则评价活动结束。这种情形下用户的动机通常较低[②],从而期望目标也较低。若启发加工之后,当前目标仍没有达到期望目标,用户将会调用更多的认知资源去思考信息的内容,直到实现期望目标,从而结束评价活动。这种情形下用户的动机通常较高,从而期望目标也较高。当然,动机较高时,也存在着其他的情形。例如,若启发加工之后没有达到期望目标也可能不去思考信息的内容而结束评价,这是因为启发加工与视觉吸引力的唤醒机制相互作用后达到预期目标。再例如,由于用户的思维习惯,他们不进行启发加工而直接思考信息的内容。

当然,也有可能仅仅只有唤醒机制而没有启发或思考机制,这就出现了霍姆斯和罗宾斯[③]所说的“糟糕的视觉设计可能会导致用户在没有机会进行更深层次的可信性判断之前就离开该 Web 站点”的情况,即用户依据糟糕的视觉设计判断信息的可信性很低而不再进行启发或思考判断。这可能是由于用户的动机或(和)能力非常低或其他原因(例如,受访者 03 表示当看到一个网站很讨厌时就会离开

---

① Petty R. E. Wegener D. T. The Elaboration Likelihood Model: Current Status and Controversies[M]// Chaiken S. Trope Y. Dual-Process Theories in Social Psychology. New York: Guilford, 1999: 74.

② 当然也可能存在动机很高但能力很低的情况,这时虽然当前目标没有达到期望目标,但迫于能力很低的条件,评价活动也可能结束。

③ Holmes J. Robins D. Visceral and Cognitive Levels of Credibility Judgment in an Authorless Environment: A Factor Analysis of the Influence of Visual Design[J]. Proceedings of the American Society for Information Science and Technology, 2007, 44(1): 1-10.

这个网站,不相信这个网站)。

最后,能力很可能调节某些变量对互联网学术信息可信性评价的影响。当对信息内容不太熟悉或Internet使用技能较欠缺时,即使动机很高,用户也不大可能花费较大的认知努力而选择通过所需认知资源很少的启发来判断可信性,这种选择在很大程度上是受能力较低的条件所迫。

第六,在弄清视觉吸引力、站点权威性和内容质量三者对互联网学术信息可信性评价作用之间相互影响机理的基础上,“唤醒—启发—思考”模型中的一些结论就容易理解:

情形1说明当站点权威性低与内容质量低时,高视觉吸引力首先在很大程度上通过唤醒机制正向作用于可信性评价之后,用户针对视觉吸引力进行了启发加工。他们很可能进行了这样一次有意识的启发加工,“当站点权威性很低且内容质量很低时,外观越漂亮的Web网页上的学术信息越可能是虚假信息”,且这次启发所产生的消极评价是如此强烈以至于大大超过了高视觉吸引力对可信性评价的正向作用。而当站点权威性高与内容质量高、站点权威性高与内容质量低、站点权威性低与内容质量高时,用户并未进行上述启发加工,且视觉吸引力的唤醒作用对可信性的最终判断不重要。

情形2说明当视觉吸引力和内容质量的水平呈相反方向时,用户需要结合站点权威性的启发加工来决定可信性最终的高低,而当视觉吸引力和内容质量的水平呈相同方向时,站点权威性的启发作用对可信性的最终判断不重要。

情形3说明当视觉吸引力高与站点权威性低、视觉吸引力低与站点权威性高、视觉吸引力低与站点权威性低时,尽管也有视觉吸引力的唤醒作用和站点权威性的启发作用,但仍需结合内容质量的思考和在很大程度上的唤醒对可信性作出最终判断,内容质量高的学术信息的可信性都分别显著高于内容质量低的学术信息。而当视觉吸引力高与站点权威性高时,高视觉吸引力在很大程度上通过唤醒正向作用于可信性且高站点权威性通过启发正向作用于可信性之后,内容质量对可信性的最终判断不重要。

第七章　结论与展望

7.1　研究结论与创新点

7.1.1　研究结论

至此,本文较好地回答了2.4节中提出的两个研究问题,主要得出如下几点研究结论:

第一,用户在互联网信息行为中评价学术信息可信性时主要同时使用信息的内容和来源等外部特征这两个方面的判据。除此之外,有用性、核实、学术性、经验判断和相关性也是用户经常使用的判据,尤其是有用性使用较多。

第二,动机是用户评价互联网学术信息可信性的调节变量。当用户评价信息的动机很强时,他们将主要通过思考信息的内容对可信性作出评价,主要判据包括合理性和完整性等;当用户评价信息的动机很弱时,他们将主要通过启发来作出评价,主要判据包括来源权威性和文章的元素是否规范等。

第三,Web网页的视觉吸引力、站点权威性和内容质量是影响用户对互联网学术信息可信性评价的三个重要因素。视觉吸引力、站点权威性或内容质量越高,用户对互联网学术信息可信性的评价越高。内容质量对可信性的相对影响权重最大,视觉吸引力和站点权威性的权重相当,但比内容质量要小。

第四,视觉吸引力、站点权威性和内容质量对互联网学术信息可信性的作用机制不同。视觉吸引力通过情感投入部分中介作用于可信性,视觉吸引力越高,越能唤醒用户高的情感投入,从而正向作用于可信性;站点权威性通过启发在有意识或意识水平以下作用于可信性,只需花费很少的认知资源;内容质量分别通过认知反应和情感投入部分中介作用于可信性。当用户的认知投入程度很高时,内容质量越高,用户对信息内容的认知反应越多,从而正向作用于可信性,这需要花费较多的认知资源。同时,内容质量越高,越能唤醒用户高的情感投入,从而正向作用于可信性。情感投入的中介作用均在意识水平以下发生。

第五，视觉吸引力、站点权威性和内容质量对互联网学术信息可信性的作用机制之间存在相互影响。具体是：当站点权威性低与内容质量低时，网页外观的视觉吸引力高的网页上的学术信息的可信性显著低于视觉吸引力低的网页，而当站点权威性高与内容质量高、站点权威性高与内容质量低、站点权威性低与内容质量高时，视觉吸引力高与视觉吸引力低的网页上的学术信息的可信性没有显著差异；当视觉吸引力高与内容质量低、视觉吸引力低与内容质量高时，站点权威性高的网页上的学术信息的可信性都分别显著高于站点权威性低的网页，而当视觉吸引力高与内容质量高、视觉吸引力低与内容质量低时，站点权威性高与权威性低的网页上的学术信息的可信性没有显著差异；当视觉吸引力高与站点权威性低、视觉吸引力低与站点权威性高、视觉吸引力低与站点权威性低时，内容质量高的学术信息的可信性都分别显著高于内容质量低的学术信息，而当视觉吸引力高与站点权威性高时，内容质量高与内容质量低的学术信息的可信性没有显著差异。

第六，提出了互联网学术信息可信性评价的"快乐假说"、"制衡假说"和"实现假说"。具体地：

"快乐假说"是指：人们内心中存在着对"美"的追求的"本能意象"。当"本能意象"受到刺激而获得满足时，人们会对该刺激产生积极的情感印象，从而感到快乐。当"本能意象"受到刺激没有获得满足时，人们会对该刺激产生消极的情感印象，会感到不快乐。上述活动通常在没有认知加工参与的情况下完成。互联网环境下，当"本能意象"受到 Web 网页的高视觉吸引力的刺激时，会激发人们积极的情感反应，使人们感到快乐，从而对 Web 网页上的学术信息的可信性作出积极的评价。而当"本能意象"受到 Web 网页的低视觉吸引力的刺激时，会激发人们消极的情感反应，从而对 Web 网页上的学术信息的可信性作出消极的评价。在上述活动中，视觉吸引力通过唤醒用户的情感投入在意识水平以下作用于可信性评价。

"制衡假说"是指：视觉吸引力、站点权威性或内容质量发生变化时，每个因素都能在相同方向增加或减少用户对互联网学术信息可信性的评价。而当三者相结合时，它们对可信性的作用机制之间产生制衡效应，内容质量对可信性的相对影响权重最大，视觉吸引力和站点权威性的权重相当，但比内容质量要小。具体地，当接触到 Web 网页时，视觉吸引力首先发生作用，其在意识水平以下并在很短的时间内对可信性发生作用。但当超过了这个时间段，站点权威性的启发机制或(和)内容质量的思考机制将发挥作用。当启发和思考机制发挥作用时，内容质量对可信性的作用权重比视觉吸引力的权重要大(站点权威性的权重和视觉吸引力相当)，成为可信性最终判断的相对最重要的决定因素。

"实现假说"是指:用户在"人们要持有正确的认识"的动机的驱使下花费认知资源对互联网学术信息的可信性进行评价,直到动机的期望目标得以实现。与此同时,遵循"最小努力原则",用户又希望最小化认知努力,于是就产生了下面的情形:用户一般会先对互联网学术信息进行启发加工,若活动的当前目标达到期望目标,则评价活动结束。若启发加工之后,当前目标仍没有达到期望目标,用户将会调用更多的认知资源去思考信息的内容,直到实现期望目标,从而结束评价活动。

上述结论较好地回答了 1.1.2 节中提出的理论问题"从用户的角度来看,他们评价互联网学术信息可信性的判据是什么?都有哪些因素影响以及如何影响他们对信息可信性的评价?",也为"用户在实际的互联网信息行为中如何看待和评价学术信息的可信性"这一实践问题给予了较为清晰的描述。

由此,本文对互联网学术信息的网站设计与信息服务实践有如下几个方面的建议:

首先,由"快乐假说"可知,Web 网页的高视觉吸引力能唤醒用户的积极的情感投入,从而对信息作出高可信性评价。因此,网站设计者要将网站的外观设计得更加美观,这样能使用户尽可能地在很短时间内对网站产生积极的第一印象,从而有利于他们对网站上信息内容的可信性作出正面评价乃至进一步使用这些信息。什么样的网站设计能产生高的视觉吸引力是一个很难回答的问题,但至少在本研究中,整洁、平衡的版块布局和适宜的背景颜色等能较好地达到这个效果。同样地,信息服务者也要使得网页上的文章内容的整体外观尽量美观。

然后,网站上若有广告,那么,放置多少广告以及放置什么样的广告是设计者需要考虑的问题。依据本文的发现,Web 网页上不要放置过多的广告,最好不要出现"飘动"的广告。并且,广告要尽量与网站的宗旨和服务人群相符。

接着,由内容质量对可信性评价有正向作用且用户主要据此来评价可信性可知,信息服务者要尽量提高学术信息的内容质量,具体措施可以有减少或避免出现错别字或语法错误,对内容的逻辑性、合理性和完整性进行修改和完善等。

再者,由站点权威性对可信性评价有正向作用且用户比较看重网页上是否有来源信息、这些来源是否权威以及文章的元素是否规范可知,若条件允许,设计者要将网站创办者信息放置在醒目或容易找到的位置,信息服务者要将文章的作者以及所属单位的信息放在内容的醒目位置,且提供的这些信息要尽量详细。还有,信息服务者要尽量使文章的摘要、关键词和参考文献等元素齐全。另外,若学术信息被一个很权威、很知名的网站所链接,在网站的适当和醒目位置给出该链接地址和相关信息。

最后,由用户大多都看重文章中是否有参考文献以及参考文献是否权威和规范可知,信息服务者要给出文章的参考资料或文献,且参考资料或文献采用规范格式,使得有据可查。另外,老师的推荐对用户判断互联网学术信息可信性有重要影响,若条件允许,在网站或文章内容的醒目位置给出专业领域内的老师或著名专家学者对该文章的推荐或评语。

7.1.2 本研究的创新点

本研究的创新点主要体现在以下两个方面:

第一,在分析指出精细加工可能性模型中的理论模糊之处的基础上,本文提出了某些变量对态度的启发和情感作用机制的见解,且将该见解应用于互联网学术信息可信性评价之中,并通过实证分析证实了该见解。具体地,该见解是:视觉吸引力通过情感投入部分中介作用于可信性,视觉吸引力越高,越能唤醒用户高的情感投入,从而正向作用于可信性,这一活动在意识水平以下发生;站点权威性通过启发在有意识或意识水平以下作用于可信性,只需花费很少的认知资源;内容质量能通过情感投入部分中介作用于可信性,内容质量越高,越能唤醒用户高的情感投入,从而正向作用于可信性,这一活动在意识水平以下发生。

进一步地,上述观点较清晰地揭示了变量对互联网学术信息可信性评价影响的情感机制,具有较大的理论和实践意义。

理论层面上,一方面,情感机制较好地解释了互联网学术信息可信性评价中的情感要素,这也为进一步解释和探讨用户对互联网学术信息可信性评价乃至互联网信息评价的行为反应(例如,准备使用信息或使用信息)奠定了一定的基础。另一方面,本文发现了情感投入是视觉吸引力和内容质量对可信性作用的部分中介变量,这对于进一步探究"情感投入"变量以及从情感和认知两个心理方面探讨"投入"概念提供了有益的参考。

实践层面上,情感机制对互联网学术信息的网站设计与信息服务实践乃至一般网站的设计和互联网环境下的信息评价和信息服务实践具有较大的启示和借鉴价值。

第二,较系统地分析和揭示了 Web 网页的视觉吸引力、站点权威性和内容质量这三个因素对互联网学术信息可信性评价的作用机制,为全面地认识用户对互联网学术信息的可信性评价乃至用户对互联网信息的评价提供了较大的帮助。

7.2 研究的局限性

由于种种原因,本研究主要有如下两点局限:

一是站点权威性对可信性的作用机制还欠明朗。本文指出,站点权威性可以在有意识或意识水平以下两个层面上通过启发作用于用户对互联网学术信息可信性的评价,但这两个层面上的作用具体在什么条件下发生并不太明晰。

二是研究方法上存在局限。具体包括:其一,许多量表从英文翻译过来,给理解或多或少带来一定的困难和偏差;其二,参加观察的人数偏少(N=16);其三,观察中有2名参与者参加了两次观察,对数据独立性有一定影响;其四,在线现场实验难以很好地控制无关变量的影响;其五,有3名被试参加了两次实验,对数据独立性有一定影响。

7.3 未来可进一步研究的问题

作为当前的研究热点,互联网学术信息可信性有许多问题需要进一步深入研究。具体地,首先,针对Web网页上的学术信息的可信性研究,主要有如下几个问题可继续探讨:

一是采用其他方法测量认知反应变量,分析其与内容质量、互联网学术信息可信性等变量之间的关系。

二是具体还有哪些网站特征能使互联网学术信息网站(网页)产生高的视觉吸引力?

三是在对信息内容的知识熟悉或不熟悉的情况下,评价互联网学术信息可信性的判据有何差别?对信息内容的熟悉程度对可信性评价有何影响?

四是当用户的Internet使用技能较低时,评价互联网学术信息可信性的判据是什么?又有哪些因素影响可信性评价以及影响机制是什么?

五是有哪些因素影响用户评价互联网学术信息可信性的动机和能力以及如何影响?

六是Web学术站点整体可信性、Web学术站点创办者可信性与Web网页学术信息可信性的评价判据和影响因素以及作用机制有何不同?

七是进一步对互联网学术信息可信性评价的“快乐假说”、“制衡假说”和“实现假说”进行验证。

八是互联网学术信息可信性的行为反应(包括行为意向和实际行为)是什么?具体有哪些因素影响以及如何影响行为反应?

接着,针对互联网上其他工具上的学术信息的可信性问题,可进一步研究:

第一,本文得出的评价判据和影响因素在博客和维基百科等 Web 工具上的学术信息的可信性评价中的具体表现是什么?

第二,国内外用户群体评价互联网(包括所有 Web 工具)学术信息可信性的判据和影响因素以及作用机制有何不同?

第三,互联网上其他呈现格式的学术信息的可信性评价判据和影响因素以及作用机制是什么?例如,互联网视频学术信息。

最后,超出学术信息的范畴,"唤醒—启发—思考"模型对健康和商务等类型的互联网信息的可信性评价是否适用?另外,互联网上的某些信息内容所涉及的议题属于价值范畴的投入(例如,社会公平正义)和印象范畴的投入(例如,论坛上涉及自身名誉的话题),不属于"唤醒—启发—思考"模型所对应的结果范畴的投入,那么,模型对这些信息的可信性评价是否适用?若不适用,它们的可信性评价判据是什么?有哪些影响因素及作用机制又是什么?

参考文献

中文文献

1. CALIS 重点学科导航库子项目. CALIS 重点学科网络资源导航门户[EB/OL].[2009-12-28]. http://www.calis.edu.cn/calisnew/calis_index.asp?fid=3&class=6.

2. 艾青. 中国网络口碑可信度的影响因素探索研究[M]. 西南财经大学工商管理学院,2009.

3. 艾森克·M.W.,基恩·M.T. 认知心理学[M]. 高定国,肖晓云,译. 第四版(下册). 上海:华东师范大学出版社,2003.

4. 艾森克·M.W.,基恩·M.T. 认知心理学[M]. 高定国,何凌南,译. 第五版. 上海:华东师范大学出版社,2009.

5. 包敦安,董大海. 基于 ELM 的网络评论信息可信性影响因素研究[J]. 现代管理科学,2009(11):107-109.

6. 查尔斯·莫里斯(Charles G. Morris),阿尔伯特·梅斯托(Albert A. Maisto). 心理学导论[M]. 张继明,王蕾,童永胜,译. 第12版. 北京:北京大学出版社,2007.

7. 陈建龙. 信息服务论[D]. 北京:北京大学信息管理系,2002.

8. 陈建龙. 信息市场经营与信息用户[M]. 北京:科学技术文献出版社,1994.

9. 陈建龙. 信息服务与用户研究[M]//吴慰慈. 中国高校哲学社会科学发展报告 1978-2008:图书馆学、情报学和文献学卷. 广西师范大学出版社,2008:192-208.

10. 韩芸. 高校图书馆网络学术信息资源的开发与利用[J]. 现代情报,2001(3):64-66.

11. 郝玉清. 企业网站可信度的三维构成及其识别[J]. 商场现代化,2007(522):146-148.

12. 何飞. 在线评论的感知可信度影响因素研究——以第三方评论网站为例[M]. 中国人民大学,2009.

13. 何国兴. 颜色科学[M]. 上海:华东大学出版社,2004.

14. 胡昌平,贺娜,张俊娜. 网络环境下高校科研人员信息查询行为的调查与分析[J]. 情报理论与实践,2008,31(2):223-226.

15. 胡国芳. 学科化信息服务中用户信息的采集策略研究[J]. 情报资料工作,2008(5):100-102.

16. 黄洪. B2B电子商务平台的可信性评估[M]. 浙江工业大学经贸管理学院,2009.

17. 黄晓斌,朱滔,刘子明. 中美大学生对网上学术信息的可信性认识的调查与比较[J]. 图书情报知识,2006(109):89-93.

18. 纪竹荪. 民用产品生产企业推行可信性工程探讨[J]. 电子产品可靠性与环境试验,2009,27(4):27-31.

19. 拉瑞·劳丹. 进步及其问题[M]. 刘新民,译. 北京:华夏出版社,1998.

20. 赖茂生,王琳,李宇宁. 情报学前沿领域的调查与分析[J]. 图书情报工作,2008,52(3):6-10.

21. 赖茂生,王琳,杨文欣,李宇宁. 情报学前沿领域的确定与讨论[J]. 图书情报工作,2008,52(3):15-18.

22. 赖茂生. 信息资源管理教程[M]. 北京:清华大学出版社,2006.

23. 李洁,严厉. 有声思维简介[J]. 大众文艺(理论),2009(1):29-30.

24. 李晓静. 中国大众媒介可信度指标研究[D]. 上海:复旦大学新闻学院,2005.

25. 梁春秋. 博客信息可信度评价及其影响因素研究[M]. 中山大学资讯管理系,2007.

26. 刘绿茵. 网络学术信息资源及高校学术导航系统的建立、管理与维护[J]. 津图学刊,2001(2):6-8.

27. 刘学义. 欧美视域下的网络媒体可信度研究[J]. 国际新闻界,2010,32(8):74-79.

28. 刘玉明. 网上感知风险对品牌可信性与价格敏感性的调节作用研究[M]. 大连:大连理工大学管理与经济学部,2005.

29. 陆伟,韩曙光,沈祥兴. 网络引文不可追溯性及其解决方案研究[J]. 中国图书馆学报,2009(7):99-106.

30. 南京大学图书馆. 深网资源[EB/OL]. [2010-1-4]. http://lib.nju.edu.cn/resource/resource_tuijian.php#5.

31. 潘勇,孔栋. 电子商务网站可信度评价模型[J]. 情报杂志,2007(7):

81 - 83.

32. 彭文强. 网络环境下医学科研人员信息利用水平的研究[J]. 图书馆学研究,2008(5):77 - 80.

33. 奇迹文库. 关于我们[EB/OL]. [2011 - 2 - 11]. http://www.qiji.cn/eprint/help/about-us.html.

34. 上海交通大学. 智慧的钥匙——钱学森论系统科学[M]. 上海:上海交通大学出版社,2005.

35. 师曾志,王建杭. 纯电子期刊及大学图书馆读者对它的态度和利用[J]. 中国图书馆学报,2002,28(139):57 - 59.

36. 舒华. 心理与教育研究中的多因素实验设计[M]. 北京:北京师范大学出版社,1994.

37. 孙春华,刘业政. 网络口碑信息可信度的实验研究[J]. 财经论丛,2009(145):96 - 102.

38. 孙曙迎. 消费者网络信息可信度感知影响因素的实证研究[J]. 北京理工大学学报(社会科学版),2008,10(6):50 - 54.

39. 孙芸芸. CNO 情报信息可信度评估系统研究与实现[M]. 北京航空航天大学计算机学院,2010.

40.《图书情报知识》编辑部. 关于建立《图书情报知识》网络引文库的通知[EB]. 图书情报知识,2008(1).

41. 王恺荣. 刍论网络引文文献对评价核心期刊的影响[J]. 情报科学,2003,21(3):269 - 271.

42. 王恺荣. 情报学核心期刊网络引文的计量研究[J]. 图书情报工作,2004,48(10):17 - 20.

43. 王楠. 网站零售在线评论的可信性及其评论方式比较研究[M]. 北京:中央财经大学信息学院,2009.

44. 王沛,冯丽娟. 元分析方法评介[J]. 西北师大学报(社会科学版),2005,42(5):59 - 63.

45. 王卫国. Internet 网络上的免费期刊文献数据库[J]. 大学图书馆学报,1997,15(3):24 - 25.

46. 王雄元,陈文娜,顾俊. 会计信息可信度、信息披露管理与资源有效配置[J]. 中国注册会计师,2008(6):76 - 78.

47. 王学勤. 开放存取的现状及对中国的启示[J]. 情报科学,2006,24(9):

1425 - 1429.

48. 王益明. 北京市高校学生完成学位论文期间的互联网信息查询行为研究[J]. 数字图书馆论坛,2006(11):1 - 11(23).

49. 吴海,江洪,钟永恒. 国外学科信息门户发展研究与借鉴[J]. 图书情报工作,2009,53(1):73 - 77.

50. 吴明隆. SPSS统计应用实务[M]. 北京:中国铁道出版社,2000.

51. 吴慰慈,王益明,王余光,谷秀洁,张慧丽,宋维翔,胡磊. 第十六章 图书馆学、情报学与文献学[M]// 教育部社会科学委员会秘书处. 中国高校哲学社会科学发展报告2009. 北京:高等教育出版社,2009:510 - 546.

52. 吴艳文. 上市公司会计信息可信度研究[M]. 西安:西安石油学院经济管理学院,2003.

53. 徐华林. 中国企业网站可信度现状及建设探究[J]. 西昌学院学报(自然科学版),2008,22(3):93 - 95.

54. 徐琳. 网络口碑可信度的影响因素和结果研究[D]. 上海:上海财经大学国际工商管理学院,2007.

55. 徐琳. 网络口碑可信度影响因素的实证研究[J]. 财贸研究,2007(5):113 - 117.

56. 杨成明,袁毅. 人文社会科学研究中的互联网利用状况研究——基于CSSCI 1998 - 2006年网络引文数据[J]. 图书情报工作,2009,53(6):37 - 40.

57. 杨文欣,杜杏叶,张丽丽,李璐. 基于文献的情报学前沿领域调查分析[J]. 图书情报工作,2008,52(3):11 - 15.

58. 叶继红. 高校科研人员对网络学术论文的认同度研究[J]. 自然辩证法研究,2008,24(9):46 - 50.

59. 袁方,王汉生. 社会研究方法教程[M]. 北京:北京大学出版社,2003.

60. 张志和,徐峰. B2B电子商务平台可信性评估研究[J]. 商场现代化,2008(560):151.

61. 赵超. 网络用户信息行为状态影响分析[J]. 图书情报工作,2008,52(3):117 - 121.

62. 赵洁. Web竞争情报可信性评价:问题分析与研究框架[J]. 情报学报,2010,29(4):586 - 596.

63. 中国互联网络信息中心(CNNIC). 2005年中国互联网络信息资源数量调查报告(2006年3月)[R/OL]. [2009 - 12 - 21]. http://www.cnnic.net.cn/down-

load/2005/20050301.pdf.

64. 中国互联网络信息中心(CNNIC).中国互联网络发展状况统计报告(2009年1月、2010年7月)[R/OL].[2011 - 1 - 21].http://www.cnnic.net.cn/uploadfiles/pdf/2009/1/13/92458.pdf.

65. 中国科技论文在线.在线简介[EB/OL].[2011 - 2 - 11].http://www.paper.edu.cn/index.php/default/about/aboutme.

66. 中国科学技术信息研究所.中国预印本服务系统系统介绍[EB/OL].[2010 - 1 - 4].http://prep.istic.ac.cn/eprint/help.jsp.

67. 中国科学技术学会学术部.在线学术交流试点项目验收会在京召开(2009年7月17日)[N/OL].[2009 - 12 - 24].http://www.cast.org.cn/n35081/n35533/n38560/11368773.html.

68. 中国科学院国家科学图书馆.查找网络资源[EB/OL].[2009 - 12 - 28].http://www.csdl.ac.cn/subpage/subframe_detail.jsp? SubFrameID =1010.

69. 钟海荣,刘玉明,孙乐民.Internet 网上免费资源与查新[J].高校图书馆工作,1997(1):13 - 16.

70. 左晖,张玉峰,艾丹祥.个性化知识服务中基于 Ontology 的用户兴趣挖掘研究[J].情报学报,2008,27(1):18 - 23.

英文文献

1. Allport G. W. The ego in contemporary psychology[J]. Psychological Review, 1943,50(5):451 - 478.

2. Angela E. The Role of Prior Knowledge, Need for Information and Credibility of Information Sources in Tourists' Information Search Behavior[D]. Central County: College of Health and Human Development in Pennsylvania State University, 2001.

3. Armstrong C. L. Mcadams M. J. Blogs of Information: How Gender Cues and Individual Motivations Influence Perceptions of Credibility[J]. Journal of Computer-Mediated Communication, 2009, 14(3):435 - 456.

4. arXiv. org. e-print arXiv[EB/OL].[2010 - 1 - 4].http://arxiv.org/.

5. Atkinson III J. D. Figueroa M. Information Seeking Behavior of Business Students: A Research Study[M/OL]// Shelfer K. M. Business Reference Services and Sources: How End Users and Librarians Work Together. Bingharnton, USA: The Haworth Press, Inc.:1997:59 - 73.[2009 - 11 - 28].http://www.google.com/books? hl =

zh - CN&lr = &id = gNv2q6GA5kMC&oi = fnd&pg = PA59&ots = qP4NBNr4 - m&sig = - xyKQebNYxUCQk8TAixhPYdjMk8#v = onepage&q = &f = false.

6. Baron R. M. Kenny D. A. The Moderator-Mediator Variable Distinction in Social Psychological Research:Conceptual,Strategic,and Statistical Considerations[J]. Journal of Personality and Social Psychology,1986,51(6):1173 - 1182.

7. Bates B. R. Romina S. Ahmed R. Hopson D. The effect of source credibility on consumers' perceptions of the quality of health information on the Internet[J]. Medical Informatics & the Internet in Medicine,2006,31(1):45 - 52.

8. Ben D. J. Self-Perception Theory[M]// BERKOWITZ L. Advances in Experimental Social Psychology. San Diego,CA:Academic Press,1972,6:1 - 61. 转引自:Eagly A. H. Chaiken S. The Psychology of Attitudes[M]. Fort Worth, TX: Harcourt Brace Jovanovich,1993:538 - 540.

9. Breivik P. S. Education for the Information Age[J]. New Directions for Higher Education,1992,20(78):5 - 13.

10. Budapest Open Access Initiative: Frequently Asked Questions (FAQ). What does BOAI mean by"open access"? [EB/OL]. [2009 - 11 - 1]. http://www. earlham. edu/ ~ peters/fos/boaifaq. htm.

11. Burton V. T. Chadwick S. A. Investigating the Practices of Student Researchers: Patterns of Use and Criteria for Use of Internet and Library Sources[J]. Computers and Composition,2000,17(3):309 - 328.

12. Bystrom K. Information and information sources in task of varying complexity [J]. Journal of the American Society for Information Science and Techology,2002,53 (7):581 - 591.

13. Cacioppo J. T. Petty R. E. Persuasiveness of Communications is Affected by Exposure Frequency and Message Quality: A Theoretical and Empirical Analysis of Persisting in Advertising[M]// Leigh J. H. Martin C. R. Current Issues and Research in Advertising. Ann Arbor, MI: University of Michigan, 1980: 97 - 122. 转引自: Petty R. E. Cacioppo J. T. Schumann D. Central and Peripheral Routes to Advertising Effectiveness: The Moderating Role of Involvement[J]. Journal of Consumer Research,1983,10:135 - 146.

14. Chen S. Chaiken S. The Heuristic-Systematic Model in Its Broader Context [M]// Chaiken S. Trope Y. Dual-Process Theories in Social Psychology. New York:

Guilford Press,1999:73 –96.

15. Chesney Y. Su D. K. S. The impact of anonymity on weblog credibility[J]. International Journal of Human-Computer Studies,2010,68(10):710 –718.

16. Choi J. H. Watt J. H. Lynch M. Perceptions of News Credibility about the War in Iraq: Why War Opponents Perceived the Internet as the Most Credible Medium[J]. Journal of Computer-Mediated Communication,2006,12(1):209 –229.

17. D' esposito J. E. Gardner R. M. University Students' Perceptions of the Internet: An Exploratory Study[J]. The Journal of Academic Librarianship,1999,25(6): 456 –461.

18. Dahlan A. Sitohang B. Combining PageRank and Citation Analysis to Measure Information Credibility in Internet[J/OL]. Proceedings of iiWAS2007,2007,Dec 3 –5. Jakarta,Indonesia,2007:375 –382. [2010 –7 –21]. http://research. mercubuana. ac. id/proceeding/iiWAS2007(395 –402). pdf.

19. Davis P. M. Cohen S. A. The Effect of the Web on Undergraduate Citation Behavior 1996 – 1999[J]. Journal of the American Society for Information Science and Technology,2001,52(4):309 –314.

20. Davis P. M. The Effect of the Web on Undergraduate Citation Behavior: A 2000 Update[J]. College & Research Library,2002,63(1):53 –60.

21. Desire. org. What is a subject gateway? [EB/OL]. [2009 –12 –25]. http://www. desire. org/html/subjectgateways/subjectgateways. html.

22. Dewald N. H. What Do They Tell Their Students? Business Faculty Acceptance of the Web and Library Databases for Student Research[J]. The Journal of Academic Librarianship,2005,31(3):209 –215.

23. Dutta-Bergman M. J. The Impact of Completeness and Web Use Motivation on the Credibility of e-Health Information[J]. The Journal of Communication,2004,54(2):253 –269.

24. Eagly A. H. Chaiken S. The Psychology of Attitudes[M]. Fort Worth,TX: Harcourt Brace Jovanovich,1993.

25. Eastin M. S. Credibility Assessments of Online Health Information: The Effects of Source Expertise and Knowledge of Content[J/OL]. Journal of Computer-Mediated Communication,2001,6(4). [2010 – 12 – 29]. http://jcmc. indiana. edu/vol6/issue4/eastin. html.

26. Eroglu S. A. Machleit K. A. Davis M. Empirical Testing of a Model of Online Store Atmospherics and Shopper Responses[J]. Psychology & Marketing,2003,20(2):139 – 150.

27. Escoffery C. Miner K. R. Adame D. D. Butler S. Mccormick L. Mendell E. Internet Use for Health Information Among College Students[J]. Journal of American College Health,2005,53(4):183 – 188.

28. Huerta E. The Credibility of Online Information[D]. Claremont:The Claremont Graduate University,2003.

29. Eysenbach G. Kohler G. How do consumers search for and appraise health information on the world wide web? Qualitative study using focus groups,usability tests,and in-depth interviews[J]. British Medical Journal,2002,324(3):573 – 577.

30. Faanagin A. J. Metzger M. J. Perceptions of Internet Information Credibility[J]. Journalism and Mass Communication Quarterly,2000,77(3):515 – 540.

31. Festinger L. A theory of cognitive dissonance[M]. Stanford,California:Stanford University Press,1957.

32. Fitzgerald M. A. Misinformation on the Internet:Applying evaluation skills to online information[J]. Emergency Librarian,1997,24(3):9 – 15.

33. Flanagin A. J. Metzger M. J. Digital Media and Youth:Unparalleled Opportunity and Unprecedented Responsibility[M]// . METZGER M J,FLANAGIN A J. Digital Media,Youth,and Credibility. Cambridge,Massachusetts:The MIT Press,2008:5 – 27.

34. Flanagin A. J. Metzger M. J. Perceptions of Internet Information Credibility[J]. Journalism and Mass Communication Quarterly,2000,77(3):515 – 540.

35. Flanagin A. J. Metzger M. J. The perceived credibility of personal Web page information as influenced by the sex of the source[J]. Computers in Human Behavior,2003,19(6):683 – 701.

36. Flanagin A. J. Metzger M. J. The role of site features,user attributes,and information verification behaviors on the perceived credibility of web-based information[J]. New Media & Society,2007,9(2):319 – 342.

37. Fogg B. J. Marshall J. Kameda T. Solomon J. Rangnekar A. Boyd J. Brown B. Web Credibility Research:A Method for Online Experiments and Early Study Results[J]. SIGCHI'01(ACM Special Interest Group on Computer-Human Interaction 2001),2001,March 31 – April 5. Seattle,WA,USA,2001:295 – 296.

38. Fogg B. J. Marshall J. Laraki O. Osipovich A. Varma C. Fang N. Paul J. Rangnekar A. Shon J. Swani P. Treinen M. What makes Web sites credible?: A report on a large quantitative study[J/OL]. SIGCHI'01(ACM Special Interest Group on Computer-Human Interaction 2001),2001,March 31 – April 5. Seattle,WA,USA,2001,3(1): 61 – 68. [2010 – 7 – 17]. http://edtech2.boisestate.edu/allyp/edtech_582/WebCredible.pdf.

39. Fogg B. J. Soohoo C. Danielson D. Marable L. Stanford J. Tauber E. R. How do People Evaluate a Web Site's Credibility? Results from a Large Study(2002)[R/OL]. CiteSeerX-Scientific Literature Digital Library and Search Engine(United States),2002: 1 – 105. [2010 – 7 – 21]. http://www.consumerwebwatch.org/pdfs/stanfordptl.pdf.

40. Fogg B. J. Tseng S. The Elements of Computer Credibility[J]. Proceeding of the CHI 99 Conference on Human Factors,1999,May 15 – 20. Pittsburgh PA USA,1999: 80 – 87.

41. Fox S. Rainie L. Vital decision: How Internet users decide what information to trust when they or their loved ones are sick.. Pew Internet & American Life Project, Washington,DC,2002: 1 – 43[R/OL]. [2009 – 11 – 15]. http://www.pewinternet.org/~/media/Files/Reports/2002/PIP_Vital_Decisions_May2002.pdf.pdf.

42. Fred R. V. H. The Undergraduate Research Paper and Electronic Resources: A Cautionary Tale[J]. Teaching History,1998,23(2):51 – 59.

43. Freeman K. S. Spyridakis J. H. An Examination of Factors That Affect the Credibility of Online Health Information[J]. Technical Communication, 2004, 51(2): 239 – 263.

44. Freeman K. S. Spyridakis J. H. Effect of Contact Information on the Credibility of Online Health Information[J]. IEEE Transactions on Professional Communication, 2009,52(2):152 – 166.

45. Friedlander A. Dimensions and Use of the Scholarly Information Environment Dimensions and Use of the Scholarly Information Environment: Introduction to a Data Set Assembled by the Digital Library Federation and Outsell, Inc. (2002)[R/OL]. [2009 – 11 – 29]. http://www.clir.org/pubs/reports/pub110/contents.html.

46. Fritch J. W. Cromwell R. L. Delving deeper into evaluation: exploring cognitive authority on the Internet[J]. Reference Services Review,2002,30(3):242 – 254.

47. Fritch J. W. Cromwell R. L. Evaluating Internet Resources: Identity, Affiliation,

and Cognitive Authority in a Networked World[J]. Journal of the American Society for Information Science and Technology,2001,52(6):499-507.

48. Fritch J. W. Heuristics, tools, and systems for evaluating Internet information: helping users assess a tangled Web[J]. Online Information Review,2003,27(5),321-327.

49. Greenwald A. G. Cognitive learning, cognitive response to persuasion and attitude change[M]// Greenwald A. G. Brock T. C. Ostrom T. M. Psychological Foundations of Attitudes. San Diego, CA: Academic Press, 1968. 转引自:Eagly A. H. Chaiken S. The Psychology of Attitudes[M]. Fort Worth, TX: Harcourt Brace Jovanovich, 1993: 280-297.

50. Greenwald A. G. Ego Task Analysis: An Integration of Research on Ego-Involvement and Self-Awareness[M]//HASTORF A H, ISEN A M. Cognitive Social Psychology, New York: EIsevier/ North-Holland, 1982: 109-147.

51. Grimes D. J. Boening C. H. Worries with the Web: A Look at Student Use of Web Resources[J]. College and Research Libraries, 2001, 62(1): 11-23.

52. Hogarth R. Judgement and Choice: The Psychology of Decision (Second Edition)[M]. New York: John Wiley & Sons: 1987.

53. Holmes J. Robins D. Visceral and Cognitive Levels of Credibility Judgment in an Authorless Environment: A Factor Analysis of the Influence of Visual Design[J]. Proceedings of the American Society for Information Science and Technology, 2007, 44(1): 1-10.

54. Hong T. The Perceived Credibility of Health-related Web Sites within an Information-Seeking Context[D]. Los Angeles: Graduate School in University of Southern California, 2002.

55. Hovland C. I. Harvey O. J. Sherif M. Assimilation and contrast effects in reactions to communication and attitude change[J]. Journal of Abnormal and Social Psychology, 1957, 55: 244-252.

56. Hovland C. I. Janis I. L. Kelley H. Communication and Persuasion[M]. New Haven, CT: Yale University Press, 1953. 转引自:Flanagin A. J. Metzger M. J. Digital Media and Youth: Unparalleled Opportunity and Unprecedented Responsibility[M]// . Metzger M. J. Flanagin A. J. Digital Media, Youth, and Credibility. Cambridge, Massachusetts: The MIT Press, 2008: 7.

57. Hovland C. I. Mandell W. Experimental comparison of conclusion-drawing by communicator and by the audience[J]. Journal of Abnormal and Social Psychology, 1952,47:581 –588.

58. Hovland C. I. Sherif M. Judgmental phenomena and scales attitude measurement [J]. Journal of Abnormal and Social Psychology,1952,47:822 –832.

59. Hovland C. I. Weiss W. The influence of source credibility on communication effectiveness[J]. Public Opinion Quarterly,1951,15:635 –650.

60. Hovland C. I. Changes in attitude through communication[J]. Journal of Abnormal and Social Psychology,1951,46:424 –437.

61. Huang C-Y,Chou C-J,Lin P-C. Involvement theory in constructing bloggers' intention to purchase travel products[J]. Tourism Management,2010,31(4):513 –526.

62. Jaehnig W. B. Whose Bias is No Bias? The Impact of Source Types on Perception of Online News Credibility[D]. Carbondale:School of Journalism in the Graduate School in Southern Illinois University,2005.

63. Jiang Z. H. Chan J. Tan B. C. Y. Chua W. S. Effects of Interactivity on Website Involvement and Purchase Intention[J]. Journal of the Association for Information Systems,2010,11(1):34 –59.

64. Johnson B. T. Eagly A. H. Effects of Involvement on Persuasion:A Meta-Analysis[J]. Psychological Bulletin,1989,106(2):290 –314.

65. Johnson B. T. Eagly A. H. Involvement and Persuasion:Types, Traditions, and the Evidence[J]. Psychological Bulletin,1990,107(3):375 –384.

66. Johnson T. J. Kaye B. K. Bichard S. L. Wong W. J. Every Blog Has Its Day:Politically-interested Internet Users' Perceptions of Blog Credibility[J]. Journal of Computer-Mediated Communication,2008,13(1):100 –122.

67. Johnson T. J. Kaye B. K. Choosing is Believing? How Web Gratifications and Reliance Affect Internet Credibility among Politically Interested Users[J]. Atlantic Journal of Communication,2010,18(1):1 –21.

68. Johnson T. J. Kaye B. K. Cruising is believing?:Comparing the Internet and traditional sources on media credibility measures[J]. Journalism & Mass Communication Quarterly,1998,75:325 –340.

69. Johnson T. J. Kaye B. K. Using is Believing:The Influence of Reliance on the Credibility of Online Political Information among Politically Interested Internet Users

[J]. Journalism and Mass Communication Quarterly,2000,77(4):865 - 879.

70. Johnson T. J. Kaye B. K. Wag the Blog:How Reliance on Traditional Media and the Internet Influence Perceptions of Credibility of Weblogs among Blog Users[J]. Journalism & Mass Communication Quarterly,2004,81(3):622 - 642.

71. Johnson T. J. Kaye B. K. Webelievability:A Path Model Examining how Convenience and Reliance Predict Online Credibility[J]. Journalism & Mass Communication Quarterly,2002,79(3):619 - 642.

72. Jones S. Madden M. Clarke L. N. Cornish S. Gonzales M. Johnson C. Lawson J. N. Smith S. Bicherton S. H. Hansen M. Lengauer G. Oliveria L. Prindle W. Pyfer J. The Internet Goes to College:How students are living in the future with today's technology. Pew Internet & American Life Project,Washington,DC,2002:1 - 22[R/OL]. [2009 - 11 - 21]. http://www.pewinternet.org/~/media/Files/Reports/2002/PIP_College_Report.pdf.pdf.

73. Kandell J. J. Internet Addiction on Campus: The Vulnerability of College Students[J]. CyberPsychology & Behavior,1998,1(1):11 - 17.

74. Kelley K. B. Orr G. J. Trends in Distant Student Use of Electronic Resources:A Survey[J]. College & Research Library,2003(3):176 - 191.

75. Kelman H. C. Compliance,identification,and internalization:Three processes of attitude change[J]. Journal of Conflict Resolution,1958,2(1):51 - 60.

76. Kidawara Y. Information Credibility Analysis of Web Content[J]. WICOW'08 (Proceeding of the 2nd ACM Workshop on Information Credibility on the Web 2008), 2008,October 30. Napa Valley,California,USA,2008:3.

77. Koufaris M. Applying the Technology Acceptance Model and Flow Theory to Online Consumer Behavior[J]. Information Systems Research,2002,13(2):205 - 223.

78. Kuhlthau C. C. A principle of uncertainty for information seeking[J]. Journal of Documentation,1993,49(4):339 - 355.

79. Kuhlthau C. C. Inside the Search Process:Information Seeking from the User's Perspective[J]. Journal of the American Society for Information Science,1991,42(5): 361 - 371.

80. Kuhlthau C. C. The role of experience in the information search process of an early career information worker:Perceptions of uncertainty, complexity, constructions, and sources[J]. Journal of the American Society for Information Science,1999,50(5):

399 - 412.

81. Kurohashi S. Akamine S. Kawahara D. Kato Y. Nakagawa T. Iiui K. Kidawara Y. Information Credibility Analysis of Web Contents[J]. ISUC'08(2008 Second International Symposium on Universal Communication), 2008, December 15 - 16. Osaka, Japan, 2008: 146 - 153.

82. Leippe M. R. Elkin R. A. When Motives Clash: Issue Involvement and Response Involvement as Determinants of Persuasion[J]. Journal of Personality and Social Psychology, 1987, 52(2): 269 - 278.

83. Lin J-H. College Students' Perceptions of Credibility of Blogs and Traditional Media as a Function of their Blog Usage[M]. East Lansing: Department of Journalism in Michigan State University, 2007.

84. Lindgaard G. Fernandes G. Dudek C. Brown J. Attention web designers: You have 50 milliseconds to make a good first impression! [J]. Behaviour & Information Technology, 2006, 25(2): 115 - 126.

85. Liu Z. M. Huang X. B. Evaluating the credibility of scholarly information on the web: A cross cultural study[J]. The International Information & Library Review, 2005, 37(2): 99 - 106.

86. Liu Z. M. Perceptions of credibility of scholarly information on the web[J]. Information Processing & Management, 2004, 40(6): 1027 - 1038.

87. Livengood S. P. An Evaluation Instrument for Internet Web Sites[M]. Ohio: School of Library Science in Kent State University, 1997.

88. Lubans J. How first-year university students use and regard Internet resources (1998)[J/OL]. [2010 - 12 - 29]. http://www.lib.duke.edu/staff/orgnztn/lubans/docs/1styear/firstyear.htm.

89. Maglaughlin K. L. Sonnenwald D. H. User perspectives on relevance criteria: A comparison among relevant, partially relevant, and not-relevant judgments[J]. Journal of the American Society for Information Science and Technology, 2002, 53(5): 327 - 342.

90. Marsh S. Dibben M. R. The Role of Trust in Information Science and Technology[M]// Annual Review of Information Science and Technology 2003. Medford, USA: Information Today Inc., 2003, 37: 465 - 498.

91. Mattus M. Finding Credible Information: A Challenge to Students Writing Academic Essays[J]. Human IT, 2007, 9(2): 1 - 28.

92. Mcbride K. B. Dickstein R. The Web Demands Critical Reading by Students [J]. The Chronicle of Higher Education, 1998: B6.

93. Mckenzie P. J. Justifying cognitive authority decisions: Discursive strategies of information seekers[J]. Library Quarterly, 2003, 73: 261 - 288.

94. Mcknight H. Kacmar C. Factors of Information Credibility for an Internet Advice Site[J]. HICSS'06 (Proceedings of the 39th Annual Hawaii International Conference on System Sciences 2006), 2006, January 4 - 7. Kauai, HI, USA, 2006, 6: 113 - 122.

95. Meola M. Chucking the Checklist: A Contextual Approach to Teaching Undergraduates Web-Site Evaluation[J]. Libraries and the Academy, 2004, 4(3): 331 - 344.

96. Metzger M. J. Flanagin A. J. Zwarun L. College student Web use, perceptions of information credibility, and verification behavior[J]. Computers & Education, 2003, 41 (3) : 271 - 290.

97. Metzger M J. Making Sense of Credibility on the Web: Models for Evaluating Online Information and Recommendations for Future Research[J]. Journal of the American Society for Information Science and Technology, 2007, 58(13): 2078 - 2091.

98. Miyamori H. Akamine S. Kato Y. Kaneiwa K. Sumi K. Inui K. Kurohashi S. Evaluation data and prototype system WISDOM for information credibility analysis[J]. Internet Research, 2008, 18(2): 155 - 164.

99. Oliver K. M. Wilkinson G. L. Bennett L. T. Evaluating the Quality of Internet Information Sources (1997) [J/OL]. ED-MEDIA/ED-TELECOM1997, 1997, June 15. Calgary, Alberta, Canada, 1997: 142 - 150. [2010 - 7 - 17]. http://eric.ed.gov/ERICDocs/data/ericdocs2sql/content_storage_01/0000019b/80/15/05/9c.pdf.

100. Online Computer Library Center, Inc.. College Students' Perceptions of Libraries and Information Resources (2005) [R/OL]. [2009 - 12 - 6]. http://www.oclc.org/us/en/reports/perceptionscollege.htm.

101. Online Computer Library Center, Inc.. OCLC White Paper on the Information Habits of College Students: How Academic Librarians Can Influence Students' Web-Based Information Choices (2002) [R/OL]. [2009 - 12 - 2]. http://www5.oclc.org/downloads/community/informationhabits.pdf.

102. Pariera K. Information literacy on the Web: How Visual and Textual Cues Contribute to Website Credibility Assessments[M]. Washington, D. C.: School of Communication, Culture & Technology in Georgetown University, 2009.

103. Park C. W. Young S. M. Consumer Response to Television Commercials: The Impact of Involvement and Background Music on Brand Attitude Formation[J]. Journal of Marketing Research, 1986, 23: 11 - 24.

104. Petty R. E. Cacioppo J. T. Effects of Forewarning of Persuasive Intent and Involvement on Cognitive Responses and Persuasion[J]. Personality and Social Psychology Bulletin, 1979, 5(2): 173 - 176.

105. Petty R. E. Cacioppo J. T. Involvement and Persuasion: Tradition Versus Integration[J]. Psychological Bulletin, 1990, 107(3): 367 - 374.

106. Petty R. E. Cacioppo J. T. Issue Involvement can Increase or Decrease Persuasion by Enhancing Message-Relevant Cognitive Responses[J]. Journal of Personality and Social Psychology, 1979, 37(10): 1915 - 1926.

107. Petty R. E. Cacioppo J. T. Source factors and the elaboration likelihood model of persuasion[J]. Advances in Consumer Research, 1984, 11: 668 - 672.

108. Petty R. E. Cacioppo J. T. The Effects of Involvement on Responses to Argument Quantity and Quality: Central and Peripheral Routs to Persuasion[J]. Journal of Personality and Social Psychology, 1984, 46(1): 69 - 81.

109. Petty R. E. Cacioppo J. T. The Elaboration Likelihood Model of Persuasion [M]// BERKOWITZ L. Advances in Experimental Social Psychology. New York: Academic Press, Inc., 1986, 19: 124 - 205.

110. Petty R. E. Rucker D. D. Bizer G. Y. Cacioppo J. T. The Elaboration Likelihood Model of Persuasion[M/OL]. 1986: 65 - 89. [2010 - 8 - 7]. http://osil.psy.ua.edu:16080/~Rosanna/Soc_Inf/week8/ELM%20Chapter001.pdf.

111. Petty R. E. Rucker D. D. Bizer G. Y. Cacioppo J. T. The Elaboration Likelihood Model of Persuasion[M/OL]. 1986: 65 - 89. [2010 - 8 - 7]. http://osil.psy.ua.edu:16080/~Rosanna/Soc_Inf/week8/ELM%20Chapter001.pdf.

112. Petty R. E. Wegener D. T. The Elaboration Likelihood Model: Current Status and Controversies[M]// Chaiken S. Trope Y. Dual-Process Theories in Social Psychology. New York: Guilford, 1999: 44 - 45.

113. Petty R. E. The Evolution of Theory and Research in Social Psychology: From Single to Multiple Effect and Process Models of Persuasion [M]// MCGARTY C, HASLAM S A. The Message of Social Psychology: Perspectives on Mind in Society. Oxford: Blackwell, 1997: 268 - 290.

114. Pew Research Center. Internet news takes off: Section 4: News Media Credibility (1998) [R/OL]. [2009 - 10 - 27]. http://people-press. org/report/? pageid = 568.

115. Polanski W. L. The Effect of Visual Appeal on the Perception of the Credibility of a Web Site For a Student-Run Consulting Business [M]. Edmonton: University of Alberta, 2005.

116. Pornpitakpan C. The persuasiveness of source credibility: A critical review of five decades' evidence [J]. Journal of Applied Social Psychology, 2004, 34: 243 - 281.

117. Putrevu S. Lord K. R. Comparative and Noncomparative Advertising: Attitudinal Effects under Cognitive and Affective Involvement Conditions [J]. Journal of Advertising, 1994, 23 (2): 77 - 91.

118. Rachlin H. Judgment, decision, and choice: A cognitive/behavioral synthesis [M]. New York: W. J. Freeman and Company, 1989: 43. 转引自: Rieh S. Y. Judgment of Information Quality and Cognitive Authority in the Web [J]. Journal of the American Society for Information Science and Technology, 2002, 53 (2): 145 - 161.

119. Rains S. A. Karmikel C. D. Health information-seeking and perceptions of website credibility: Examining Web-use orientation, message characteristics, and structural features of websites [J]. Computers in Human Behavior, 2009, 25 (2): 544 - 553.

120. Reinhard M-A, Sporer S. L. Content Versus Source Cue Information as a Basis for Credibility Judgments: The Impact of Task Involvement [J]. Social Psychology, 2010, 41 (2): 93 - 104.

121. Reinhard M-A, Sporer S. L. Verbal and nonverbal behaviour as a basis for credibility attribution: The impact of task involvement and cognitive capacity [J]. Journal of Experimental Social Psychology, 2008, 44 (2): 477 - 488.

122. Rieh S. Y. Belkin N. J. Interaction on the Web: Scholars' Judgment of Information Quality and Cognitive Authority [J]. Proceedings of the 63rd ASIS Annual Meeting, 2000, November 12 - 16. Chicago, USA, 2000, 37: 25 - 38.

123. Rieh S. Y, Belkin N. J. Understanding Judgment of Information Quality and Cognitive Authority in WWW [J]. Journal of the American Society for Information Science, 1998, 35: 279 - 289.

124. Rieh S. Y. Danielson S. Y. Credibility: A Multidisciplinary Framework [M] // Cronin B. Annual Review of Information Science and Technology 2007. Medford, USA: Information Today Inc., 2007, 41: 307 - 364.

125. Rieh S. Y. Hilligoss B. College Students' Credibiltiy Judgments in the Information-Seeking Process[M]// Metzger M. J. Flanagin A. J. Digital Media, Youth, and Credibility. Cambridge, Massachusetts: The MIT Press, 2008: 49 – 71.

126. Rieh S. Y. Information quality and cognitive authority in the World Wide Web [D]. Rutgers: The State University of New Jersey, 2000.

127. Rieh S. Y. Judgment of Information Quality and Cognitive Authority in the Web[J]. Journal of the American Society for Information Science and Technology, 2002, 53(2): 145 – 161.

128. Robins D. Holmes J. Stansbury M. Consumer health information on the Web: The relationship of visual design and perceptions of credibility[J]. Journal of the American Society for Information Science and Technology, 2010, 61(1): 13 – 29.

129. Robins D. Holmes J. Aesthetics and credibility in Web site design[J]. Information Processing and Management, 2008, 44(1): 386 – 399.

130. Rothenberg D. How the Web destroys student research papers[J]. Chronicles of Higher Education, 1997, 43(49): 44 – 45.

131. Saracevic T. The stratified model of information retrieval interaction: Extension and applications[J]. Proceedings of the American Society for Information Science, 1997, 34: 313 – 327.

132. Scholz-Crane A. Evaluating the Future: A Preliminary Study of the Process of How Undergraduate Students Evaluate Web Sources[J]. Reference Services Review, 1998, 26(3/4): 53 – 60.

133. Schwarz N, Clore G L. Mood, Misattribution, and Judgments of Well-Being: Informative and Directive Functions of Affective States[J]. Journal of Personality and Social Psychology, 1983, 45(3): 513 – 523.

134. Scull C. Milewski A. Millen D. Envisioning the Web: User Expectations about the Cyber-Experience[J]. Proceedings of the 62nd ASIS Annual Meeting, 1999, 36: 17 – 24. 转引自: RIEH S Y, BELKIN N J. Interaction on the Web: Scholars' Judgment of Information Quality and Cognitive Authority[J]. Proceedings of the 63rd ASIS Annual Meeting, 2000, 37: 25 – 38.

135. Self C. S. Credibility[M]// Salwen M. B. Stacks D. W. An Integrated Approach to Communication Theory and Research. Mahwah, NJ: Lawrence Erlbaum Associates, Inc., 1996: 421 – 441.

136. Sherif C. W. Kelly M. Rodgers H. L. Sarup J. G. Tittler B I. Personal Involvement, Social Judgment, and Action [J]. Journal of Personality and Social Psychology, 1973, 27(3): 311 - 328.

137. Sherif M. Cantril H. The Psychology of Ego-Involvements [M]. New York: Wiley & Sons, Inc., 1947.

138. Smith A. G. Testing the Surf: Criteria for Evaluating Internet Resources [J/OL]. The Public-Access Computer Systems Review, 1997, 8(3). [2009 - 10 - 30]. http://eric.ed.gov/ERICWebPortal/custom/portlets/recordDetails/detailmini.jsp?_nfpb=true&&ERICExtSearch_SearchValue_0=EJ554170&ERICExtSearch_SearchType_0=no&accno=EJ554170.

139. Staats A. W. Staats C. K. Attitudes Established by Classical Conditioning [J]. Journal of Abnormal and Social Psychology, 1958, 57(1): 37 - 40.

140. Stanford J. Tauber E. R. Fogg B. J. Marable L. Experts vs. Online Consumers: A Comparative Credibility Study of Health and Finance Web Sites (2002) [R/OL]. CiteSeerX-Scientific Literature Digital Library and Search Engine (United States), 2002: 1 - 59. [2010 - 7 - 21]. http://www.consumerwebwatch.org/pdfs/stanfordptl.pdf.

141. Stepp L. Point, Click, Think? As Students Rely on the Internet for Research, Teachers Try to Warn of the Web's Snares [N]. Washington Post, 2002 - 7 - 16 (C01). 转引自: Kelley K. B. Orr G. J. Trends in Distant Student Use of Electronic Resources: A Survey [J]. College & Research Library, 2003(3): 176 - 191.

142. Sundar S. S. Nass C. Conceptualizing Sources in Online News [J]. Journal of Communication, 2001, 51(1): 52 - 72.

143. Sunder S. S. Effect of source attribution on perception of online news stories [J]. Journalism & Mass Communication Quarterly, 1998, 75: 55 - 68.

144. Taylor R. S. Value-added processes in information systems [M]. Norwood, NJ: Ablex, 1986. 转引自: RIEH S Y. Judgment of Information Quality and Cognitive Authority in the Web [J]. Journal of the American Society for Information Science and Technology, 2002, 53(2): 145 - 161.

145. Tegegne T. Chen C. B. Student Use of Internet in China: A Study on Huazhong University of Science and Technology (HUST) [J]. Pakistan Journal of Information and Technology, 2003, 2(1): 25 - 29.

146. Tesser A. Martin L. The Psychology of Evaluation [M] // Higgins E. T. Krug-

lanski A. W. Social Psychology: Handbook of Basic Principles. New York: The Guilford Press, 1996: 400 - 403.

147. Thayer J. Determinants of Shareholders' Information Search: Credibility and Confirmation[D]. Atlanta: Emory Universit, 2008.

148. Tillotson J. A Portrait of the Audience for Instruction in Web Searching: Results of a Survey Conducted at Two Canadian Universities[J]. Canadian Journal of Information and Library Science, 2002/03: 27(1): 3 - 28.

149. Tillotson J. Web site evaluation: a survey of undergraduates[J]. Online Information Review, 2002, 26(6): 392 - 403.

150. Treise D. Walsh-Childers K. Weigold M. F. Friedman M. Cultivating the Science Internet Audience: Impact of Brand and Domain on Source Credibility for Science Information[J]. Science Communication, 2003, 24(3): 309 - 332.

151. Tseng S. Fogg B. J. Credibility and computing technology[J]. Communications of the ACM, 1999, 42(5): 39 - 44.

152. Undar S. S. Nass C. Conceptualizing Sources in Online News[J]. Journal of Communication, 2001, 51(1): 52 - 72.

153. Vakkari P. Task complexity, Problem Structure and Information Actions: Integrating Studies on Information Seeking and Retrieval[J]. Information Processing and Management, 1999, 35(6): 819 - 837.

154. Vaughan L. Shaw D. Bibliographic and Web Citations: What Is the Difference? [J]. Journal of The American Society For Information Science And Technology, 2003, 54 (14): 1313 - 1322.

155. Wang Y. D. Emurian H. H. An overview of online trust: Concepts, elements, and implications[J]. Computers in Human Behavior, 2005, 21(1): 105 - 125.

156. Wathen C. N. Burkell J. Believe It or Not: Factors Influencing Credibility on the Web[J]. Journal of the American Society for Information Science and Technology, 2002, 53(2): 134 - 144.

157. Whitmire E. The relationship between undergraduates' epistemological beliefs, reflective judgment, and their information-seeking behavior[J]. Information Processing & Management, 2004, 40(1): 97 - 111.

158. WiCOW 2010. 4th Workshop on Information Credibility on the Web(WICOW 2010)[EB/OL]. [2010 - 6 - 7]. http://www.dl.kuis.kyoto-u.ac.jp/wicow4/.

159. Wilson P. Second-Hand Knowledge: An Inquiry into Cognitive Authority[M]. Westport, Connecticut, London: Greenwood Press, 1983: 1 – 37.

160. Wilson T. D. Exploring models of information behaviour: the 'uncertainty' project[J]. Information Processing and Management, 1999(35): 839 – 849.

161. Wilson T. D. Information Behaviour: An Interdisciplinary Perspective[J]. Information Processing & Management, 1997, 33(4): 551 – 572.

162. Zaichkowsky J. L. Measuring the Involvement Construct[J]. Journal of Consumer Research, 1985, 12: 341 – 352.

163. Zajonc R. B. Attitudinal Effects of Mere Exposure[J]. Journal of Personality and Social Psychology Monograph Supplements, 1968, 9(2): 1 – 27.

164. Zajonc R. B. Feeling and thinking: Preferences need no inferences[J]. American Psychologist, 1980, 35(2): 151 – 175.

165. Zeigarnik B. On finished and unfinished tasks[M]// ELLIS W D. A Source Book of Gestalt Psychology. New York: Humanities Press, 1938: 300 – 314.

166. Zimbardo P. G. Involvement and Communication Discrepancy as Determinants of Opinion Conformity[J]. Journal of Abnormal and Social Psychology, 1960, 60(1): 86 – 94.

附 录

附录1:互联网信息可信性评价判据和影响因素一览表

表1 互联网信息可信性评价判据一览表

所指对象	判据	文献来源
站点	站点声誉	A. Scholz-Crane, 1997; S. Y. Rieh, N. J. Belkin, 1998; J. E. D'Esposito, R. M. Gardner, 1999; R. Harris, 2000; V. T. Burton, S. A. Chadwick, 2000; J. W. Fritch, R. L. Cromwell, 2001, 2002, 2003; G. Eysenbach, C. Kohler, 2002; B. J. Fogg 等, 2002, 2003; OCLC, 2005
	站点创办者信息	B. J. Fogg 等, 2000, 2001
	站点交互功能	B. J. Fogg 等, 2000, 2001
	站点搜索功能	B. J. Fogg 等, 2000, 2001
	站点相关内容声明	B. J. Fogg 等, 2000, 2001
	站点导航	G. Eysenbach, C. Kohler, 2002; B. J. Fogg 等, 2002, 2003
	站点范围	K. M. Oliver, 1997; A. J. Flanagin, M. J. Metzger, 2000; R. Harris, 2000; DLF, CLIR, 2002
	第三方推荐或支持	B. J. Fogg 等, 2000, 2001; D. J. Grimes, C. H. Boening, 2001; S. Fox, L. Rainie, 2002; J. Tillotson, 2002; OCLC, 2005
	链接	K. M. Oliver, 1997; J. E. D'Esposito, R. M. Gardner, 1999; C. Scull 等, 1999; B. J. Fogg 等, 2000, 2001; D. J. Grimes, C. H. Boening, 2001; OCLC, 2005
	日期	A. Scholz-Crane, 1997; V. T. Burton, S. A. Chadwick, 2000; R. Harris, 2000; D. J. Grimes, C. H. Boening, 2001; OCLC, 2002; DLF, CLIR, 2002; S. Fox, L. Rainie, 2002; J. Tillotson, 2002
	更新	S. Y. Rieh, N. J. Belkin, 1998; B. J. Fogg 等, 2000, 2001; D. J. Grimes, C. H. Boening, 2001
	广告与商业意图	B. J. Fogg 等, 2000, 2001; B. J. Fogg 等, 2002, 2003; S. Fox, L. Rainie, 2002

续表

所指对象	判据	文献来源
站点	受众	A. Scholz-Crane,1997; R. Harris,2000;D. J. Grimes,C. H. Boening,2001
	网页外观	K. M. Oliver,1997;S. Y. Rieh,N. J. Belkin,1998;B. J. Fogg 等,2002,2003; G. Eysenbach,C. Kohler,2002;S. Fox,L. Rainie,2002;OCLC,2005; A. Dahlan,B. Sitohang,2007
	站点外观	K. M. Oliver, 1997; B. J. Fogg 等, 2000, 2001; J. Tillotson, 2002; G. Eysenbach,C. Kohler,2002;S. Fox,L. Rainie,2002;OCLC,2005; A. Dahlan,B. Sitohang,2007
	作者身份与资历	A. Scholz-Crane,1997;K. M. Oliver,1997;J. E. D'Esposito,R. M. Gardner,1999;R. Harris, 2000; B. J. Fogg 等, 2000, 2001; D. J. Grimes, C. H. Boening,2001; J. W. Fritch,R. L. Cromwell,2001,2002,2003;OCLC,2002; S. Fox,L. Rainie,2002;J. Tillotson,2002;OCLC,2005
	版权	J. Tillotson,2002
内容	内容特征	A. Scholz-Crane,1997;S. Y. Rieh,N. J. Belkin,1998; R. Harris, 2000; D. J. Grimes, C. H. Boening, 2001; OCLC, 2002; DLF, CLIR,2002; S. Fox,L. Rainie,2002;J. Tillotson,2002;B. J. Fogg 等,2002,2003; M. J. Metzger,et al,2003;A. Dahlan,B. Sitohang,2007
	书写与语法	S. Y. Rieh,N. J. Belkin,1998;A. Scholz-Crane,1998; R. Harris,2000;J. Tillotson,2002
	时间	A. Scholz-Crane,1997; A. J. Flanagin,M. J. Metzger,2000;DLF,CLIR,2002
	文档内容范围	A. Scholz-Crane,1998;M. J. Metzger,et al,2003
	文档布局与结构	A. Dahlan,B. Sitohang,2007
站点/内容	来源特征	G. Eysenbach,C. Kohler,2002
	视角	A. Scholz-Crane,1997; R. Harris,2000;D. J. Grimes,C. H. Boening,2001
	语言	G. Eysenbach,C. Kohler,2002
	评论	R. Harris,2000;D. J. Grimes,C. H. Boening,2001
	参考资料	A. Scholz-Crane,1998;R. Harris,2000; B. J. Fogg 等,2000,2001;J. Tillotson,2002
	风格与基调	D. J. Grimes,C. H. Boening,2001;B. J. Fogg 等,2002,2003

注:表中的"站点"的范畴包括 Web 站点、Web 网页和文章出版机构与作者,"内容"指 Web 站点里的文本内容,"站点/内容"综合前面两者。

表 2　互联网信息可信性影响因素一览表

因素大类	具体类别	影响因素	文献来源
网站特征因素	外观与视觉设计	信息表示（活力、正确与否）	M. Hamilton,1998;C. N. Wathen, J. Burkell,2002
		站点（网页）样式	M. Hamilton,1998
		站点（网页）布局	M. Hamilton,1998; W. L. Polanski,2005
		图画	C. N. Wathen,J. Burkell,2002; W. L. Polanski,2005;S. A. Rains, C. D. Karmikel,2009
		颜色	W. L. Polanski,2005
		网页的设计/美学处理	J. Holmes,D. Robins,2007; K. Pariera,2009;D. Robins 等,2010
		导航菜单	S. A. Rains,C. D. Karmikel,2009
		博客的表示形式	J-H. Lin ,2007;T. Chesney, D. K. S. Su,2010
	来源等外部特征	站点所有者的声誉	E. Huerta,2003
		站点运行者的姓名	S. A. Rains,C. D. Karmikel,2009
		站点的商标	D. Robins 等,2010
		文章作者的资料与身份	S. A. Rains,C. D. Karmikel,2009
		文章作者的照片、姓名	B. J. Fogg 等,2001
		广告的声誉	B. J. Fogg 等,2001
		来源类型	W. B. Jaehnig,2005
		外部链接	S. A. Rains,C. D. Karmikel,2009
		是否有第三方认可	S. A. Rains,C. D. Karmikel,2009
		站点上的联系信息	K. S. Freeman,J. H. Spyridakis,2009; S. A. Rains,C. D. Karmikel,2009
		是否有隐私政策声明	S. A. Rains,C. D. Karmikel,2009
		博主是否匿名	T. Chesney,D. K. S. Su,2010
	内容	内容的质量	E. Huerta,2003;
		信息的完整性	M. J. Dutta-Bergman,2004
		信息的准确性（参考资料、数据）	S. A. Rains,C. D. Karmikel,2009
		信息的时效性	S. A. Rains,C. D. Karmikel,2009
		语法和排版错误	M. J. Metzger 等,2010
		信息类型	A. J. Flanagin,M. J. Metzger,2007
		博客内容是否有误	T. Chesney,D. K. S. Su,2010

续表

因素大类	具体类别	影响因素	文献来源
用户特征因素	用户特征	人口统计学变量（年龄、性别、教育水平和收入等）	T. J. Johnson, B. K. Kaye, 2000; B. J. Fogg 等, 2001; A. J. Flanagin, M. J. Metzger, 2003; C. Escoffery 等, 2005; C. L. Armstrong, M. J. McAdams, 2009
		用户对话题的熟悉性	M. S. Eastin, 2001
		对站点创办者的熟悉性	A. J. Flanagin, M. J. Metzger, 2007
		对媒介的依赖	T. J. Johnson, B. K. Kaye, 2000, 2002, 2010
		对媒介的态度	C. N. Wathen, J. Burkell, 2002
		对战争的态度	J. H. Choi 等, 2006
		对博客的依赖	T. J. Johnson, B. K. Kaye, 2000, 2004
		博客使用动机	T. J. Johnson 等, 2008
其他	媒介可信性比较	对媒介的依赖对在线媒介可信性的影响	T. J. Johnson, B. K. Kaye, 2000, 2002, 2010
		对博客的依赖对博客可信性的影响	T. J. Johnson, B. K. Kaye, 2004

注：表中的"站点"指 Web 站点，"网页"指 Web 网页。

附录 2：观察文本内容分析编录单及样例

如表附录 -3，"内容比较泛"归入合理性维度中"内容（论述）深入（详细）/浅显（简略）"1 次，"没有具体数据"归入数据支撑维度中"有/没有调查统计数据"1 次，"对我没有用"归入有用性维度中"有用/没有用（帮助）"1 次，"博客上的文章"归入来源权威性维度中"文章来源信息（作者、单位、出处）可靠（权威、影响力大）/不可靠（权威、影响力小）"1 次，"可能是作者自己的观点"归入客观性维度中"客观性较高（非个人观点）/客观性较低（个人观点）"1 次，由此，页面 0905 的编录记录中，合理性、客观性、来源权威性、数据支撑、有用性这五个价值维度各计 1 次，信息内容范畴、来源等外部特征范畴、其他范畴分别总计 2 次、2 次和 1 次。

表1　观察文本内容分析编录单(样例)

Web页面编号＿＿0905＿＿　评价动机状态＿低动机＿　参与者编号＿09＿＿

搜索任务主题＿＿中国农村剩余劳动力转移研究(社会学)＿＿

评价判据

＿＿内容比较泛＿＿

＿＿没有具体的数据＿＿

＿＿对我没有用＿＿

＿＿博客上的文章＿＿

＿＿可能是作者自己的观点＿＿

＿＿＿＿

评价判据所指价值维度的次数

信息内容范畴:

质量好/坏＿＿　内容(论述)体系好/差＿＿　内容是/不是拼凑的＿＿

使用研究方法好/差＿＿　内容紧凑/零散＿＿　其他＿＿

＊上面项目(质量维度)合计一＿＿

合理性高/低＿＿　内容(论述)深入(详细)/浅显(简略)＿1＿　内容具体/不具体＿＿

观点中肯/不中肯(片面)＿＿　内容契合/不契合文章标题＿＿　论证充分/不充分＿＿

观点有/没有道理(说服力)＿＿　对内容熟悉/不熟悉＿＿　方法常用/不常用＿＿

内容简单(常识)/复杂(专深)＿＿　内容容易/不容易理解＿＿

调查统计数据规范(可靠)/不规范(不可靠)＿＿　内容里的图片真实/不真实＿＿　其他＿＿

＊上面项目(合理性维度)合计二＿1＿

客观性较高(非个人观点)/客观性较低(个人观点)＿1＿　其他＿＿

＊上面项目(客观性维度)合计三＿1＿

内容完整(全面)/不完整(全面)＿＿　内容丰富(多)/不丰富(少)＿＿　其他＿＿

＊上面项目(完整性维度)合计四＿＿

论述视角新颖(与自己专业不同)/俗套＿＿　其他＿＿

＊上面项目(新颖性维度)合计五＿＿

来源等外部特征范畴:

有/没有提供文章来源信息(作者、单位、出处)＿＿　有/没有提供网站创办者信息＿＿

其他＿＿

＊上面项目(有无来源信息维度)合计六＿＿

文章来源信息(作者、单位、出处)可靠(权威、影响力大)/不可靠(权威、影响力小)＿1＿

作者资历好/不好＿＿　对作者熟悉/不熟悉＿＿　网站可靠(权威)/不可靠(不权威)＿＿

其他＿＿

＊上面项目(来源权威性维度)合计七＿1＿

有/没有提供参考文献(线索)＿＿　有/没有调查统计数据＿1＿

续表

有/没有图片佐证____ 有/没有中英文对照____ 其他____ *上面项目(数据支撑维度)合计八__1__ 参考文献可靠(权威)/不可靠(不权威)____ 官方/非官方资料____ 其他____ *上面项目(支撑数据权威性维度)合计九____ 文档格式(例如,word、ppt)可靠/不可靠____ 是/不是广告____ 广告少/多____ 其他____ *上面项目(文档格式维度)合计十____ 文章款目元素齐全(规范)/欠缺(不规范)____ 材料正规/不正规____ 其他____ *上面项目(元素规范性维度)合计十一____ 文章引用次数多/少____ 是/不是原始资料或从其他地方粘贴(转载)而来____ 其他____ *上面项目(引用推测维度)合计十二____ 其他____ *上面项目(来源其他维度)合计十三____
外观与视觉设计范畴: 排版好看/难看____ 感觉好/不好____ 其他____ *上面项目(外观维度)合计十四____
其他范畴: 有/没有参考(启发)价值____ 有用/没有用(帮助)__1__ 需要/不需要该信息____ 对内容感/不感兴趣____ 其他____ *上面项目(有用性维度)合计十五__1__ 学术价值高/低____ 专业性强/弱____ 其他____ *上面项目(学术性维度)合计十六____ 相关性强/弱____ 符合/不符合主题____ 内容符合/不符合任务要求____ 其他____ *上面项目(相关性维度)合计十七____ 与其他内容相似/不相似____ 需要/不需要结合其他资料判断____ 与自己的想法相近/不相近____ 其他____ *上面项目(核实维度)合计十八____ 可以/不可以根据经验(直觉)判断____ 老师有/没有推荐过该网站____ 下载需要/不需要收费____ 其他____ *上面项目(经验判断维度)合计十九____ 其他____ *上面项目(第四范畴其他维度)合计二十____

续表

评价判据所指范畴的次数
信息内容__2__ 来源等外部特征__2__ 外观与视觉设计____ 其他__1__
*范畴项目总计__5__

编录者__×××__

编录日期__2010.12.17__

附录3:部分访谈文本记录

化学受访者01

记录1:"现在博士四年级了,长的文档会没有耐心看。对可靠性的判断还是看行文,如果行文能够表达得比较明了,刚开始看时发现表达得比较清晰,对这个领域有一个很好的描述,那就觉得可以看。"

情报学受访者03

记录2:"几乎没有影响,我比较少去关注作者。"

记录3:"我觉得访问人数的增多只能引起我的兴趣,可靠性谈不上。"

记录4:"我很少去关注广告,个人来说没有影响。"

记录5:"我会先不理会它,然后去查找更多的资料来判断究竟是什么情况,至于信息的可靠性要等查看了其他资料后再作判断。"

记录6:"我觉得可以去参考,但不能去相信,我会去翻一下,然后再作判断。"

情报学受访者04

记录7:"第一是网站的类型,我一般不会去找论坛或BBS上的东西,更多的是找政府或学校等事业单位的网站。第二是看信息本身,看有没有作者,如果有作者我觉得会好一些,作者的单位也类似。第三是看文章写作的规范性,就是看是否让人明显感觉是瞎编乱造或拼凑的,这种的话可靠性就会低一些。"

记录8:"如果评论中正面的内容多一些,那么可靠性就比较高,如果跟了一大堆批评或骂它的,感觉可靠性就比较低。"

记录9:"口碑有影响,比如说"××论坛","愤青"聚集的地方,这种地方的文章就值得怀疑。×××和××××相比,×××就会好一些。"

人口学受访者 05

记录 10:“有影响,学术信息的网页如果搞得花里胡哨的,跳出来各种框图,那我肯定不看这个东西。我看到的学术网站素颜的比较多,国外的大学和政府机构的网站大多是这样。”

记录 11:“肯定有影响,如果数据没有(引文)出处我是不敢引用的,对我来说是没有用的。”

记录 12:“都无所谓,不管做成啥样,只要论证能说明数据是可靠的就行。”

记录 13:“篇幅我不在乎,即使是一百字,只要能说服我就行,即使是一万字,说服不了我也没有用。”

记录 14:“(前一种情况)如果一个国外很知名的网站给了一个链接,我还是觉得很可靠的,因为它不会拿自己的声誉去冒险。”

记录 15:“这个跟新颖性没有关系。逻辑性是必备的,如果想说服我必须得有层次有逻辑。很难说独创性,很多想法大家都想到一块去了。”

记录 16:“我觉得关系不大,推荐只是找到信息的捷径,节省了查找的时间,但与利用这个信息没有关系。”

人口学受访者 06

记录 17:“(后一种情况)不会提升可靠性,比如说我在 × × 网上看到一个信息,它把人民网作为链接放进来,人民网本来是我觉得可信和可靠的一个网站,但即使把人民网嵌进来了我也不会觉得增加这个信息的可靠性。”

哲学受访者 07

记录 18:“我觉得做成 PPT 格式会好一点,修改的程度大一些,别的格式不是很好修改,比如很难对网页修改。”

记录 19:“语法错误的话,少数错别字可能我还不太在意,但如果句子都不通顺我就会觉得水平比较差。”

记录 20:“没有什么太大影响,顶多看一下,判断还是靠自己对文章内容的感受。”

记录 21:“老师的推荐我可能会去看一下,但最终的判断还是依据信息的内容。”

哲学受访者 08

记录 22:“主要是看网站是什么机构主办的,国家部委、高等院校、社科院、政府智囊等这些机构办的网站的可靠性比较高。然后,如果不知道是哪个机构办的,那么就看文章是否有署名,当然,也不知道署名是不是真的,但应该可以看个大概。再者,看下文章大致结构,是否有关键词、摘要、参考文献等,如果这些要素比较齐全,那么这种文章的可靠性是比较高的。”

记录23:“这个要看具体的情况,要看查找的是哪方面的材料。”

记录24:“前者会有影响,比较权威的网站的链接的可靠性会增加。后者的可靠性比前者低,这个就比较难讲,比如一些网站没有经过人家的同意就把很权威的网站的链接放上去了。”

记录25:“新颖性没有影响。逻辑性当然有影响。独创性要看我的知识储备情况,如果我对这个领域比较了解,然后看到比较独创性的观点,那我就要根据自己的知识储备来看这个观点是否有合理性,要根据这个来判断,不能说别人提出了一个新观点我就相信。”

社会学受访者09

记录26:“我觉得老师应该比较有经验,在学术方面也有会有相当的积累,老师的推荐会对可靠性加分。”

社会学受访者10

记录27:“我首先会看写的是什么东西,如果是理论性的内容的话,首先要看这个论述符不符合逻辑,在符合逻辑的前提下,与自己的经验和知识对照,看它说得对不对。如果是实践性的内容,这个需要实地调查,那么我觉得网上的肯定没有正式出版的可靠性高。另外,刚才看到的党委办公室(这种机构)会比较看重,还有作者也很重要,比如一些博客上的内容就是东转西转给转过来的。”

记录28:“企业创办的网站的可靠性要看是什么样的企业,比如国外一些调查公司公布一些东西(就比较可信),这得看公司的性质是什么,是不是专业做这方面东西的。”

记录29:“一般来说,篇幅越长的话可信性越高,因为作者花了很多工夫,但还得再看一看有些内容是不是重复的或内容是不是拼凑的,否则再长也没有用。”

记录30:“评论会有影响。比如博客里面的评论,我所知道的一个比较厉害的老师写的博客,他的每篇文章都提出一个明确的观点,能引起共鸣,读者会在下面支持或反对一下。但如果只有“顶”、“踩”这类的信息则会减少可靠性,关键是要看有没有实质性的回应,如果实质性的回应很多,那我觉得这个文章还是比较可靠的。”

记录31:“新颖性有影响,我觉得除了很传统的内容外,新颖性会增加可靠性。逻辑性刚才说了(有影响)。独创性在刚一开始的时候可能判断不出来,但是搜索多了以后就会有比较了,如果一点独创性都没有的话就有可能是抄来的。”

记录32:“我从来没有见过图书馆工作人员推荐,我现在还不太清楚学科馆员是什么意思,如果存在这样的职位的话,我觉得会增加可靠性,因为他不是向你一个人推荐,他向许多人推荐,肯定有很多人询问他,他有很多经验在里面。”

图书馆学受访者11

记录33:“有绝对的影响,如果看起来很乱,百分之八九十都是些花花绿绿的广告之类的,我会很快就滑过去。但如果百分之八九十都是黑白字的内容的话,我会用心去看下,如果弄得太花哨了,我反倒觉得不太相信它。”

记录34:“我觉得没有直接的正相关,因为访问数只是代表别人对它的关注,它的价值还是得由我自己判断。”

记录35:“如果太短了我肯定不太相信,我会觉得深度不够,越长的话肯定研究得比较仔细比较深入。”

记录36:“新颖性肯定有影响,如果都是陈词滥调“炒冷饭”,那我肯定不会相信它。逻辑性有影响。独创性也有影响,例如,刚才企业界人士的观点我就特感兴趣,想看看人家独到的看法。”

记录37:“有非常大的影响,如果老师都推荐了,那肯定是老师们读过的东西,我肯定会更加仔细地去阅读它,那它的可靠性是毋庸置疑的。”

记录38:“图书馆工作人员的影响会弱一点,如果老师能打9分的话,图书馆工作人员能打个7~8分吧,我觉得图书馆工作人员跟老师比还是有差距。”

图书馆学受访者12

记录39:“不是说它有广告我就不相信,我要看广告是否规范和广告的形式是怎么样的,如果一看是那种粗制乱造的广告,那可能是一个负面的影响。如果出来的广告是一些比较正规或很多网站都会见到的那些广告,我会觉得是没有关系的。”

记录40:“我可能不会太相信这个东西,因为我知道访问数这个东西没有什么意义,有那种作弊器,如果想作假的话可以刷无数次,所以这个东西我不太相信。”

记录41:“我觉没有影响,因为在国内很不好说,很难判断是网站还是网速的原因。”

记录42："这要看怎么评论的吧，如果从内容来看是相对比较正式的回复，那我会觉得可信度会增加。但如果回复得乱糟糟的，我可能会觉得不太好，因为回复得乱糟糟的，这个网站又不管、不把它删掉，那么这个网站的管理就不是很好，那就会影响它所收录的东西的可靠性。"

心理学受访者13

记录43："没有影响，我主要关注文字去了，它的页面背景我可能没有太关注。"

记录44："PPT我只会仅仅就是看看，因为很多人都会上传幻灯片，这个我不会十分相信。"

记录45："如果访问量多的话，那证明还是比较可靠的。"

记录46："如果出现这种情况，我可能情感上会比较排斥，但理性上我还是会很客观地看待这篇文章，然后给一个客观的评价。"

记录47："影响挺大，因为老师推荐的东西都是很专业的，我应该是会完全无条件相信。"

记录48："图书馆工作人员的话，我的相信程度会弱一点，因为图书馆工作人员应该没有那么专业吧，他们可能仅仅知道一些资源信息，我觉得没有老师知道得那么细。"

力学受访者15

记录49："不会有太多的影响，如果一些版面做得很粗糙的话，可靠性会打一些折扣，但也不完全，比如我国一些传统的比较好的机构的网站也做得不怎么好，但它的东西还是可以的。"

记录50："如果有参考资料的话，我会觉得更正规更可靠一些，如果没有的话，我有时也会忽视这些东西，不是太重视这些东西，事实上网上的东西大部分都没有参考资料。"

记录51："广告太多的话，我会觉得商业的味道更重一些，会降低信息的可靠性，但只有少许的广告也无可厚非。"

记录52："这个会有影响，因为如果正常的网站要访问的话，只要不是网络方面的原因，应该不是特别慢，如果特别慢的话，那就是这个网站本身的维护有问题或不是很正规的渠道，那么这里面的东西也就不能认为特别真实。"

记录53："前者的话，我觉得应该是比较可靠的，因为比较知名、权威的机构的网站在做链接的时候，它会很慎重地去考量。后者的话，我觉得至少不会有什么特别好的提高，并不会觉得有这个链接我就会觉得这个信息很好。"

记录54:“会有影响,我可能会产生一些怀疑吧。”

记录55:“对图书馆工作人员的推荐我有一些个人的看法,类似于这些推荐里面会不会有一些其他的因素在?比如提高它的访问量,我会觉得真实程度不会像老师那么高。”

附录4:第二个研究问题中网页制作的内容素材

试论信息素质研究的发展阶段(高内容质量)

根据在信息素质教育研究史上具有里程碑意义的文献为分界点,可以将信息素质研究分为四个阶段。[1-4]

第一阶段,1974年以前。这一阶段的研究者使用的概念主要是“图书馆素质”(Library Literacy),[5]研究内容主要局限于如何利用图书馆等比较传统的技能与知识。随着社会信息化进程的加快,信息技术已成为现代社会生产力、竞争力和经济发展的关键因素之一,信息服务的提供者不再局限于图书馆,各种商业运营的信息机构都在提供诸如联机数据库、电子邮件、电信、数据分析等信息服务;同时,图书馆信息服务手段也发生了很大变化,传统的目录卡片等手工服务方式虽仍在起作用,但各种基于计算机等现代技术的信息服务方式正在或已经成为信息服务的主导方式,这使得图书馆素质一词难以包容其研究领域与范畴。

第二阶段从1974年到1979年。这一阶段有代表性的文献是1974年,美国信息产业协会主席Paul Zurkowski在提交给全美图书馆学与信息学委员会的一份报告。报告中Paul首次使用了“信息素质”一词,并提出在未来十年内全美普及信息素质教育的目标。他认为“具备了信息素质的人即经培训后能够在工作中运用信息的人,他们在掌握了如何使用信息工具及主要信息源的基础上,能够解决具体问题”。1979年,全美信息产业协会给出了信息素质的定义:具备信息素质的人即“掌握了利用信息工具的知识与技能,并将其应用于解决实际问题”。与图书馆素质相比,信息素质强调了:信息要服务于具休的问题与任务,即以用户为中心,而非以图书馆为中心;突出了用户了解信息源的重要性;提出了用户需掌握信息获取的方法与策略。

第三阶段从1980年到1989年。与70年代相比,技术、环境都发生了显著的变化,比如以计算机技术为核心的信息技术逐步得以普及应用,书目指南(Bibliographic Instruction)教育被广泛开展,以图书馆为基础的信息素质教育得到了教育界与政府的重视。这一时期有代表性的文献是1989年,美国图书馆协会(ALA)发表的信息素质研究报告,报告定义了现在已得到普遍认同的信息素质定义“具备信息素质的人,是能够敏锐地觉察信息需求,并能够进行相应的信息检索、评估以及有效利用所需信息的人”。报告阐述了信息素质对所有社会成员的重要意义,并且为信息素质教育与其他课程的融合提供了依据,报告还给出了对于90年代信息素质研究的一组建议。

第四阶段从1990年到2000年。90年代以来,信息素质的概念尽管有一些发展,但基本上都以ALA的报告为基础。这一阶段最明显的特点是信息素质教育得以逐渐普及,诸如加州大学San Marcos分校、佛罗里达州立大学、南澳洲大学(University of South Australia)、昆士南大学(University of Queensland)等一大批学校相继开设了信息素质教育课程。随着信息素质教育的迅速开展,与之相关的教学内容、教学方法、教学手段、教学评估等研究成为热点,2000年,美国大学与研究图书馆协会(ACRD)在综合各高校教学实践的基础上,形成了这一时期的代表性文献:《高等教育信息素质评估标准》,该标准的形成对于指导信息素质教育具有深远的影响,是一份非常重要的教学指导文件,不仅适用于美国,同时对于其他发达、发展中国家的信息素质教学都有相应的借鉴意义。

进入21世纪,围绕《高等教育信息素质评估标准》的教学实践活动正在进一步展开,相信以广泛深入的教学为基础,通过教学反馈,对于提高对信息素质内涵的认识以及改进信息素质的教学将具有积极的意义。

参考文献:

[1]孙建军,郑建明,成颖.面向21世纪的大学生信息素质教育[J].中国图书馆学报,2000(6):16-19.

[2]Shirley J. Behrens. A conceptual analysis and historical overview of information literacy[J]. College & Research Libraries,1994:309-322.

[3]Christine Bruce. Information Literacy research: Dimensions of the emerging collective consciousness[J]. AARL,2000,June:91-109.

[4]Eric Plotnick. Definitions /Perspectives[J]. Teacher Librarian,2000,28(1):27-29.

[5]Lori Arp. An analytical of library literacy[J]. RQ,1994,34(2):158-163.

试论信息素质研究的发展阶段(低内容质量)①

根据信息素质的形成过程,我认为信息素质研究可以画分成2个阶段。

① 编者注:本文有标点、用词、论述等多处错误是本研究低质量内容的举例,并非编辑错误。

第一阶段是信息素质的感性阶,调查结果标明,85%的科技人员感到查找文献非常困难或比较困难。从一定意义上说只有击发起读者的信息需求意识图书馆的信息素质教育才能达到理想效果。信息素质的感性教育就是通过外在的信息教育手段和方法,来促进形成工科大学生对信息的感性认识。与此同时,陈至立同志指出推进素质教育步履艰难,基础教育还没有摆脱'应试教育'的惯性和影响,在一些地方,就像有些同志形容的"素质教育喊得震天动地,应试教育抓得扎扎实实"信息意识包括信息学的基本知识、对信息的敏感度和信息获取整序、开发利用行为的知觉性。也就是对信息需求的自我意识,既从信息的角度出发,去感受理解和评价自然社会中的各种现象的行为与理论,并具有捕捉判断有用信息的能力。

第2个个阶段是刚开始阶段(1984年-1997)。推进素质教育,是行政领导和专家教授共同的目标,为我国的社会主义事业培养德智体美全面发展的建设者和接班人,发展中国的基础教育,这是十分明确、毫无疑义的;然而,为什么素质教育的推进步伐艰难新课程改革引起争议呢?。为此,要增强大学生的信息意识,提高他们自觉利用信息的紧迫感,使其由被动利用变成主动需求,真正将信息作为一种无形财富;高校图书馆应主动与学校教务处、校团委等单位配合,开展形式多样的书评、讲演、辩论等大型活动。信息意识不是与生俱来的,它是人们在社会活动中对信息的价值和功能感知的一种思维。信息感性认识阶段是大学生形成信息素质的初级阶段,也是培养较高信息素质的重要基础。1983年10月,在北京召开了全国高校《文献课》第一次研讨会,就课程的意义、内容、师资和教材建设以及教学方法等问题进行了讨论,为教育部制订有关政策作了相应准备。该阶段的主要特征是:从人才培养的角度出发,逐步解决科技人员查找文献难的问题,为在高校开展信息素质教育奠定了基础。1981年,中国科技情报学会理论方法组对全国部分科技人员利用文献的情况作了一次调查。第三个阶段是上升阶段。素质教育应该有它发展的初级阶段,素质教育应该从初级阶段开始建设,而且,需要扎扎实实的建设。

从现阶段我国的实际国庆出发,我以为当前我国的素质教育需要正确处理好以下三个重要关系:正确处理"教育信息化"和"应试"的关系;正确处理"素质教育"与传统教育手段的关系;正确处理"新课程"与"传统课程"的关系。需要我们力戒浮躁,实事求是。只有奠定了素质教育的坚实基础,才有可能在此基础上建造素质教育的"高楼大厦",素质教育初级阶段的思想,需要我们志存高远,脚踏实地;。

我以为,而其症结在于没有处理好事物发展的终极目标与发展性目标、高级阶段与初级阶段的关系。问题在于没有处理好教育理想与教育现实之间的关系,没有处理好终极性目标和发展性目标之间的关系,没有处理好教育创新与教育传承的关系,没有处理好全球化和本土化、普世文化与本土文化之间的关系。

所以,我们一定要提高信息素质。

参考文献:

[1]钟启泉等:《基础教育课程改革纲要(试行)》,华东师范大学出版社,2001 年版,2 页。

附录 5:本研究中变量编码规则

表 1 本研究中变量编码规则

变量名	变量水平或属性	编码规则
内容质量	高内容质量	组别 1
	低内容质量	组别 2
站点权威性	高站点权威性	组别 1
	低站点权威性	组别 2
视觉吸引力	高视觉吸引力	组别 1
	低视觉吸引力	组别 2
认知投入	高认知投入	组别 1
	低认知投入	组别 2
认知反应	没有发现错别字、语句较为通顺/ 错别字较多、有些语句不通顺	想法个数为 1,分值 1,向下累积求和
	没有发现标点错误/ 标点错误较多	想法个数为 1,分值 1,向下累积求和
	论述与主题范围较为契合/ 某些论述超出了主题范围	想法个数为 1,分值 1,向下累积求和
	论述逻辑较强/ 不少地方逻辑混乱	想法个数为 1,分值 1,向下累积求和
	描述较为合理,论据较为充分/ 许多地方描述不合理,论据不充分	想法个数为 1,分值 1,向下累积求和
	阶段划分较为合理,有较高的客观性/ 阶段划分缺乏有效依据,主观性较强	想法个数为 1,分值 1,向下累积求和
	总体论证较为完备/ 总体论证不完备	想法个数为 1,分值 1,向下累积求和
	其他	参照前面题项赋值。若此题未填写,分值为 0.01。累积求和
性别	男性	组别 1
	女性	组别 2

续表

变量名	变量水平或属性	编码规则
专业	情报学、信息管理与信息系统、管理科学与工程	组别 1
	图书馆学、档案学、编辑出版学	组别 2
评价判据	信息内容类别：信息内容是否完整、信息内容是否合理、信息内容的质量是高还是低、信息内容是否客观、信息内容是否新颖	每个具体选项计算类别频数 1 次，最后计算总频数
	来源等外部特征类别：是否有数据支撑（例如，参考文献、调查数据、表格和图片等）、支撑的数据是否权威、有无来源信息（包括网站创办者和文章作者等）、来源是否权威、信息以什么格式呈现？（例如，Web 网页、PPT、Word、论坛等）、文章的元素是否规范？（例如，是否有摘要、关键词、参考文献等）、文章被引用的次数、文章是否从其他地方转载或粘贴而来	每个具体选项计算类别频数 1 次，最后计算总频数
	其他	若填写，参照前面选项计算频数，并归入到相应类别中

表 1　本研究中变量编码规则（续）

变量名		水平或属性	编码规则
年级		一年级	组别 1
		二年级	组别 2
		三年级	组别 3
		四年级（部分高校教师）	组别 4
		四年级以上（科研人员和部分高校教师）	组别 5
Internet 使用经验	开始使用 Internet 年月	1998 年 12 月之前	分值 7
		1999 年 1 月 ~2000 年 6 月	分值 6
		2000 年 7 月 ~2001 年 12 月	分值 5
		2002 年 1 月 ~2003 年 6 月	分值 4
		2003 年 7 月 ~2004 年 12 月	分值 3
		2005 年 1 月 ~2006 年 6 月	分值 2
		2006 年 7 月以后	分值 1

续表

变量名		水平或属性	编码规则
Internet 使用经验	每天 Internet 花费小时数	小于 1 小时	分值 1
		1 ~ 2 小时	分值 2
		2.5 ~ 3.5 小时	分值 3
		4 ~ 5 小时	分值 4
		5.5 ~ 6.5 小时	分值 5
		7 ~ 8 小时	分值 6
		大于 8 小时	分值 7
	过去一年网购数	0 次	分值 1
		1 ~ 5 次	分值 2
		6 ~ 10 次	分值 3
		11 ~ 15 次	分值 4
		16 ~ 20 次	分值 5
		21 ~ 25 次	分值 6
		大于 26 次	分值 7

附录 6：性别、专业和年级转换为哑变量编码表

表 1　性别转换为哑变量编码表

哑变量 / 原变量	sexd1	1 表示是，0 表示否
男(组别 1)	0	是男生，不是女生
女(组别 2)	1	是女生

表 2　专业转换为哑变量编码表

哑变量 / 原变量	disciplined1	1 表示是，0 表示否
情报学、信息管理与信息系统、管理科学与工程(组别 1)	0	是情报学等，不是图书馆学、档案学或编辑出版学
图书馆学、档案学或编辑出版学(组别 2)	1	是图书馆学、档案学或编辑出版学

表 3　年级转换为哑变量编码表

哑变量 / 原变量	graded1	graded2	graded3	graded4	1 表示是,0 表示否
一年级(组别 1)	1	0	0	0	是一年级,不是二年级,不是三年级,不是四年级,也不是四年级以上
二年级(组别 2)	0	1	0	0	是二年级,不是一年级,不是三年级,不是四年级,也不是四年级以上
三年级(组别 3)	0	0	1	0	是三年级,不是一年级,不是二年级,不是四年级,也不是四年级以上
四年级(组别 4)	0	0	0	1	是四年级,不是一年级,不是二年级,不是三年级,也不是四年级以上
四年级以上(组别 5)	0	0	0	0	不是一年级,不是二年级,不是三年级,也不是四年级,因而是四年级以上

附录 7:"唤醒—启发—思考"模型应用检验中页面制作的内容素材

论图书馆的"共享性"(高内容质量)

"共享性"是图书馆的特性之一。其实图书馆的建立就是为了节约大众的资金而通过"集中服务"来满足公众信息、知识需求,从而推动人和社会的全面发展。只不过单个的图书馆只能实现小范围的共享,众多图书馆联合起来,才可真正在网络化环境下实现全国乃至全球的信息资源共建共享。

从图书馆面向读者信息资源共享来看,图书馆起源于信息资源共享[1]。图书馆出现已有几千年的历史,最初形式的图书馆实际上是一个文献的集合体,文献的积累和共享是图书馆产生的根源,通过专职人员对文献的搜集、整理保存,图书馆成为便于文献信息资源共享的专门机构。但在很长一段时间内,图书馆是以服务统治阶级和社会精英为要务,是记录和传播他们的历史和知识的"藏书楼"[2]。文艺复兴引发了工业革命,社会民主大众以知识为武器,开始改造自然和社会,藏书楼不能满足要求,面向平民、面向社会各界开放、共享的图书馆出现,成为了公共服务设施,得到了广泛发展。信息技术和网络将人类带入信息社会,并深刻地影响政治、经济、文化和日常生活的方方面面,数字信息资源大量出现,图书馆向数字图书馆发展,以便于数字信息资源的广泛共享。

信息资源共享是图书馆存在的基础。图书馆本质职能是传递、利用、共享信息,通过图书馆,维护信息公平、保障普通民众的信息权利、消除社会的信息鸿沟等得到执行,信息资源共享得到了实现。这是社会对图书馆的需要,在现代社会的信息服务体系中,唯有图书馆可以做到。不管是由政府拨款的公共图书馆,还是由学费等运作的高校图书馆,图书馆其实最终都是由公众出钱兴建,再由公众来共享其中的信息资源的公益性组织。图书馆作为一种公益性质的机构,被赋予类似"版权保护区"的特权,可购买为数不多的文献复本向大量读者公开反复传播、共享,通过这一特殊权利,图书馆实现了向更多公众共享信息资源,图书馆也成为推动社会发展,促进科学技术进步、教育发展、传播人类文化、丰富人们文化生活的重要机构[3]。

信息资源共享是图书馆发展的目标。信息资源共享的最终目标是最大限度地满足用户的信息资源需求,即任何用户在任何时候、任何地点,均可获得任何图书馆拥有的任何信息资源[4]。自人类社会第一个图书馆产生之日起,最大限度地满足用户的信息资源需求随之开始,其后信息资源共享一直贯穿在整个图书馆发展过程中,图书馆所有工作都围绕它而进行,图书馆每一个发展和进步都在不断地向这种理想的目标一步步逼近。解决信息资源总量无限增长、内容散乱与人们利用信息多样性、特定性的矛盾;解决信息资源相对有限性和人类社会信息需求的无限性的矛盾。实现信息资源共享,这是图书馆的主要社会功能,只有这样图书馆才具有社会价值,实现可持续发展。

信息资源共享使得图书馆是信息交流中的重要环节。在网络社会到来之前,由于信息资源交流环节之间的明确分工。图书馆的地位无法取代,但因特网的出现使图书馆陷人尴尬境地。图书馆上游的信息资源生产商纷纷进入网络,直接提供信息资源服务,图书馆下游的信息用户尤其是网络时代成长起来的用户则纷纷转向网络或其他信息渠道寻求所需信息,形成新的文献信息资源共享链,图书馆面临前所未有的挑战。但也有人[5]提出,因为数字文献版权问题、复本模式及电子商务等的不完善,目前数字出版文献仍然大部分是通过图书馆来流动的,根本上还是为图书馆而设计的,所以图书馆将成为数字出版中的极其重要的一环。

参考文献:

[1]马费成.我国信息资源共享实践及理论研究进展[J].情报学报,2005(3):277-285.

[2]程焕文.信息资源共享[M].北京:高等教育出版社,2004.

[3]郑建明.动摇根基的变革:准市场竞争与图书馆[J].中国图书馆学报,2005(2):10-15.

[4]倪波.理论图书馆学教程[M].天津:南开大学出版社,1986.

[5]汪雪莲.试论图书馆在数字出版产业链中的地位和作用[J].图书馆杂志,2005(10):16-17.

论图书馆的"共享性"(低内容质量)①

"共享性"是图书馆的特姓之一。众多图书馆连合起来,才可真正在网络化环境下实现全国乃至全球的信息资源共建共享!那么,图书馆的建立就是为了节约人们的资金而通过"集中服务"来满足知识需求、公众信息、从而推动人和社会的全面发展。

信息资源共享是图书馆发的目标吗?部分馆员的专业水平和思想理念的滞后制约着图书馆信息资源的共享。文艺复兴引发了工业革命,社会民主大众以知识为武器,开始改造自然和社会,藏书楼不能满足要求,面向平民、面向社会各界开放、共享的图书馆出现,成为了公共服务设施,得到了广泛发展。解决信息资源总量无限增长、内容散乱与人们利用信息多样性、特定性的矛盾;实现信息资源共享,这是图书馆的主要社会功能,只有这样图书馆才具有社会价值,实现可持续发展。图书馆上游的信息资源生产商纷纷进入网络,直接提供信息资源服务,图书馆下游的信息用户尤其是网络时代成长起来的用户则纷纷转向网络或其他信息渠道寻求所需信息,形成新的文献信息资源共享链,图书馆面临前所未有的挑战。

从图书馆面向读者信息资源共享来刊,只不过单个的图书馆只能实现小范围的共享;图书馆起源于信息资源共享[1]。在网络社会到来之前,由于信息资源交流环节之间的明确分工。图书馆的地位无法取代,但因特网的出现使图书馆陷人尴尬境地。但在很长一段时间内,图书馆是以服务统治阶级和社会精英为要务,是记录和传播他们的历史和知识的"藏书楼"[2]。图书馆出现已有几千年的历史,最初形式的图书馆实际上是一个文献的集合体,文献的积累和共享是图书馆产生的根源,通过专职人员对文献的搜集、整理保存,图书馆成为便于文献信息资源共享的专门机构。信息技术和网络将人类带入信息社会,并深刻地影响政治、经济、文化和日常生活的方方面面,数字信息资源大量出现,图书馆向数字图书馆发展,以便于数字信息资源的广泛共享。

开展馆际互借服务能使图书馆信息资源共享跨入"联合保障"的新阶段。信

① 编者注:本文有多处标点、语词、引文等方面的错误,这只是本研究低质量内容的举例,并非编辑错误。

息资源共享的最终目标是最大限度地满足用户的信息资源需求,即任何用户在任何时候、任何地点,均可获得任何图书馆拥有的任何信息资源[3]。不管是由政府拨款的公共图书馆,还是由学费等运作的高校图书馆,图书馆其实最终都是由公众出钱兴建,再由公众来共享其中的信息资源的公益性组织。图书馆作为一种公益性质的机构,被赋予类似“版权保护区”的特权,可购买为数不多的文献复本向大量读者公开反复传播、共享,通过这一特殊权利,图书馆实现了向更多公众共享信息资源,图书馆也成为推动社会发展,传播人类文化、丰富人们文化生活的重要机构[4]。图书馆本质职能是传递、利用、共享信息,通过图书馆,维护信息公平、保障普通民众的信息权利、消除社会的信息鸿沟等得到执行,信息资源共享得到了实现。这是社会对图书馆的需要,在现代社会的信息服务体系中,唯有图书馆可以做到。

自人类社会第一个图书馆产生之日起,最大限度地满足用户的信息资源需求随之开始,其后信息资源共享一直贯穿在整个图书馆发展过程中,图书馆所有工作都围绕它而进行,图书馆每一个发展和进步都在不断地向这种理想的目标一步步逼近。但也有人[5]提出,因为数字文献版权问题、复本模式及电子商务等的不完善,目前数字出版文献仍然大部分是通过图书馆来流动的,根本上还是为图书馆而设计的,所以图书馆将成为数字出版中的极其重要的一环。信息资源共享使得图书馆是信息交流中的重要环节。

参考文献:

[1]马费成.我国信息资源共享实践及理论研究进展[J].情报学报,2005(3):277-285.

[2]程焕文.信息资源共享[M].北京:高等教育出版社,2004.

[3]倪波.理论图书馆学教程[M].天津:南开大学出版社,1986.

[4]郑建明.动摇根基的变革:准市场竞争与图书馆[J].中国图书馆学报,2005(2):10-15.

[5]汪雪莲.试论图书馆在数字出版产业链中的地位和作用[J].图书馆杂志,2005(10):16-17.

附录8:“唤醒—启发—思考”模型应用检验中选取与制作的页面

页面1

标题:WEB2.0环境下的网络信息资源建设新模式探析

来源:中国科技论文在线

地 址: http://www. paper. edu. cn/index. php/default/releasepaper/content/200812-893

页面 2

标题:高校图书馆信息资源共享问题研究

来源:中国科技论文在线

地 址: http://www. paper. edu. cn/index. php/default/releasepaper/content/200809-420

页面 3

标题:基于价值链理论的图书馆用户服务分析

来源:中国科技论文在线

地 址: http://www. paper. edu. cn/index. php/default/releasepaper/content/200912-929

页面 4

标题:信息服务业的概念与内涵

来源:奇迹文库

地址:http://www. qiji. cn/eprint/abs/3809. html

页面 5

标题:高校图书馆与本科教学工作水平评估

来源:奇迹文库

地址:http://www. qiji. cn/eprint/abs/2988. html

页面 6

标题:"学科馆员"制度的管理模式探析

来源:奇迹文库

地址:http://www. qiji. cn/eprint/abs/2468. html

页面 7

标题:我国情报学发展的危机种种

来源:某商业网站

地址: http://www.100paper.com/100paper/wenhua/wenhuayanjiu/20080309/47615.html

页面8

标题:发展知识经济与文献情报学的使命

来源:某商业网站

地址:http://www.exam8.com/lunwen/guanlixue/qita/200903/1341321.html

页面9

标题:我国情报学研究现状与发展趋势

来源:某门户网站上的一个普通博客

地址:http://zfxin.blog.sohu.com/99667799.html

页面10

标题:我国情报学发展的危机种种

来源:某商业网站的论坛

地址:http://club.topsage.com/thread-1580069-1-1.html

页面11

标题:两个基本假设——情报知识杂谈

来源:某门户网站上的一个普通博客

地址:http://blog.sina.com.cn/s/blog_5f3bd2c80100dtmi.html

页面12

标题:“钱学森之问”的图书馆学解答——图书馆与杰出人才培养研究

来源:某门户网站上的一个普通博客

地址:http://blog.sina.com.cn/s/blog_5837c9380100n73e.html

页面13(制作)

标题:论图书馆的“共享性”

来源:某门户网站上的一个普通博客

地址:http://hi. baidu. com/让打个盹/blog/item/2bd69a2a74a689b04723e8ae. html

页面14(制作)
标题:论图书馆的“共享性”
来源:某门户网站上的一个普通博客
地址:http://hi. baidu. com/让打个盹 /blog/item/bcff709c7597d60ad31b7057. html? timeStamp = 1299678999900

页面15(制作)
标题:论图书馆的“共享性”
来源:某门户网站上的一个普通博客
地址:http://hi. baidu. com/让打个盹
/blog/item/6b8f8ff80f3805d77931aa89. html? timeStamp = 1299679131181

页面16(制作)
标题:论图书馆的“共享性”
来源:北京大学信息化与人类信息行为研究所网站
地址:http://iihib. pku. edu. cn/news3 - 1. asp

页面17(制作)
标题:论图书馆的“共享性”
来源:北京大学信息化与人类信息行为研究所网站
地址:http://iihib. pku. edu. cn/news3 - 3. asp

页面18(制作)
标题:论图书馆的“共享性”
来源:北京大学信息化与人类信息行为研究所网站
地址:http://iihib. pku. edu. cn/news3 - 4. asp

附录9:互联网信息评价观察研究问卷(以力学专业为例)

您好!我是情报学专业的博士生,目前正在撰写互联网信息评价方面的博士论文,现需要进行一次观察研究,希望得到您的配合。该观察会涉及到一些个人信息的填写,我们保证不会泄露您的任何信息。本研究由北京大学信息化与人类信息行为研究所提供支持。

本次观察为有偿调查,大约需要40分钟,谢谢您的支持!

请仔细阅读下面的材料

[注:高动机情景用]请想象这样的情景:您目前在写一篇主题为"水下仿生机器人的控制与协作"的博士学位论文,正撰写国内外研究现状综述部分,由于图书馆的数据库和信息服务商正式出版的网络数据库不能完全满足需要,现需要从互联网上检索一些Web信息资料作为综述的参考文献。

国内外研究现状综述是博士学位论文的研究价值与作者写作态度的重要体现,论文评阅老师历来十分重视综述的质量,在综述中引用没有确凿根据的资料往往被认为是写作态度不认真的表现。北京大学的博士学位论文实行匿名评阅制度,据以往的经验,评阅老师对综述质量的把关非常严格。例如,2009年,北京大学的一位应届博士毕业生就因为在综述中引用了一篇没有标明任何出处的文献而被两位评阅老师投了否定票,导致该学生未能正常毕业。

现需要您在30分钟的时间内从互联网上查找至少8篇(一个Web页面上的文章算作一篇)Web信息资料作为水下仿生机器人的控制与协作研究现状的参考文献,将其保存在计算机桌面上。

如您已仔细阅读了上述材料且明白了相关要求,请点击下面的链接开始查找信息。待任务完成后,请回答下面的问题。

about:blank

[注:低动机情景用]请想象这样的情景:专业课上,老师给出了一些问题供课外查阅资料,作为一般性了解,扩展知识面,也没有要求在课堂上讨论这些问题或上交所查阅的资料。其中有一个问题是"水下仿生机器人的控制与协作",某天,你的空闲时间比较多,刚好想起来这个问题,想了解下这方面的情况。而且,由于图书馆的数据库和信息服务商正式出版的网络数据库不能完全满足要求,需要从互联网上查找些相关资料。

现请您在30分钟的时间内从互联网上查找至少8篇(一个Web页面上的文章算作一篇)对了解水下仿生机器人的控制与协作研究有帮助的Web信息资料,将其保存在计算机桌面上。

如您已仔细阅读了上述材料且明白了相关要求,请点击下面的链接开始查找信息。待任务完成后,请回答下面的问题。

about:blank

1. 就刚才所保存的Web信息,总体上而言,我感觉这些信息(4代表中立,下同):

	1	2	3	4	5	6	7	
不重要	□	□	□	□	□	□	□	重要
与主题不相关	□	□	□	□	□	□	□	与主题相关
没有任何意义	□	□	□	□	□	□	□	有很大意义
没有价值	□	□	□	□	□	□	□	有价值
不需要	□	□	□	□	□	□	□	需要

请回答下面的个人信息问题

2. 您的编号(请直接填写数字):______

3. 性别:□ 男　□ 女

4. 年龄(请直接填写,例如,25岁):______

5. 所在院系(请直接填写,例如,光华管理学院市场营销系或社会学系):______

6. 所学专业(请直接填写,例如,企业管理):______

7. 研究方向(请直接填写,例如,组织行为与人力资源管理):______

8. 年级(请直接填写,例如,博士二年级或硕博连读四年级):______

9. 您从__年__月开始使用Internet?(请直接填写,例如,2001年9月):______

10. 您现在每周在Internet上大约花费多少小时?(请直接填写,例如,20小时):______

11. 您在过去的一年内通过网络购物共约多少次?(请直接填写,例如,7次):______

问题结束,请点击“提交问卷”结束本次调查。再次感谢您的支持与合作!

附录10:认知反应调查问卷

您好！我是情报学专业的博士生,目前正在撰写互联网信息评价方面的博士论文,希望占用您的一点时间进行在线实验。该实验为不记名研究,我们保证不会泄露您的个人信息。本次研究由北京大学信息化与人类信息行为研究所提供支持。

温馨提示:本问卷共两页,分别评价两个不同的网页,问卷的题目是一样的。此调查大约需要5分钟,谢谢您的支持!

请点击下面的链接打开网页,花2~3分钟的时间浏览文章内容,然后回答问题。

若链接打开的页面显示为半屏,请调整到全屏浏览。

请不要点击其他标题相同的网页,以免对评价产生影响。

http://hi.baidu.com/让打个盹/blog/item/a1d788364c84f42871cf6c0f.html(文章内容见附录3中的"低内容质量"文章)

1.现需要对刚才文章的内容质量作一个判断,以下给出了7个选项,请依据文章的内容,给每个选项的程度打分(4代表中立,下同):

	1	2	3	4	5	6	7	
错别字很多、语句不通顺	□	□	□	□	□	□	□	没有错别字、语句通顺
很多标点错误	□	□	□	□	□	□	□	没有标点错误
论述超出主题范围	□	□	□	□	□	□	□	论述没有超出主题范围
许多地方逻辑混乱	□	□	□	□	□	□	□	没有逻辑混乱
许多地方描述不恰当论述不充分	□	□	□	□	□	□	□	描述恰当论述充分
阶段划分缺乏依据主观性强	□	□	□	□	□	□	□	阶段划分合理客观性强
总体论证不完备	□	□	□	□	□	□	□	总体论证完备

请关闭刚才打开的链接页面,然后点击"下一页"

请点击下面的链接,花2~3分钟的时间浏览文章内容,然后回答问题。

若链接打开的页面显示为半屏,请调整到全屏浏览(这是一个不同的链接地址，刚才的链接页面已请您关闭）。

请不要点击其他标题相同的网页，以免对评价产生影响。

http://hi.baidu.com/让打个盹/blog/item/9ee49c68bba0ba51eaf8f816.html（文章内容见附录3中的“高内容质量”文章）

此处题项与上面相同，略。

个人信息问卷略。

问题结束，请点击“提交问卷”结束本次调查。再次感谢您的支持与合作！

附录11：互联网信息评价实验问卷（以实验组01、08、09、16为例）

您好！我是情报学专业的博士生，目前正在撰写互联网信息评价方面的博士论文，希望占用您的一点时间进行在线实验。该实验为不记名研究，我们保证不会泄露您的个人信息。本次研究由北京大学信息化与人类信息行为研究所提供支持。

温馨提示：本问卷共两页，分别评价两个不同的网页，问卷的题目是一样的。此调查大约需要8分钟，谢谢您的支持！

请仔细阅读下面的材料

[注：高动机情景用]请想象这样的情景：您目前在写一篇主题为“信息素质评价理论研究”的博士学位论文，正撰写国内外研究现状综述部分，由于图书馆的数据库和信息服务商正式出版的网络数据库不能完全满足需要，现需要从互联网上检索一些Web信息资料作为综述的参考文献。

国内外研究现状综述是博士学位论文的研究价值与作者写作态度的重要体现，论文评阅老师历来十分重视综述的质量，在综述中引用没有确凿根据的资料往往被认为是写作态度不认真的表现。学校的博士学位论文实行匿名评阅制度，据以往的经验，评阅老师对综述质量的把关非常严格。例如，2009年，一位应届博士毕业生就因为在综述中引用了一篇没有标明任何出处的文献而被两位评阅老师投了否定票，导致该学生未能正常毕业。

下面的链接信息的题目为“试论信息素质研究的发展阶段”，请点击链接，花2~4分钟的时间浏览该信息，然后回答问题。

若链接打开的页面显示为半屏，请调整到全屏浏览。

http://219.129.239.20:8081/cs/01.html（文章内容见附录3中的“高内容质

量”文章）

［注:低动机情景用］请想象这样的情景:专业课上,老师给出了一些问题供课外查阅资料,作为一般性了解,扩展知识面,也没有要求在课堂上讨论这些问题或上交所查阅的资料。其中有一个问题是“信息素质评价理论研究”,某天,你的空闲时间比较多,刚好想起来这个问题,想了解下这方面的情况。而且,由于图书馆的数据库和信息服务商正式出版的网络数据库不能完全满足要求,需要从互联网上查找些相关资料。

下面的链接信息的题目为“试论信息素质研究的发展阶段”,请点击链接,花2~4分钟的时间浏览该信息,然后回答问题。

若链接打开的页面显示为半屏,请调整到全屏浏览。

http://219.129.239.20:8081/cs/09.html（文章内容见附录3中的“高内容质量”文章）

1. 总体上而言,我感觉刚才看到的Web信息(4代表中立,下同):

	1	2	3	4	5	6	7	
不可相信	□	□	□	□	□	□	□	可相信
不准确	□	□	□	□	□	□	□	准确
不可信赖	□	□	□	□	□	□	□	可信赖
有偏向	□	□	□	□	□	□	□	没有偏向
不完整	□	□	□	□	□	□	□	完整

2. 当我看到刚才的Web信息时,我感觉:

	1	2	3	4	5	6	7	
外观看上去没有美感	□	□	□	□	□	□	□	外观看上去有美感
外观看上去不舒服	□	□	□	□	□	□	□	外观看上去舒服
不喜欢	□	□	□	□	□	□	□	喜欢

3. 当我在读刚才的Web信息时,我感觉这些信息:

	1	2	3	4	5	6	7	
令人乏味	□	□	□	□	□	□	□	令人感兴趣
不令人激动	□	□	□	□	□	□	□	令人激动
不吸引人	□	□	□	□	□	□	□	吸引人
平淡	□	□	□	□	□	□	□	迷人
不令人感染	□	□	□	□	□	□	□	令人感染

4. 刚才的信息来自于国家图书馆网站，我认为该站点的权威性：

	1	2	3	4	5	6	7	
权威性低	□	□	□	□	□	□	□	权威性高

5. 当我在读刚才的 Web 信息时，我感觉这些信息：

	1	2	3	4	5	6	7	
不重要	□	□	□	□	□	□	□	重要
与主题不相关	□	□	□	□	□	□	□	与主题相关
没有任何意义	□	□	□	□	□	□	□	有很大意义
没有价值	□	□	□	□	□	□	□	有价值
不需要	□	□	□	□	□	□	□	需要

6. 我认为刚才看到的 Web 信息的内容质量：

	1	2	3	4	5	6	7	
质量低	□	□	□	□	□	□	□	质量高

7. [注：高动机情景下为必做题，低动机情景下为选做题] 下面给出了一些选项，您在读刚才的 Web 信息时产生的想法可能在这些选项的范围内，请选择读信息时想到的选项，没有想到的想法不用选择。若在读信息时还有其他想法，请在文本框中填写[多选题]

□ 1 没有发现错别字，语句较为通顺

□ 2 没有发现标点错误

□ 3 论述与主题范围较为契合

□ 4 论述逻辑较强

□ 5 描述较为合理，论据较为充分

□ 6 阶段划分较为合理，有较高的客观性

□ 7 总体论证较为完备

□ 其他：________________

请关闭刚才打开的链接页面，然后点击"下一页"

这是问卷第二页，请仔细阅读下面的材料

[注：高动机情景用] 情景材料同上，略。

下面的链接信息的题目为"试论信息素质研究的发展阶段"，请点击链接，花 2~4 分钟的时间浏览该信息，然后回答问题。

若链接打开的页面显示为半屏，请调整到全屏浏览（这是一个不同的链接地址，刚才的链接页面已请您关闭）。

http://219.129.239.20:8081/cs/08.html(文章内容见附录3中的“低内容质量”文章)

[注:低动机情景用]情景材料同上,略。

下面的链接信息的题目为“试论信息素质研究的发展阶段”,请点击链接,花2～4分钟的时间浏览该信息,然后回答问题。

若链接打开的页面显示为半屏,请调整到全屏浏览(这是一个不同的链接地址,刚才的链接页面已请您关闭)。

http://219.129.239.20:8081/cs/16.html(文章内容见附录3中的“低内容质量”文章)

除第11题的题干为“刚才的信息来自于王原的个人网站(王原是国内一所县级中学的高中生),我认为该站点的权威性:”以外,第8～14题的内容与上面相同,略。

请回答下面的个人信息问题

15. 性别(请选择):□ 男 □ 女

16. 您的年龄(请选择):□ 小于22岁 □ 22岁 □ 23岁 □ 50岁 □ 大于50岁

17. 请选择您所就读的学校(单位),若选项都不符合,请在文本框中直接填写:□ 北京大学 □ 中国人民大学 □ 中国科学院国家科学图书馆 □ 武汉大学 □ 南开大学 □ 南京大学 □ 南京理工大学 □ 其他________

18. 请选择所学专业,若选项都不符合,请在文本框中直接填写:□ 情报学 □ 图书馆学 □ 档案学 □ 编辑出版学 □ 其他________

19. 研究方向(请直接填写,例如,信息服务):________________

20. 请选择您现在就读的年级:□ 博士一年级 □ 博士二年级 □ 博士三年级 □ 博士四年级 □ 博士四年级以上

21. 您从哪年哪月开始使用Internet?:□ 1998年12月之前(含12月) □ 1999年1月至6月之间 □ 1999年7月至12月之间 …… □ 2007年7月至12月之间 □ 2008年1月之后(含1月)

22. 您现在平均每天约在Internet上花费多少小时?:□ 小于1小时 □ 约1小时 □ 约1.5小时 □ 约8小时 □ 大于8小时

23. 您在过去的一年内通过网络购物共约多少次？（请直接填写，例如，7次）：______________

问题结束，请点击“提交问卷”结束本次调查。再次感谢您的支持与合作！

附录12：“唤醒—启发—思考”模型应用检验问卷

您好！我是情报学专业的博士生，目前正在撰写互联网信息评价方面的博士论文，希望占用您的一点时间进行在线调查。该调查为不记名研究，我们保证不会泄露您的个人信息。本次研究由北京大学信息化与人类信息行为研究所提供支持。

温馨提示：本问卷共五页，分别评价五个不同的网页，问卷的题目是一样的。此调查大约需要二十分钟，谢谢您的支持！

请仔细阅读下面的材料

[注：高动机情景用]请想象这样的情景：您目前正撰写学位论文，正写国内外研究现状综述部分，由于图书馆的数据库和信息服务商正式出版的网络数据库不能完全满足需要，现需要从互联网上检索一些Web信息资料作为综述的参考文献。

国内外研究现状综述是学位论文的研究价值与作者写作态度的重要体现，论文评阅老师历来十分重视综述的质量，在综述中引用没有确凿根据的资料往往被认为是写作态度不认真的表现。学位论文实行匿名评阅制度，据以往的经验，评阅老师对综述质量的把关非常严格。例如，2009年，学校的一位应届博士毕业生就因为在综述中引用了一篇没有标明任何出处的文献而被两位评阅老师投了否定票，导致该学生未能正常毕业。

下面这些超链接的文章内容分别与您所要综述的主题有关，请分别点击这些超链接，花2~3分钟的时间浏览文章的内容，然后回答问题。

所有的信息均在上文给出的情景下评价。

若链接打开的页面显示为半屏，请调整到全屏浏览。

[注：低动机情景用]请想象这样的情景：专业课上，老师给出了一些问题供课外查阅资料，作为一般性了解，扩展知识面，也没有要求在课堂上讨论这些问题或上交所查阅的资料。某天，你的空闲时间比较多，刚好想起来这些问题，想了解下这些方面的情况。而且，由于图书馆的数据库和信息服务商正式出版的网络数据

库不能完全满足要求,需要从互联网上查找些相关资料。

下面这些链接的信息内容分别与上文老师给出的一些问题有关,请分别点击这些链接,花 2 ~ 3 分钟的时间浏览信息内容,然后回答问题。

所有的网页均在上文给出的情景下评价。

若链接打开的页面显示为半屏,请调整到全屏浏览。

请先点击下面的链接,然后点击页面右侧的"初稿",直接打开全文(PDF 格式),花 2 ~ 3 分钟的时间浏览文章的内容,然后回答问题。

若链接打开的页面显示为半屏,请调整到全屏浏览。

http://www.paper.edu.cn/index.php/default/releasepaper/content/200812-893

1. 总体上而言,我感觉刚才看到的文章的内容(4 代表中立,下同):

	1	2	3	4	5	6	7	
不可相信	□	□	□	□	□	□	□	可相信
不准确	□	□	□	□	□	□	□	准确
不可信赖	□	□	□	□	□	□	□	可信赖
有偏向	□	□	□	□	□	□	□	没有偏向
不完整	□	□	□	□	□	□	□	完整

2. 下面给出了一些选项,刚才您对文章的内容作上述判断时使用的依据可能在这些选项的范围内,请选择所使用到的依据,没有使用到的依据不用选择。若使用的依据与这些选项都不相同且还使用了其他依据,请在文本框中填写

□信息内容是否完整

□是否有数据支撑(例如,参考文献、调查数据、表格和图片等)

□支撑的数据是否权威

□信息内容是否合理

□有无来源信息(包括网站创办者和文章作者等)

□来源是否权威

□信息内容的质量是高还是低

□信息以什么格式呈现?(例如,Web 网页、PPT、Word、论坛等)

□信息内容是否客观

□文章的元素是否规范?(例如,是否有摘要、关键词、参考文献等)

□文章被引用的次数

□信息内容是否新颖

□文章是否从其他地方转载或粘贴而来

□其他：____________________

3. 当打开这篇文章后看到文章时，我感觉：

	1	2	3	4	5	6	7	
外观看上去没有美感	□	□	□	□	□	□	□	外观看上去有美感
外观看上去不舒服	□	□	□	□	□	□	□	外观看上去舒服
不喜欢	□	□	□	□	□	□	□	喜欢

4. 当我在读刚才的文章的内容时，我感觉该内容：

	1	2	3	4	5	6	7	
令人乏味	□	□	□	□	□	□	□	令人感兴趣
不令人激动	□	□	□	□	□	□	□	令人激动
不吸引人	□	□	□	□	□	□	□	吸引人
平淡	□	□	□	□	□	□	□	迷人
不令人感染	□	□	□	□	□	□	□	令人感染

5. 刚才的信息来自于中国科技论文在线网站（教育部科技发展中心主办），我认为该站点的权威性：

	1	2	3	4	5	6	7	
权威性低	□	□	□	□	□	□	□	权威性高

6. 当我在读刚才的文章的内容时，我感觉该内容：

	1	2	3	4	5	6	7	
不重要	□	□	□	□	□	□	□	重要
与主题不相关	□	□	□	□	□	□	□	与主题相关
没有任何意义	□	□	□	□	□	□	□	有很大意义
没有价值	□	□	□	□	□	□	□	有价值
不需要	□	□	□	□	□	□	□	需要

7. 我认为刚才看到的文章的内容质量：

	1	2	3	4	5	6	7	
质量低	□	□	□	□	□	□	□	质量高

8. [注：高动机情景下为必做题，低动机情景下为选做题] 下面给出了一些选

项,您在读刚才的文章的内容时产生的想法可能在这些选项的范围内,请选择读信息时想到的选项,没有想到的想法不用选择。若在读信息时还有其他想法,请在文本框中填写[多选题]

□ 1 没有发现错别字,语句较为通顺

□ 2 没有发现标点错误

□ 3 论述与主题范围较为契合

□ 4 论述逻辑较强

□ 5 描述较为合理,论据较为充分

□ 6 阶段划分较为合理,有较高的客观性

□ 7 总体论证较为完备

□ 其他:＿＿＿＿＿＿＿＿＿＿

9. 我对刚才看到的文章的内容的熟悉程度(了解程度):

	1	2	3	4	5	6	7	
不熟悉	□	□	□	□	□	□	□	熟悉

请关闭刚才打开的链接页面,然后点击“下一页”

后面四个网页的评价与上面相同,题项略。

个人信息问卷略。

问题结束,请点击“提交问卷”结束本次调查。再次感谢您的支持与合作!

作者简况

教育背景

2007.9 - 2011.7	北京大学信息管理系	情报学专业	管理学博士学位　信息服务方向
2005.9 - 2007.7	北京大学信息管理系	情报学专业	管理学硕士学位
2001.9 - 2005.7	武汉大学信息管理学院	信息管理与信息系统专业	管理学学士学位

研究成果与项目实践

2007.2 - 2010.10　共发表学术论文十余篇,其中核心期刊10篇,共被引用20次。主要论文包括:

1. 胡磊. 互联网学术信息质量启发式评价中存在的问题分析——基于用户视角[J]. 情报科学,2011,29(2):178 - 181.

2. 胡磊. 论信息服务交互的用户信息行为理论基础[J]. 情报理论与实践,2010,33(3):46 - 49.

3. 胡磊. 我国互联网信息服务自律存在的问题及对策研究[J]. 情报杂志,2010,29(2):153 - 155(152).

4. 陈建龙,王建冬,胡磊,谢飞. 一论知识服务的概念内涵:基于产业实践视角的考察[J]. 图书情报知识,2010(03):11 - 16.

5. 陈建龙,王建冬,胡磊,刘合翔. 再论知识服务的概念内涵:与信息服务关系的再思考[J]. 图书情报知识,2010(4):14 - 19.

6. 陈建龙,胡磊,于嘉. 国内外宏观信息化测度的发展历程及比较研究[J]. 情报科学,2008,26(9):1432 - 1436.

7. 陈建龙,胡磊,潘晓丽. 国内外数字鸿沟测度基本指标计算方法比较研究[J]. 情报杂志,2009,28(9):61 - 64.

2009.4 - 2010.4　吴慰慈,王益明,王余光,谷秀洁,张慧丽,宋维翔,胡磊. 第十六章 图书馆学、情报学与文献学[M]// 教育部社会科学委员会秘书处. 中国高校哲学社会科学发展报告2009、2010. 北京:高等教育出版社,2009、2010.(撰写"信息服务与用户"研究进展)

2008.8 - 2010.1　协助撰写教材《信息服务导论》中"信息服务的基本原则和专业原则"、"面向企业的信息服务"、"面向政府的信息服务"、"面向公众的信息服务"、"信息服务文化"、"信息服务管理"和"集成信息服务"共7章内容(整理待交稿)

2010.3 - 2010.9　国务院第二次全国经济普查研究课题"信息服务业发展的国际比较研究",参与研究框架设计

2009.9 - 2009.12　"北京市政务信息资源开发利用行动计划(2010 - 2012)"项目,撰写"农村政务信息资源开发利用"调研报告

2006.7 - 2006.10　"雅虎中国中文搜索引擎用户测试"项目,与他人合作调研用户数据

2006.4－2006.10	“北京地区高校学生完成学位论文期间信息查询行为调查”项目，与他人合作调研用户数据
2007.7－2010.8	参与多次实地调研：
	2007.7 北京大学信息管理系暑期社会实践团 浙江景宁县农村信息化建设与农民信息 行为调研 起草调研大纲、实地访谈 获2007年学生暑期社会实践优秀团队奖
	2008.7 北京大学信息化与人类信息行为研究所 河北阜平县我国贫困老区数字机遇与信 息化建设调研 起草调研大纲、实地访谈
	2009.8 北京大学信息化与人类信息行为研究所 宁夏农村信息化和信息员队伍建设调研 起草调研大纲、实地访谈
	2010.7 北京大学信息化与人类信息行为研究所 内蒙苏尼特右旗牧区信息化和牧民信息行为调研 起草调研大纲、实地访谈

社会职务与获奖情况

2005.6	获武汉大学“优秀毕业生”称号
2007.9－2011.6	多次获北京大学博士研究生一、二等学业奖学金
2008.10	获北京大学2007－2008学年“社会工作奖”
2009.10	获北京大学2008－2009学年“三好学生”称号
2010.10	获北京大学2009－2010学年“三好学生”称号、北京大学廖凯原奖学金
2011.6	获北京大学“优秀毕业生”称号
2006.3－2007.5	任北京大学信息管理系硕士生党支部宣传委员
2007.9－2011.7	任北京大学信息管理系2007级博士班班长
2007.9－2010.12	北京大学信息管理系远程教育课程《信息服务与用户》助教
2008.2－2010.8－	协助创办北京大学信息化与人类信息行为研究所内部学术刊物《信息化动态》并任执行主编
2009.9－2010.6	组织并主持北京大学信息化与人类信息行为研究所内部两周举办一次的学术研讨例会

致　谢

“读万卷书,行万里路”历来是读书人孜孜不倦的追求,感谢恩师陈建龙老师,在悉心指导我读书的同时使我有了许多行路的机会。博士四年的时光,北京大学图书馆留下了我读书的身影,浙江景宁、河北阜平、宁夏银川和内蒙苏尼特右旗见证了我践行的足迹。感谢陈老师一直以来对我学习和生活的关注、关心、理解、鼓励、支持和帮助,博士论文期间更是关切和指导倍至,仅论文大纲就九易其稿。回首四年,我深为敬佩并受益最大的是陈老师严谨缜密的逻辑思辨能力和乐观幽默的生活态度,无奈四年光阴短暂,以后如此近距离地聆听陈老师的谆谆教诲和耳濡目染陈老师的风趣沉稳已然是一种奢侈。对陈老师的感激和感恩我不打算再用多的笔墨,这倒不是出于篇幅的考虑,而是因为真实的东西不需要强调。

感谢王益明老师一直以来对我的关心、支持和帮助,与王老师聊天是一种乐趣和享受,为我紧张的研究生生活增添了许多让人印象深刻的快乐。

论文选题和预答辩报告会上,赖茂生老师、霍忠文老师、周晓英老师、周庆山老师和冷伏海老师提出了许多宝贵的意见,给予了极大的帮助。数据搜集过程中,王益明老师借给我录音笔,申静老师和韩圣龙老师为我提供实验场地,周晓英老师帮我联系被试,给予了极大的支持。在此,向各位老师表示衷心的感谢!

资料收集过程中,要特别感谢同班同学高丹,她在美国学习期间于繁忙之中抽出宝贵的时间帮我查找了100多篇英文全文,她的热情、耐心和无私也让我深深感动!在研究设计和数据搜集过程中,王建冬不厌其烦地帮我制作和修改实验用网页,他和刘合翔多次花费时间与我交流讨论,孔少华、王建冬、韩秋明、刘丹、刘合翔、朱爱菊、谢飞、张洁雪、艾峰、汪晓波、张鼎、汪林岚、陈三军、杨蓉蓉、张勇、胡宁波、马四英、冯佳、高丹、潘梅、刘璇、程一民、冯项云、杨薇薇、张丽、邓悦、裴微微、董伟、隋鑫、李华伟、罗嘉、黄婧、闫慧、王琳、茆意宏、沈洁洁、吴丹、肖莉、刘千里、陈芬、王素芳和李雅等同学、学长和朋友参加实验或帮忙联系被试,都给予了我极大的支持。在此,向他们一并表示感谢!

感谢王继民老师和张久珍老师一直以来对我的关心、支持和帮助,从他们那里我学到了许多东西。

博士四年中，王建冬、谢飞、孔少华、刘合翔、韩秋明、朱爱菊、赵胜军、于嘉、潘晓莉、曹冠英、朱开屿、张洁雪、鲁周、艾峰和汪晓波等是朝夕与共的同学和朋友，对他们的关心和帮助表示感谢！

感谢和感激老管、老茆和王馨对我的关心和帮助，有了他们相伴，我的博士生活更加丰富多彩！

我还要特别感谢我的父母和亲人，他们多年来的理解和支持是我不断进步的动力！

感激之情，实难尽述，再多的话语都显得苍白，让我再道一声："谢谢！"

胡 磊

2011 年 6 月 5 日于燕园 30 楼